Verilog HDL & VHDL
テストベンチ
記述の初歩

論理回路の検証で用いるHDL文法とノウハウ

著

JN314821

CQ出版社

まえがき

　本書では，HDL（Hardware Description Language；ハードウェア記述言語）設計の初心者向けに，Verilog HDL および VHDL によるテストベンチの書き方と，基本的な検証のノウハウを解説します．

　テストベンチというのは，HDL で設計した回路に対して，これが設計者の意図通りになっているか確認する環境を，同じ HDL で記述したものです．テストベンチによる回路の検証は，数ある検証方法の一つでしかありませんが，最も重要で効率が良く，実際に最も多く実施されている方法です．

　HDL には非常に多くの文法が用意されています．本書では，テストベンチの記述で用いられる文法を初心者に分かりやすいように，段階的に解説していきます．また，文法の解説とともに，検証における基本的なノウハウを紹介しています．そして，初心者の陥りがちな失敗を示すとともに，検証効率を上げる方法を解説しています．

　本書は大きく3部構成になっています．

　第1部は，そもそも検証とは何のために必要かということから，簡単なテストベンチを書いてシミュレーションし，波形を見て検証するというところまでを解説しています．第1部の内容を理解すれば，効率の良し悪しは別として，HDL で書かれた回路を検証することができるようになります．

　第2部では，テストベンチの記述に必要な Verilog HDL，VHDL の文法を，検証の例を見ながら順に解説していきます．第2部を理解すれば，一般的な HDL の検証に必要な文法のほとんどすべてを習得したことになります．第1部までの文法に比べて，格段に効率良く検証を実施できるようになります．

　そして，最後の第3部では，そこまで解説した文法を使った応用的なテストベンチの書き方と，そのほかの検証のノウハウについて解説します．第3部までを理解すれば，HDL 設計者として自分は何ができて，何ができないのかを知ることができます．そして自分に不足しているものがあれば，それを自分で調べることができるようになります．

　本書では，HDL の記述例をなるべく多く記載しています．それは，多くの記述を見たことがある，あるいは知っている方が，やりたいことを実現する際の選択肢が増え，読者である HDL 初心者の助けになると考えたからです．

　また，本書の巻末には文法の書式をまとめた項目が付いています．文法を忘れてしまったときや，文法から使い方をたどりたいときには，これを参考にしてください．

　本書で解説している知識やノウハウは，HDL の設計をはじめて3～5年経つ人であれば誰でも知っていることばかりです．しかし，HDL 設計をはじめたばかりの技術者に，そのノウハウを丁寧に教えてくれるような先輩や上司が，いつもいるとは筆者には思えませんでした．というのも，一人前の HDL 設計者のほとんどが，厳しい開発現場でスケジュールに追われていることが多く，後輩に丁寧な指導をするような余裕はないように思えます．そして技術者の中には，まだまだ技術やノウハウは，教えられるものではなく，

人の仕事を見て盗むものと考え，手取り足取りで教えることには否定的な方も多いように感じます．また，まだ十分な技術や知識を身につけていないにも関わらず，たった一人で客先の開発現場に派遣され，困っている方にお会いしたことがあります．

　知識やノウハウのほとんどは，知っている人には当たり前で，取り立てていう程のことではないと思われています．しかしながら，それを知らない人は，知らなかったばかりにとんでもなく時間を掛けてしまったり，あるいはひどく品質を下げてしまったりといった羽目に陥ることがあります．これは本人だけでなく，一緒に開発している方々にとっても不幸なことです．

　そこで筆者は，HDLの文法だけでなく，HDL初心者の方が開発現場で困る前に，基本的な検証のノウハウをお知らせしたいという思いで本書を執筆しました．もしあなたがすでに3～5年のHDL設計の経験をお持ちだとすると，本書の内容はすでに知っているものばかりかもしれません．しかし，そこにあなたの後輩や部下に知らせたい知識やノウハウがあったならば，本書があなたのお手伝いをできることでしょう．そして，気付きによって効率良く検証できるようになったならば，あるいは気付かなかったとしても本書に書かれているノウハウによって開発で苦労せずに済んだのであれば，筆者としてはとてもうれしく思います．

　最後になりましたが，本書執筆の機会を下さった小林優氏，CQ出版の西野直樹氏，編集にあたって多大な迷惑をおかけしたCQ出版の方々に厚くお礼を申し上げるとともに，本書を手にとって頂いた方々に感謝いたします．

2010年8月　安岡貴志

Verilog HDL&VHDL テストベンチ 記述の初歩

CONTENTS

まえがき 2

第1部 テストベンチの基本

第1章 検証の重要性とテストベンチ ——————————— 9
1.1 検証で用いるテストベンチとは 9
1.2 検証方法の考え方 11

第2章 組み合わせ回路のためのテストベンチ ——————— 13
2.1 検証環境を置く箱を作る 13
2.2 箱に検証対象の回路を置く 16
2.3 箱の中で入力波形を作る 19
2.4 信号を検証対象の回路のポートにつなげる 22
2.5 シミュレータによる検証の実施 24

第3章 順序回路のためのテストベンチ ————————————— 25
3.1 クロックを含むテストベンチの注意点 25
　　コラム 幅のある信号の表記 28
3.2 検証仕様とテスト入力の記述 29
　　コラム リセット前のフリップフロップの値 32
　　コラム クロックの記述 33
3.3 検証結果の確認 36
　　コラム 検証仕様の洗い出し 36
　　コラム 丸め精度について 38

第2部 テストベンチの文法

第4章 遅延の記述方法 ————————————————————— 39
4.1 相対遅延と絶対遅延 39

4.2	ソフトウェア風にテスト入力を記述する	43
	コラム 遅延の書き忘れによるミス	47
	コラム ループ変数の重複によるミス	48
4.3	オーバフロー対策付き加算回路の検証	50

第5章 標準出力の記述方法 — 55

5.1	標準出力の書き方	55
5.2	テストベンチへの適用	59
5.3	標準出力を使ったテストベンチの実際	60
	コラム `timescale	61
	コラム 観察方法におけるバグの例	65
	コラム テストベンチのデバッグの小技	67

第6章 ファイル入出力の記述方法 — 69

6.1	ファイルによる検証結果の確認の方法	69
	コラム $fdisplay以外のファイル出力の文法	72
	コラム $fopenと$fclose使用上の注意	73
6.2	パターン・ファイルによるテスト入力の生成	76
	コラム 不具合は人間の想定の外にある	84

第7章 タスク/プロシージャの記述方法 — 85

7.1	テストベンチの構造化	85
7.2	構造化の実例	89
7.3	構造化の利点	91
7.4	クロック・エッジ・ベースのタイミング制御	93
7.5	タスク/プロシージャの文法上の注意	97
7.6	タスク/プロシージャによるバス動作の記述	99
	コラム タスクの限界	101
	コラム タスク/プロシージャとファンクションの違い	103

第8章 階層化の記述方法 — 105

8.1	RAMのシミュレーション・モデル	105
	コラム RAMのシミュレーション・モデルは合成しない	110
8.2	テストベンチの階層化	113
	コラム ModelSimによるライブラリの指定法	116
8.3	上位階層からの定数の引き渡し	119

第9章　期待値比較の記述方法 ── 123

- 9.1 期待値の比較を自動化する ── 123
  - コラム　等号演算子 ── 126
  - コラム　プロシージャreadとhreadの差 ── 128
  - コラム　assert文の本来の使い方 ── 129
- 9.2 比較の待機と期待値自動生成 ── 130
  - コラム　function文の戻り値 ── 134
- 9.3 期待値比較の欠点 ── 135
  - コラム　テスト入力の選択 ── 136
  - コラム　アサーション ── 138
  - コラム　force文とrelease文 ── 139
  - コラム　部分ビットの接続 ── 140

第3部　検証のテクニック

第10章　テスト・パターンの検討 ── 141

- 10.1 画像処理回路の検証を考える ── 141
- 10.2 テスト内容を洗い出す ── 143
- 10.3 テスト・パターン表の作成 ── 146
- 10.4 テストの順序と検証方法 ── 149
  - コラム　パターンが多ければテストが早く終わる ── 149
- 10.5 テストベンチのコーディング ── 152
- 10.6 デバッグの進め方の基本 ── 155

第11章　ランダム検証 ── 163

- 11.1 ランダム検証のための基礎知識 ── 163
- 11.2 ランダム値生成関数の記述 ── 165
  - コラム　階層アクセス ── 178
- 11.3 レポートとその分析 ── 179

第12章　作業効率の向上 ── 185

- 12.1 グループ検証とRTLコードのバージョン管理 ── 185
- 12.2 作業効率の上げ方 ── 191
- 12.3 パラメータ・ファイルの自動生成 ── 192
- 12.4 テスト・パターンの自動実行 ── 197
  - コラム　VHDLにおけるコンパイル記述の切り替え ── 200

第13章 コード・カバレッジ —————————————— 201
- 13.1 検証漏れのないフロー ———————————————— 201
- 13.2 コード・カバレッジの活用 ——————————————— 202
- 13.3 コード・カバレッジの注意 ——————————————— 203

第14章 非同期検証 ———————————————————— 205
- 14.1 ゲート・レベルのシミュレーション ——————————— 205
- 14.2 非同期対策 ————————————————————— 206
- 14.3 ジッタ対策 ————————————————————— 207

第15章 応用的検証 ———————————————————— 211
- 15.1 タスク/プロシージャの応用 —————————————— 211
- 15.2 シミュレーション以外の検証方法 ———————————— 214

Appendix A テストベンチ記述のためのVerilog HDL文法リファレンス — 219
- A.1 テストベンチの基本文法 ———————————————— 219
- A.2 遅延/タイミング制御にかかわる文法 ——————————— 221
- A.3 条件制御にかかわる文法 ———————————————— 221
- A.4 標準出力にかかわる文法 ———————————————— 223
- A.5 ファイル操作にかかわる文法 ——————————————— 224
- A.6 設計資産の再利用にかかわる文法 ————————————— 226
- A.7 そのほかの文法 ———————————————————— 228

Appendix B テストベンチ記述のためのVHDL文法リファレンス —— 229
- B.1 テストベンチの基本文法 ———————————————— 229
- B.2 遅延/タイミング制御にかかわる文法 ——————————— 231
- B.3 条件制御にかかわる文法 ———————————————— 232
- B.4 標準出力/ファイル制御にかかわる文法 —————————— 233
- B.5 設計資産の再利用にかかわる文法 ————————————— 234
- B.6 そのほかの文法 ———————————————————— 237

索引 ————————————————————————————— 238

本書は，Design Wave Magazine 2007年5月号～2009年3/4月号で連載された「初歩からのHDLテストベンチ」の記事をもとに，加筆・再編集したものです。

第1部 テストベンチの基本

第1章

検証の重要性とテストベンチ

1.1 検証で用いるテストベンチとは

　あなたがVerilog HDLやVHDL（以降，両方を指すときには単にHDLという）で回路を書いたとき，必ずそのコード（HDLの文法で書かれた文章やプログラム）が正しく書けているかを確認しなくてはなりません．なぜなら，そのコードには勘違いや書き間違いをして，思ったものと違う回路になってしまっている可能性があるからです．

　ミスは人間であれば仕方がないことです．どんなに経験が豊かであろうと，どんなに注意深く書こうと，ミスというものはなくなりません．設計する回路が複雑になればなるほど，いくつものファイルに分かれるようになり，ソース・コードの量が増えれば増えるほど，ミスが入り込む可能性は上がります．

　HDLで書いた回路が，意図した通りに出来ているかどうかを確認することを検証（Verification）といいます．検証では，論理シミュレータをはじめとする回路の動作を模擬（シミュレーション）するツールを使います．このとき，設計した回路とテストベンチ（Testbench）の二つが必要になります．

● テストベンチはHDLで記述する

　テストベンチは，回路と同じようにHDLで記述します．

　回路の記述ではHDLの文法のすべてが使えるわけではありませんでした．なぜなら，回路の記述は，後に回路を合成するために，その動作が物理的な回路として実現できる範囲に制限されるからです．

　これに対してテストベンチでは，HDLの文法のすべてを，それこそC言語のプログラムのように使うことができます．逆に言えば，回路を書いている間には使わなかった文法がテストベンチを書く際には必要になってきます．

第1章　検証の重要性とテストベンチ

本書では，テストベンチの基礎からテストベンチ特有の文法までを，順を追って解説していきます．

● FPGA向けの回路でも検証が必要

FPGA（Field Programmable Gate Array）向けの回路の開発でHDLを使う場合，あなたはテストベンチを作ってシミュレーションしなくても，FPGAに搭載して検証すればいいじゃないか，と思うかもしれません．

しかし，期待通りに動かなかった場合には，途端に効率が下がってしまいます．FPGAのピンをオシロスコープやロジック・アナライザなどで観測しながら，解析しなければならないためです．FPGAの入出力信号だけで不具合の判断ができないときには，内部信号を空きピンに出力する記述を加えなければなりません．観測したい信号の方が空きピンよりも多ければ，ピンに接続する信号を切り替えながら観察するなど，大変な労力が必要になります．例えば，ある内部信号について，ある期間に1クロック分のパルスが17回出ているか確認しようとするだけでも非常に大変です．

これに対し，テストベンチを作ってシミュレーションし，結果を波形で観測する方法を使えば，任意の内部信号を必要なだけ並べて確認することができます．FPGAの開発であっても，最初にシミュレータによって回路の動きを確認し，動作を確実にしてから実機で検証する方が，圧倒的に効率が良くなります．

また，近年FPGAは回路規模が上がり，動作が複雑化しています．すべてが出来上がってから，実機だけで解析することは不可能になっています．

FPGAの開発であっても，テストベンチを作成してシミュレータにより検証することは，もはや必須です．

● 機能ブロック単位で検証する

テストベンチを作るためには，回路を作るのと同じか，場合によってはそれ以上の時間がかかります．ゲートやカウンタ，セレクタなどを一つずつ検証していては，いくら時間があっても終わりません．従って検証は「××処理部」や，「○○制御部」といった機能ブロック単位で行います（**図1.1**）．

そして，機能ブロックごとの検証が終わってから，検証済みの機能ブロックを接続して，全体の検証を行うようにします．

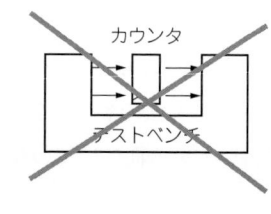 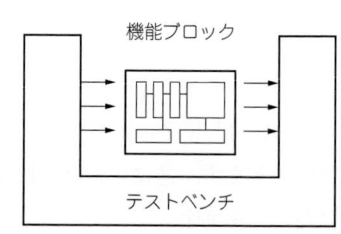

図1.1
機能ブロック単位で検証する
検証は「××処理部」や「○○制御部」といった機能ブロック単位で行う．機能ブロックごとの検証が終わってから，検証済みの機能ブロックを接続して，全体の検証を行う．

1.2 検証方法の考え方

● 検証の心構え

　検証を行うということは，検証に合格した回路が確実に仕様を満たすことを保証する意味を持ちます．
　もし検証に抜けがあって回路の不具合を見過ごしてしまった場合，後でそれが発覚して作業をやり直さなければならなくなったり，その開発にかかわるほかの人に迷惑をかけたり，製品に不具合が残れば，最悪製品の回収というようなこともあり得ます．
　そこで，水も漏らさぬ検証を目指しましょう．

 ## 1.2　検証方法の考え方

　テストベンチを作る前には，どのように検証するか考えなくてはなりません．そして，検証の内容を考えるためには，検証の対象がどのような機能を実現しなければならないかを知らなくてはなりません．
　長々とテストベンチ作成の方法論を語るよりも，例を参考にした方が理解しやすいと思うので，ここからは例を挙げて解説します．

● 検証仕様＝何を検証するのかを考える

　ここでは，解説の要点を絞るために，図1.2のような非常に簡単な回路and_combの検証を考えます．
　and_combがこの回路の名前です．Verilog HDLであればモジュール名，VHDLであればエンティティ名がそれに当たります．
　and_combは，記憶素子（フリップフロップなど）を含まない組み合わせ回路です．1ビットの入力ポートA，Bと1ビットの出力ポートYの間には，図1.2（b）のような関係が成り立つものとします．組み合わせ回路なので，入力ポートに接続されている信号の値が変化すると，出力ポートから出力される信号の値は，直ちに変わります．
　図1.2（b）は，「真理値表」と呼ばれるものです．A列の値は入力ポートAに接続された信号の状態，B列の値は入力ポートBに接続された信号の状態を示し，そのときの出力ポートYの状態がY列の値です．例えば，丸枠で囲まれた行は，ポートA，Bへの入力信号がいずれも '0' のとき，ポートYからの出力信号は '0' になるというように読みます．
　今回の回路では，入力ポートA，Bに図1.2（b）の四つの組み合わせを入力し，ポートYからの出力信号

図1.2
検証対象の回路
回路の名前は，and_combである．1ビットの入力ポートA，Bと1ビットの出力ポートYを持つ．記憶素子（フリップフロップなど）を含まない組み合わせ回路である

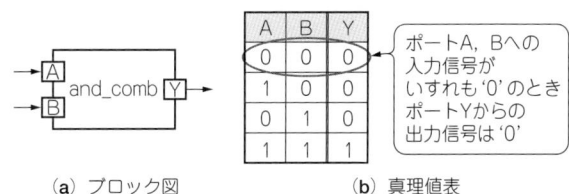

（a）ブロック図　　　　　　　　　（b）真理値表

第1章　検証の重要性とテストベンチ

が表の通りになっているかを確認する必要があります．この回路にはそれ以外の機能はないので，その四つの組み合わせを評価すれば，十分であるといえます．

お気付きかもしれませんが，これはANDゲートの仕様です．実際には，これほど小規模の回路を検証をすることはありません．しかし，簡単な機能のほうが検証の全容が理解しやすいので，ここではあえて非常に小規模な回路（ゲートがたったの一つ）で，テストベンチの作り方を追っていきたいと思います．

● 検証プラン＝どのように検証するかを考える

検証の内容が決まったら，次にそれをどのような波形で検証対象の回路に入力するかを考えます．

図1.2（b）のAとBの四つの状態の組み合わせを上から順番に入力ポートA，Bに与えるような，入力信号SA，SBと出力信号SYの動作を考えると，図1.3のようになります．ここで信号SAはand_combの入力ポートAに，信号SBはポートBに，信号SYは出力ポートYに接続しているものとします．

図1.3のタイミング・チャートにおいて，0nsから100nsまでは信号SA，SBが共に'0'，100nsから200nsまでは信号SAが'1'で信号SBが'0'の場合を表しています．ここでは信号の変化の周期を100nsにしていますが，信号変化の周期は10nsであっても1000nsであっても構いません．また，and_combは組み合わせ回路なので，信号SA，SBが共に'1'から始まるなど変化の順番に入れ替わりがあっても構いません．大事なのは，ポートA，Bに，図1.2（b）の四つの組み合わせすべてが，与えられているかどうかです．

一般的な言い方ではないかもしれませんが，検証のために検証対象の回路に与える信号や値を，本書では「テスト入力」と呼びます．今回は，信号SA，SBがテスト入力になります．

また，図1.3の信号SYの変化は，and_combからの出力信号の「期待値」であって，テスト入力としてand_combの外から与える信号ではありません．期待値とは，回路の出力がこうであれば，その回路が求める機能を満たしているといえるものです．

今回であれば，テスト入力として信号SA，SBを図1.3のようにand_combの入力ポートA，Bに与えたとき，and_combからの出力として，出力ポートYから図1.3の信号SYのような信号が出力されれば合格です．逆に，出力信号が図1.3の信号SYのようにならなければ，回路を修正しなければなりません．

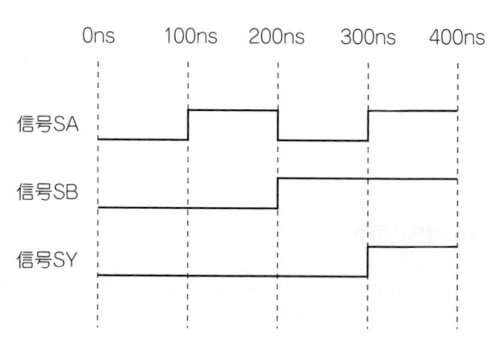

図1.3
and_combのタイミング・チャート

図1.2（b）の真理値表で示されるAとBの四つの状態の組み合わせを，上から順番に入力ポートA，Bに与えるような入力信号SA，SBと出力信号SYの動作を示す．信号SAはand_combの入力ポートAに，信号SBはポートBに，信号SYは出力ポートYに接続しているものとする．

第1部　テストベンチの基本

第2章

組み合わせ回路のためのテストベンチ

本章では図2.1に示す組み合わせ回路のためのテストベンチの回路（コード）を記述します。一番簡単なテストベンチの形は、図2.2のようになります。

このテストベンチを作る手順を書き並べると、以下のようになります。
1) 検証環境を置く箱を作る
2) 箱に検証対象の回路を置く
3) 箱の中で入力波形を作る
4) 信号をテスト対象の回路のポートにつなげる

 ## 2.1　検証環境を置く箱を作る

ここでいう箱とは、図2.2の一番外側の枠に相当します。HDLによる回路の記述では、Verilog HDLならばモジュール、VHDLならばエンティティという箱を作ったはずです。テストベンチも同じように、モジュールもしくはエンティティという箱を作ることになります。ただし、回路記述（回路の構成や機能をHDLで表現したコード）と違って、この箱には入出力のポートはありません。テストベンチは、シミュレーションを行う際の最上位階層（一番外側の箱）に当たるので、この箱から外に信号を出し入れする必要がな

図2.1
検証対象の回路

回路の名前は、and_combである。1ビットの入力ポートA, Bと1ビットの出力ポートYを持つ。記憶素子（フリップフロップなど）を含まない組み合わせ回路である

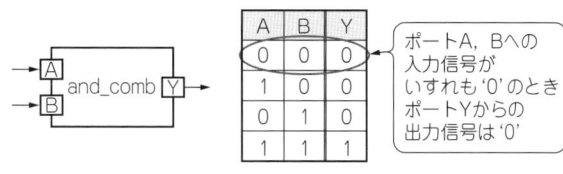

（a）ブロック図　　　　　（b）真理値表

第2章　組み合わせ回路のためのテストベンチ

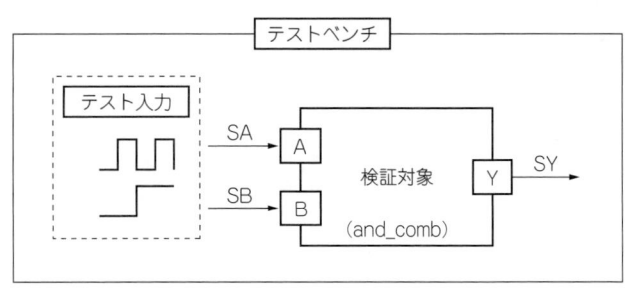

図2.2
テストベンチの構造
テストベンチの中には，検証対象の回路とテスト入力を生成するブロック，検証対象のポートに接続される信号がある．

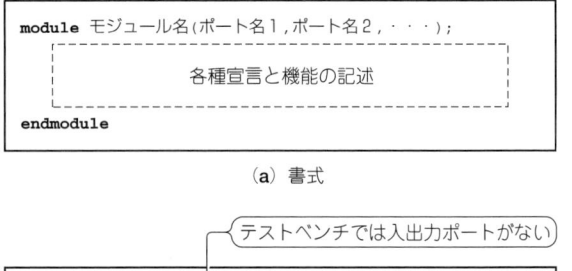

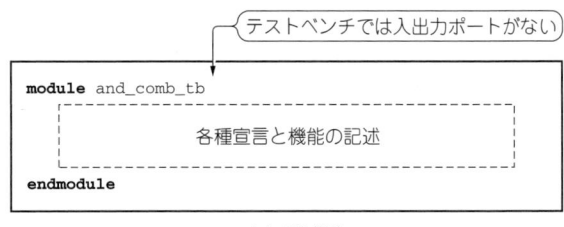

図2.3
Verilog HDLによるモジュールの書式と記述例

いからです．

　この箱にand_comb_tbという名前を付けることにします．また，and_comb_tbを記述するファイルを，Verilog HDLであればand_comb_tb.v，VHDLであればand_comb_tb.vhdとします．

📄 Verilog HDL

　図2.3(a)は，Verilog HDLによるモジュールの書式です．
　点線の枠内は，回路記述ではモジュール内で使う信号の宣言や回路の機能を記述しました．テストベンチand_comb_tbもこの形式に従って書くことになります．
　図2.3(b)は，and_comb_tbをVerilog HDLで記述したものです．
　回路記述のときには，モジュール名の後ろに入出力ポートを記述していましたが，テストベンチではなくなっています．点線の枠内には，これから検証対象となる回路や，テスト入力を生成する記述を埋めていきます．

📄 VHDL

　図2.4(a)はVHDLの書式です．VHDLでは一つの箱がエンティティ宣言，アーキテクチャ宣言，コン

14

2.1 検証環境を置く箱を作る

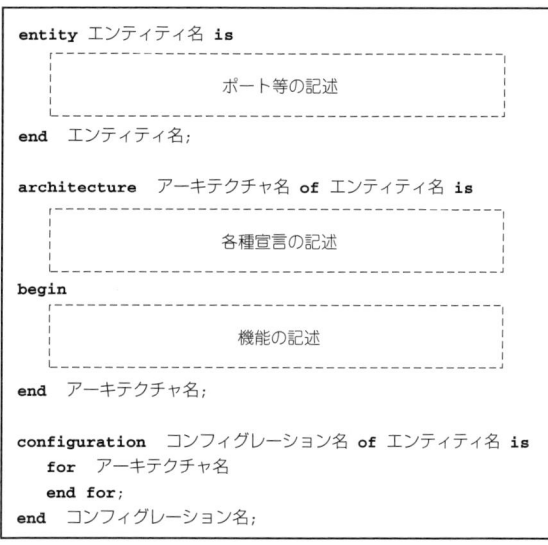

(a) 書式

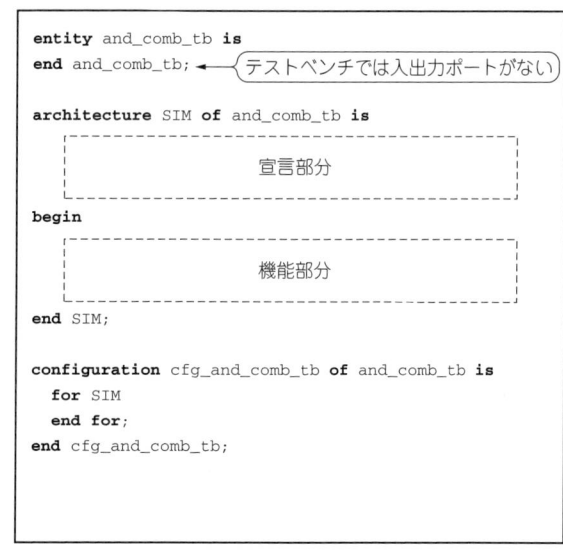

(b) 記述例

図2.4
VHDLによるエンティティ宣言，アーキテクチャ宣言，コンフィグレーション宣言の書式と記述例

フィグレーション宣言の三つからなります．

エンティティ宣言は，その箱を外から見てどう見えるかを表したものです．箱の名前と入出力ポートなどを記述します．

アーキテクチャ宣言は，その箱の中がどうなっているかを表したものです．配置された信号やその接続関係などを記述します．

コンフィグレーション宣言部分では，下層の回路の構成を設定できますが，ここでは何もしない書式に

第2章 組み合わせ回路のためのテストベンチ

なっています．コンフィグレーション宣言は，回路記述では省略も可能なので，VHDL記述の経験が浅い方にとっては初めて見る記述かもしれません．シミュレータによっては，最上位階層にコンフィグレーション宣言がないと動かないものもあります．よって，コンフィグレーション宣言はテストベンチには必ず記述します．

図2.4(b)は，and_comb_tbの箱の記述例です．エンティティ名はand_comb_tb，アーキテクチャ名はSIM，コンフィグレーション名はcfg_and_comb_tbとしています．

アーキテクチャ名は基本的に何でも構いません．VHDLの解説書などの例を見ると，回路のときはRTL，テストベンチではSIMとしているものが多いようです．コンフィグレーション名も基本的には何でもよいのですが，ここでは"cfg_＋エンティティ名"としています．

回路記述のときには，エンティティ宣言の中に入出力ポートを記述しましたが，テストベンチではなくなっています．アーキテクチャ宣言の点線の枠内には，これから検証対象となる回路や，テスト入力を生成する記述を埋めていきます．

 ## 2.2　箱に検証対象の回路を置く

▌Verilog HDL

図2.5(a)はVerilog HDLのインスタンス宣言です．

Verilog HDLでは，回路（仮に親回路とする）の中に別の回路（仮に子回路とする）を置くときに，インスタンス宣言を行います．インスタンス名は親回路の中などで子回路を指定するときの呼び名のようなものです．モジュール名とインスタンス名の関係を，"シバ"という名前の"柴犬"に例えると，モジュール名が"柴犬"でインスタンス名が"シバ"に当たります．インスタンス名があることで，親回路の中に複数の同じ子回路が存在しても，区別することができます．家に柴犬が2匹いるとき，"柴犬"といってもどちらを指すのか分かりませんが，"シバ"と"ソバ"ならどちらか分かるようなものです．

インスタンス名の右のかっこ内に，".ポート名1(信号名1)"という記述があります．これは子回路のポート1を親回路の信号1に接続することを意味します．ポート名の前に"."が付きますが，忘れやすいの

```
モジュール名　インスタンス名(.ポート名1(信号名1),
                          .ポート名2(信号名2),
                          ・・・);
```
(a) 書式

```
and_comb and_comb(.A(    ), .B(    ), .Y(    ));
```
(b) 記述例

図2.5
Verilog HDLによるインスタンス宣言の書式と記述例

2.2 箱に検証対象の回路を置く

で気を付けてください．ポートが複数ある場合には，間に","を挟んで区切ります．

子回路のポートは，すべてこのインスタンス名の右のかっこの中に書く必要があります．また，Verilog HDLでは大文字と小文字は区別されます．子回路のモジュールで大文字で宣言されたポートは，インスタンス宣言でも大文字で記述する必要があります．

Verilog HDLにはポート名を記述しない順番による接続という方法もあります．しかし，順番による接続だとインスタンス宣言を見ただけでは正しく接続されているか分かりづらく，間違いを犯しやすいので，図2.5(a)のような名前による接続をお勧めします．

図2.5(b)は，and_combをインスタンス宣言した記述です．

ここではインスタンス名もand_combとしています．インスタンス名は基本的に何でもよいのですが，インスタンス名を見ただけでそれが何のモジュールか分かるようにしておくと，インスタンス宣言を見返す必要がないので便利です．親回路の中に子回路が一つだけのときは，インスタンス名はモジュール名と同じ名前を付け，二つ以上あるときは，and_comb0，and_comb1などのインスタンス名を"モジュール名＋番号"にするとよいでしょう．図2.5(b)ではポートに接続される信号がまだ書かれていません．これは以降のステップで記述します．

▌VHDL

(1) コンポーネント宣言

図2.6(a)はVHDLのコンポーネント宣言です．

VHDLでは回路(仮に親回路とする)の中に別の回路(仮に子回路とする)を置く場合，接続を記述する前に，まず親回路のアーキテクチャの宣言部分で，子回路をコンポーネント宣言する必要があります．

コンポーネント宣言では，コンポーネント名は子回路のエンティティ名と同一です．また，子回路のすべてのポート名をportに続くかっこの中に記述する必要があります．ポートの記述にはポートの向き(入出力の方向)とデータ型を合わせて記述する必要があり，ポートの向きとデータ型は子回路の中でのエン

```
component コンポーネント名
   port (ポート名1,ポート名2:ポートの向き  データ型;
         ポート名3           :ポートの向き  データ型);
end component;
```
(a) 書式

```
component and_comb
   port (A,B  : in  std_logic;
         Y    : out std_logic);
end component;
```
(b) 記述例

図2.6
VHDLによるコンポーネント宣言の書式と記述例

第2章　組み合わせ回路のためのテストベンチ

ティティ宣言と合わせる必要があります．

　同じ方向，同じデータ型のポートは，":"の左に","で区切って書き並べることができます．エンティティ宣言と非常に似ているため，子回路のエンティティ宣言をコピーして entity を component に置き換えて作ることも多いのですが，エンティティ宣言に存在した"is"はなくなっているので，注意が必要です．

　図2.6(b)は and_comb をコンポーネント宣言した記述例です．

　ここでは，ポートA，B，Yともにデータ型が std_logic になっています．データ型 std_logic を使用するためには，ライブラリIEEEのパッケージ std_logic_1164 を呼び出す必要があります．

(2) ライブラリ宣言とパッケージ呼び出し

　図2.7(a)は，VHDLのライブラリ宣言とパッケージ呼び出しの書式です．

　ライブラリ宣言とパッケージ呼び出しはエンティティやアーキテクチャ宣言の外側，ファイルの先頭に書きます．2行目の最後の all は，指定したパッケージのすべての宣言を呼び出すことを意味します．一つの宣言だけを呼び出す場合には，all の位置にその宣言名を書きます．

　ライブラリIEEEの宣言とパッケージ std_logic_1164 の呼び出しは，図2.7(b)のように記述します．

(3) 子回路の接続

　VHDLでは，子回路の接続はアーキテクチャ宣言の機能の部分に記述します．図2.8(a)はVHDLの子回路を接続するための書式です．

　インスタンス名は，親回路の中などで子回路を指定するときの呼び名のようなものです．port map に続くかっこの中にはポートと信号の接続が記述されます．

　"ポート名1　=>　信号名1"は，子回路のポート1と親回路の信号1が接続されていることを記述しています．

```
library ライブラリ名;
use ライブラリ名.パッケージ名.all;
```
(a) 書式

```
library IEEE;
use IEEE.std_logic_1164.all;
```
(b) 記述例

図2.7　VHDLによるライブラリ宣言とパッケージの呼び出しの書式と記述例

```
インスタンス名:コンポーネント名
port map (ポート名1  =>  信号名1,
          ポート名2  =>  信号名2,
          ポート名3  =>  信号名3);
```
(a) 書式

```
uand_comb : and_comb
port map (  A =>        ,
            B =>        ,
            Y =>        );
```
(b) 記述例

図2.8　VHDLによる子回路を接続するための書式と記述例

図2.8(b)はand_combを接続する記述例です．

インスタンス名は基本的に何でもよいのですが，アーキテクチャ宣言の中で宣言したコンポーネント名をインスタンス名として使うことはできません．ここでは，インスタンス名をuand_combとしています．VHDLでは英字の大文字と小文字を区別することはないので，子回路のエンティティで宣言したポートの大文字と小文字が違っていても，VHDLだけでコンパイルするときには問題となることはありません．しかし，Verilog HDLとの混載シミュレーションを行う際には問題となるので，子回路のエンティティ名とポートの大文字，小文字はそろえた方が無難です．図2.8(b)では，"=>"の右側には信号名が記述されていませんが，それは以降のステップで記述します．

▶▶ 2.3 箱の中で入力波形を作る

📄 Verilog HDL

(1) 信号の宣言

図2.9(a)は，Verilog HDLにおける信号宣言の書式です．

基本的に箱の中で使用する信号は，このようにデータ型と名前を宣言しなければなりません．同じデータ型の信号は","で区切って，同じ行に書くことができます．

図2.9(b)は，1ビットの信号SA，SBを宣言した記述例です．

テストベンチでテスト入力として使う信号のデータ型は，1ビットであればregとします．反対に検証対象の出力ポートに接続するテストベンチで値を与えない1ビットの信号は，wireとします．regとwireについては，後で解説します．この宣言は，テスト入力やインスタンス宣言よりも上に書きます．この信号を使っている記述よりも下で宣言すると，コンパイル時にエラーとなります．

(2) initial文

図2.10(a)は，Verilog HDLのinitial文の書式です．

initial文は，シミュレーション開始時点（シミュレーション時間0）で1度だけ"式"が実行されます．

一つのinitial文で複数の式を記述したい場合は，図2.10(b)のように，beginとendで囲まれるブロックを作り，beginとendの間に記述します．

```
データ型  信号名1,信号名2
```
(a) 書式

```
reg    SA,SB;
```
(b) 記述例

図2.9
Verilog HDLによる信号宣言の書式と記述例

第2章　組み合わせ回路のためのテストベンチ

```
initial 式;
```
(a) 書式1

```
initial begin
        式1;
#遅延値  式2;
end
```
(b) 書式2

```
initial begin
        SA = 0; SB = 0;
#100    SA = 1; SB = 0;
#100    SA = 0; SB = 1;
#100    SA = 1; SB = 1;
#100    $finish;
end
```
(c) 記述例

図2.10　Verilog HDLによるinitial文の書式と記述例

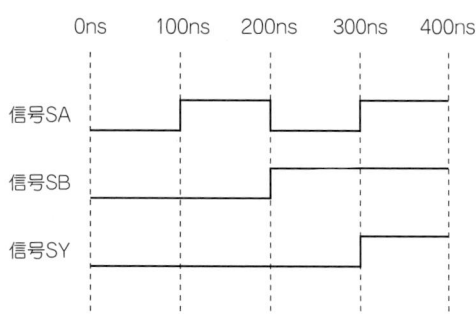

図2.11　and_combのタイミング・チャート

図2.1(b)の真理値表で示されるAとBの四つの状態の組み合わせを，上から順番に入力ポートA，Bに与えるような入力信号SA，SBと出力信号SYの動作を示す．信号SAはand_combの入力ポートAに，信号SBはポートBに，信号SYは出力ポートYに接続しているものとする．

　図2.10(a)の式や図2.10(b)のbeginからendまでの文を，ステートメントといいます．一つのステートメントは，";"で終わる一つの式か，begin～endに囲まれた複数の式になります．

　図2.10(b)のbegin～endの間には複数の式があります．begin～endの間では式は上から順に実行されます．もし，1行に複数の式を書いた場合には，左の式から順に実行されます．式2の前に"#遅延値"があります．"遅延値"の部分には数値が入ります．式2の実行はこの数値の分だけ遅延します．なお，遅延値の単位はシミュレータ・ツールの設定やテストベンチの記述によって変更することができます．

　単位時間がnsであれば，このinitial文は，まずシミュレーション時間0で式1を実行し，"遅延値"ns後に式2を実行します．単位時間については，第14章で解説するゲート・レベルのシミュレーションまで気にする必要はありません．以降は単位時間をnsとして解説します．

　図2.10(c)は，Verilog HDLで図2.11の信号SA，SBの波形を実現したものです．

　このコードでは，シミュレーション時間0nsでSA，SBに'0'を代入し，100nsでSAに'1'，SBに'0'を代入，200nsでSAに'0'，SBに'1'を代入しています．

　図2.10(c)のinitial文の中の信号SBへの代入式の前には遅延値が書かれていません．これは正確には，左側の信号SAへの代入式が実行された後，遅延時間0でSBへの代入式も実行されるという動作になります．

　一番最後に書かれた$finishは，そこでシミュレーションが終わるというシステム・タスクです．この行まで実行されるとシミュレーションが終了します．このシステム・タスクがないと，一度実行されたシミュレーションはいつまで経っても終わらなくなってしまいます．

2.3 箱の中で入力波形を作る

```
signal 信号名1,信号名2 : データ型;
```
（a）書式

```
signal SA,SB,SY : std_logic;
```
（b）記述例

図2.12　VHDLによる信号宣言の書式と記述例

```
process（センシティビティ・リスト）begin
        式1;
    wait for 遅延時間; 式2;
end process;
```
（a）書式

```
process begin
              SA <= '0'; SB <= '0';
    wait for 100 ns; SA <= '1'; SB <= '0';
    wait for 100 ns; SA <= '0'; SB <= '1';
    wait for 100 ns; SA <= '1'; SB <= '1';
    wait for 100 ns; assert false;
end process;
```
（b）記述例

図2.13　VHDLによる信号に値を代入する書式と記述例

$finishのように"$"で始まる関数をシステム・タスクと呼びます．本書では第5章以降でほかのシステム・タスクについても解説しています．

▌VHDL
(1) 信号の宣言

図2.12(a)は，VHDLにおける信号宣言の書式です．

VHDLでは箱の中で使用するすべて信号は，アーキテクチャ宣言の宣言部分〔図2.4(b)〕に書かなければいけません．信号宣言にはデータ型が必要で，同じデータ型の信号であれば，","で区切って並べて書くことができます．

図2.12(b)は1ビットの信号SA，SB，SYを宣言する記述例です．

1ビットの信号のデータ型は，std_logicとなります．Verilog HDLと違ってVHDLでは，テストベンチで値を代入する信号も，検証対象の出力ポートに接続する信号も，同じデータ型で宣言することができます．

(2) 信号への値の代入

図2.13(a)は，VHDLで信号に値を代入する書式です．

センシティビティ・リストの位置には一つの信号名か，","で区切られた複数の信号名を書きます．

beginとend processの間の式は，センシティビティ・リストの位置に書かれた信号のどれかが変化したタイミングで実行されます．一番最後の式まで実行されると，次の信号の変化を待って，再び一番上から一番下まで実行されます．センシティビティ・リストを書かないときはかっこも不要で，この場合シミュレーション開始とともに実行を開始し，一番下まで達すると再び一番上から実行を開始し，永久に回り続けます．

式1はシミュレーション時間0で実行されますが，式2はwait forに続く遅延時間が経過してから実行されます．遅延時間は，時間の数値と時間の単位で書かれます．VHDLでは，一つの文は式と";"になるので，正確にはシミュレーション時間0で式1が実行され，その0時間後にwaitの文が実行されます．waitの文で遅延時間として設定された時間の経過後，さらに0時間後に式2が実行されます．

図2.13(b)は，VHDLで図2.11の入力信号SA，SBの波形を実現する記述例です．

waitによる遅延は，process文の式の間で累積されます．このコードでは，シミュレーション時間0nsでSA，SBに'0'を代入し，100nsでSAに'1'，SBに'0'を代入，200nsでSAに'0'，SBに'1'を代入しています．

一番最後に書かれているassert falseは，シミュレーションを終わらせる文になっています．実はVHDLには，シミュレーションを停止するためだけの文というものが存在しません．本来assertというのは条件を設定し，その条件に違反するとメッセージを表示する機能です．そして，条件にERROR（禁止事項）やWARNING（重要注意事項）などのランクをつけて，ランクによっては条件に違反した時点で，シミュレーションを止めてしまうことができます．ここでは条件をfalse（偽），つまり常に条件は満たされていないと書かれています．条件のランクは，特に記述しないとERRORとなります．通常の設定では，ランクがERRORの条件に違反するとシミュレーションが停止するようになっているので，図2.13(b)のassertの文でシミュレーションを止めることができます．ただし，このシミュレーション停止をどのランクにするかは，シミュレーション・ツールの設定で変えることができます．もし，シミュレータの設定がERRORでシミュレーションを停止しないようになっていると，シミュレーションは停止しないので注意してください．シミュレーションが停止しないと，process文の中を永久にループし，テスト入力の値も永久に変化していくことになります．

▶▶ 2.4　信号を検証対象の回路のポートにつなげる

最後に，テストベンチの信号を検証対象の回路のポートに接続します．VHDLの解説では，入力・出力すべての信号をすでに宣言していましたが，Verilog HDLの解説では，出力ポート側の信号の宣言をしていませんでした．まずは，その解説をします．

📄 Verilog HDL

リスト2.1は，wire型の1ビットの信号SYを宣言したものです．

書式としては，図2.9(a)と同じです．regとwireの使い分けですが，これはVerilog HDLを始めると誰もが最初に戸惑うところです．

まず，おおまかなイメージですが，regは値を保持することができるレジスタ（フリップフロップやラッチ）です．wireはただの信号線であって，値自体は接続されているフリップフロップや回路の出力に依存

2.4 信号を検証対象の回路のポートにつなげる

リスト2.1　Verilog HDLによるwireの記述例

```
wire    SY;
```

リスト2.2　Verilog HDLによるand_combのテストベンチand_comb_tb

```
module  and_comb_tb;
reg     SA,SB;
wire    SY;

and_comb and_comb(.A(SA), .B(SB), .Y(SY));

initial begin
     SA = 0; SB = 0;
#100 SA = 1; SB = 0;
#100 SA = 0; SB = 1;
#100 SA = 1; SB = 1;
#100 $finish;
end

endmodule
```

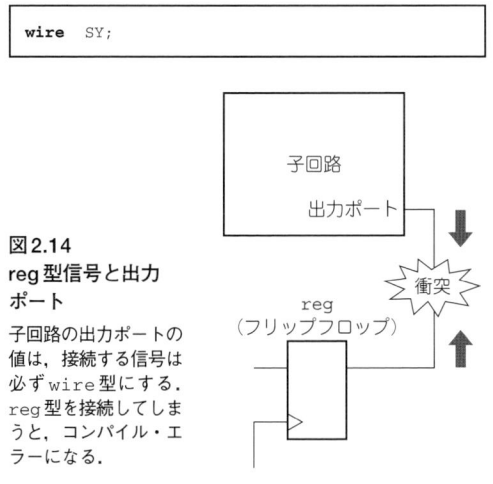

図2.14
reg型信号と出力ポート
子回路の出力ポートの値は，接続する信号は必ずwire型にする．reg型を接続してしまうと，コンパイル・エラーになる．

して変わるということになります（イメージという言い方で，声のトーンが落ちているのは，always文で組み合わせ回路を作るときなどにおいて，regで宣言した信号がレジスタにならないこともあるため）．

　文法的には，reg型の信号はalways文やinitial文の中で値を代入することができ，一度値が代入されると次に別の値が代入されるまで，その値は保持されます．reg型で宣言された信号Rに対して，シミュレーション時間0nsで'0'が代入され，次に100nsで'1'が代入されたとします．0nsから100nsの間はいつ信号Rを参照しても，値として'0'を読み出すことができます．

　これに対して，wire型で宣言された信号は，ほかの信号に接続されたり子回路の出力ポートに接続されたりして，信号の値はシミュレーション中は常に接続先の信号の値に依存します．wire型で宣言された信号Wが，別の信号Rに接続されているとします．信号Rの値がシミュレーション時間0nsで'0'になり，100nsで'1'に変わった場合，シミュレーション時間0nsから100nsの間に信号Wを参照すると，値として'0'を読み出すことができます．

　子回路の出力ポートの値は，子回路の中から出力されるので，接続する信号は必ずwire型になります．reg型を接続してしまうと，コンパイル・エラーを起こします．イメージとしては，レジスタの出力と回路の出力が衝突してしまうと考えてください（図2.14）．

■ Verilog HDL・VHDL共通

　リスト2.2（Verilog HDL）とリスト2.3（VHDL）は完成したテストベンチです．検証対象回路のポートにはテストベンチの信号が接続されています．

第2章 組み合わせ回路のためのテストベンチ

リスト 2.3　VHDL による and_comb のテストベンチ and_comb_tb

```
library IEEE;
use IEEE.std_logic_1164.all;

entity and_comb_tb is
end and_comb_tb;

architecture SIM of and_comb_tb is
component and_comb
  port (A,B : in  std_logic;
        Y   : out std_logic);
end component;

signal SA,SB,SY : std_logic;

begin

uand_comb : and_comb port map (
            A => SA,
            B => SB,
            Y => SY);

process begin
                SA <= '0'; SB <= '0';
  wait for 100 ns; SA <= '1'; SB <= '0';
  wait for 100 ns; SA <= '0'; SB <= '1';
  wait for 100 ns; SA <= '1'; SB <= '1';
  wait for 100 ns; assert false;
end process;

end SIM;

configuration cfg_and_comb_tb of and_comb_tb is
  for SIM
  end for;
end cfg_and_comb_tb;
```

2.5　シミュレータによる検証の実施

　テストベンチが完成したら，いよいよシミュレーションを行ってください．信号 SY の値を観測し，図 2.11 のような波形になっていれば，回路 and_comb は仕様通りの動作をしていることになり，検証に合格したといえます．信号 SY の波形が図 2.11 のようになっていなければ，回路 and_comb は仕様通りになっていないことになり，コードの中を見直して修正しなければなりません．修正の作業は，信号 SY の波形が図 2.11 と一致するまでやらなければいけません．

第1部 テストベンチの基本

第3章

順序回路のためのテストベンチ

3.1 クロックを含むテストベンチの注意点

　クロックを含むテスト対象の回路(順序回路)は，組み合わせ回路と違い独特の注意が必要です．
　本章ではクロックを含む回路のテストベンチを作成します．検証対象の回路は，イネーブル付き[注3.1]の12進カウンタにします(コラム「幅のある信号の表記」を参照)．仕様(機能)を図3.1に示します[注3.2]．

● クロックを作る
　第2章で説明した組み合わせ回路のテストベンチと大きく違う点として，クロックの存在があります．クロックは，一定周期で'0'(Lレベル)と'1'(Hレベル)を繰り返す信号です．
　今回のテストベンチは図3.2のようになります．

📄 Verilog HDL
　リスト3.1は，Verilog HDLでCLKというクロックを作ったものです．CLKは，50nsで'0'(Lレベル)，'1'(Hレベル)を繰り返します[注3.3]．CLKの周期は100nsになります．
　クロックは，ほかのテスト入力とは別のブロック(always文)で作ります(コラム「クロックの記述」を参照)．Verilog HDLでは別々のブロック(always文やinitial文など)は，並列に(並行して)動きます．

注3.1：イネーブルとは，何らかの機能を許可する信号である．今回であればイネーブル信号COUNTONが'1'のとき，カウント機能が許可になり，カウントを実行する．
注3.2：実際の開発ではこの規模でテストをすることはない．クロックを含む回路のテストベンチの要点を明確にするために，あえて小規模な回路にしている．
注3.3：本書では説明を簡単にするために，Verilog HDLにおける時間単位がnsである前提で説明する．時間単位の初期設定はシミュレータにより異なる．

25

第3章 順序回路のためのテストベンチ

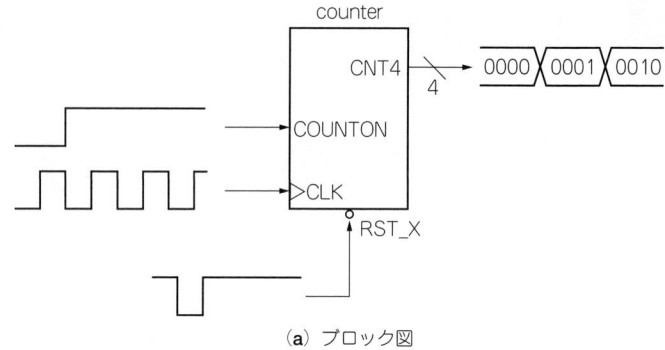

(a) ブロック図

- 回路の名前はcounterとする．
- カウント値は，出力ポートCNT4から出力される．カウント値は0から11までの値をとり，ビット幅は4ビット．
- 非同期リセットが付いている．入力ポートRST_Xに接続された信号が'0'（Lレベル）になると，カウント値は0に戻る．
- （RST_Xが1で）入力ポートCOUNTONに接続されている信号が'1'のとき，クロック（入力ポートCLKに接続された信号）の立ち上がりごとに，カウント値は+1される（カウント値が11のときは0に戻る）．
- （RST_Xが1で）入力ポートCOUNTONに接続されている信号が'0'のとき，カウント値は保存される．

(b) 仕様

図3.1
イネーブル付きの12進カウンタの仕様
組み合わせ回路と異なりクロックが必要．

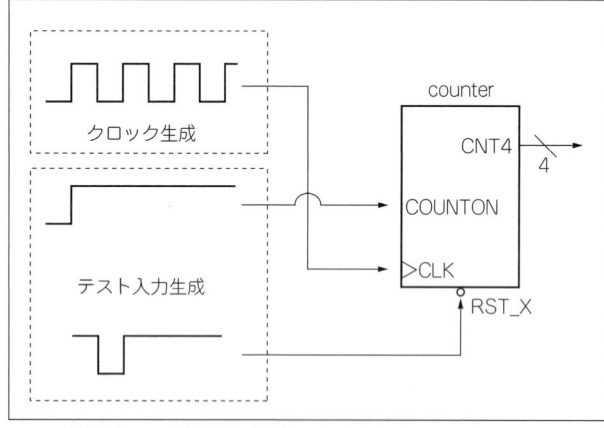

図3.2 イネーブル付きの12進カウンタのテストベンチ
クロックとテスト入力を生成する．

リスト3.1　Verilog HDLによるクロックの記述例

```
reg        CLK;
always begin
           CLK = 1'b1;
  #50      CLK = 1'b0;
  #50;
end
```

リスト3.2　VHDLによるクロックの記述例

```
（宣言部分）
signal CLK : std_logic;

begin
（機能部分）
process begin
  CLK <= '1'; wait for 50 ns;
  CLK <= '0'; wait for 50 ns;
end process;
```

3.1 クロックを含むテストベンチの注意点

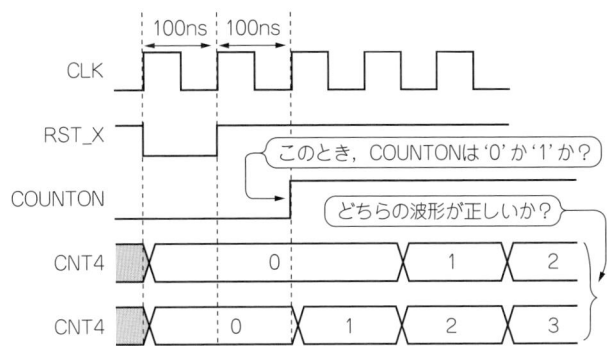

図3.3 レーシング
3クロック目の立ち上がりにおいて，COUNTONが'0'と判定されるとCNT4は上の波形に，COUNTONが'1'と判定されるとCNT4は下の波形になる．

📄 VHDL

リスト3.2はVHDLでCLKというクロックを作ったものです．CLKは今回50nsで'0'（Lレベル），'1'（Hレベル）を繰り返します．CLKの周期は100nsになります．

クロックは，ほかのテスト入力とは別のブロック（process文）で作ります（コラム「クロックの記述」を参照）．VHDLでは別々のブロック（process文など）は，並列に（並行して）動きます．

● レーシングに注意

テストベンチを作り始める前に，レーシングの問題を説明します．これはクロックの付いた（フリップフロップを含む）回路の検証をする上で，非常に重大な問題なので，最初に知っておく必要があります．

図3.1では，検証対象の回路のテスト入力として，入力ポートCLK，RST_X，COUNTON（に接続されている信号）が与えられています．ここで，CNT4の出力波形として，図3.3のように2通り考えられますが，どちらが正しいのでしょうか．

ここでの注意点は，CLK（クロック）の立ち上がりと，COUNTONの変化タイミングが同一だということです．クロックの立ち上がりで，COUNTONが'0'だとすると上の波形が正しいということになります．逆に'1'だとすると下の波形が正しいことになります．これがレーシングといわれる状況です．

実はVerilog HDL，VHDLともにクロック・エッジで変化した信号の判定に関して規定がないため，シミュレータ次第となり，どちらもありえるということになります（コラム「リセット前のフリップフロップの値」を参照）．これではシミュレータを変えた途端に，検証結果が違ってくるというような事態が発生し，大変不便です．

そこで，クロックの付いた（フリップフロップを含む）回路（順序回路）のテストベンチでは，テスト入力の変化点はクロックのエッジ（立ち上がりで回路が動作する場合，クロックの立ち上がり）を避けるのがセオリーとなります．

図3.4は，テスト入力の変化点をクロック・エッジからずらした例です．クロックの付いた回路のテストベンチはこのように作ります．

27

第3章　順序回路のためのテストベンチ

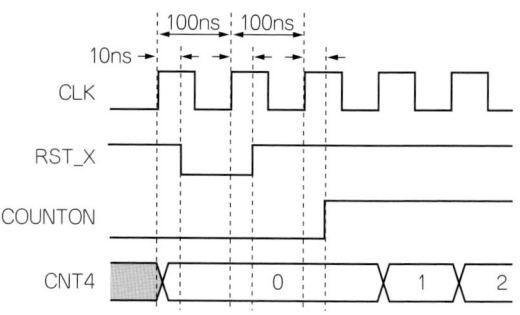

図3.4
テスト入力の変化点をクロック・エッジからずらす
テスト入力の変化点とクロックの立ち上がりが重なることがないので，'0'か'1'かが明確に決まる．

コラム

幅のある信号の表記

　あなたは日常生活では，10進数[注3.A]に慣れ親しんでいると思いますが，ハードウェアの設計では2進数や16進数を使う場面が非常に多くなります．なぜならハードウェアの設計では信号の幅を意識しなければならないためです．2進数や16進数を使うと，ビットごとの信号の状態（'0'か'1'か）を捉えやすくなります．

　表3.Aに10進数，2進数，16進数の表現をまとめます．16進数の優れた点は，1けたが10進数以上の情報量を持ち，かつ各ビットの状態が明確になる点です．

　例えば，2進数で11000101という値があるとしま

表3.A　10進数，2進数，16進数の表現

10進数	2進数	16進数
0	0	0
1	1	1
2	10	2
3	11	3
4	100	4
5	101	5
6	110	6
7	111	7
8	1000	8
9	1001	9
10	1010	A
11	1011	B
12	1100	C
13	1101	D
14	1110	E
15	1111	F

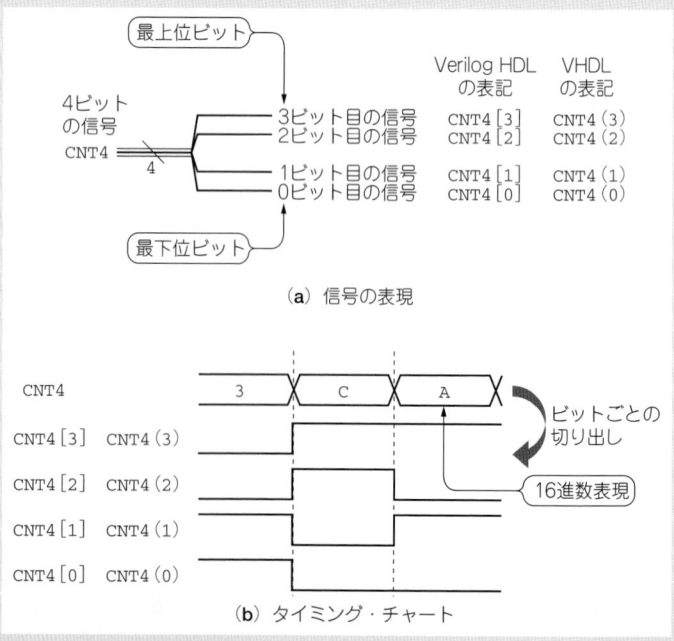

図3.A　幅のある信号の表記
（a）では，4ビットの信号と1ビットごとの表記を示している．また（b）は，実際の信号の変化の様子を示している．

3.2 検証仕様とテスト入力の記述

● 検証のポイントを絞る

今回の回路を見ると，仕様として以下の項目が挙げられます．
- 非同期リセット
- COUNTONによるカウントの許可/停止
- カウントアップ

す．これは10進数で197と表せますが，8ビット中の各ビット状態を把握するのは困難です．これに対して16進数であればC5と表すことができます．16進数の1けたは2進数の4けたに相当するので，**表3.A**を参照することにより，容易に各ビットの状態を把握できます．

4ビットの信号CNT4と，その信号を1ビットごとに分岐させた信号の様子を**図3.A**に示します．最下位ビットを0ビット目，最上位ビットを3ビット目の信号と表しています．各ビットのVerilog HDLとVHDLによる表記を**図3.A(a)**に示します．また，信号CNT4とその各ビットの信号の変化の例を示したのが**図3.A(b)**です．

Verilog HDL

リスト3.A(a)は，幅のある信号をVerilog HDLで宣言するときの書式です．

データ型は，regもしくはwireとなります．最上位ビットと最下位ビットの位置には，それぞれ整数が入ります[注3.B]．同じデータ型，ビット幅の信号であれば，","で区切って複数の信号を1行で宣言することができます．

リスト3.A(b)は幅のある信号の宣言の例です．

VHDL

リスト3.B(a)は，幅のある信号をVHDLで宣言するときの書式です．

最上位ビットと最下位ビットの位置には，それぞれ整数が入ります[注3.C]．同じデータ型，ビット幅の信号であれば，","で区切って複数の信号を1行で宣言することができます．

リスト3.B(b)は幅のある信号の宣言の例です．

注3.A：N進数のNのことを基数という．10進数の基数は10，16進数の基数は16である．
注3.B：ビットの数値は，最上位ビット>最下位ビット，最下位ビットは0とするのが一般的である．
注3.C：ビットの数値は，downtoを使うときには最上位ビット>最下位ビットでなくてはならない．最下位ビットは0が一般的である．

リスト3.A　Verilog HDLによる幅のある信号の宣言

```
データ型 [最上位ビット:最下位ビット] 信号名;
```
　　　　　　　　（a）書式

```
reg  [3:0] CNT4;
wire [1:0] LS,HS;
```
　　　　　（b）記述例

リスト3.B　VHDLによる幅のある信号の宣言

```
signal 信号名 : std_logic_vector(最上位ビット downto 最下位ビット);
```
　　　　　　　　（a）書式

```
signal CNT4 : std_logic_vector(3 downto 0);
signal SL,HS : std_logic_vector(1 downto 0);
```
　　　　　（b）記述例

第3章　順序回路のためのテストベンチ

図3.5
イネーブル付きの12進カウンタの状態の組み合わせ
可能性のある状態は、全部で48通りになる。(b)〜(i)は8パターンのテストでしかない。48通りのテストがいかに大変か分かる.

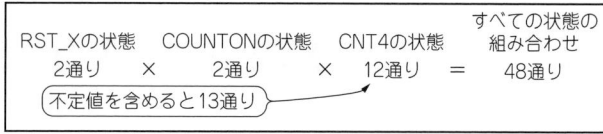

（a）組み合わせ計算

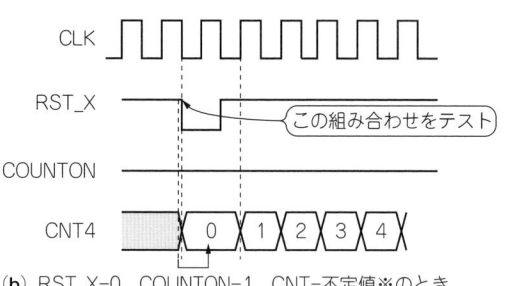

（b）RST_X=0, COUNTON=1, CNT=不定値※のとき, CNTは0になるかのテスト

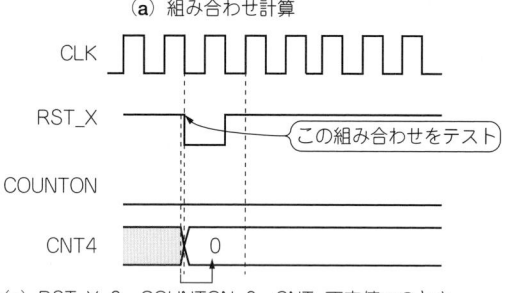

（c）RST_X=0, COUNTON=0, CNT=不定値※のとき, CNTは0になるかのテスト

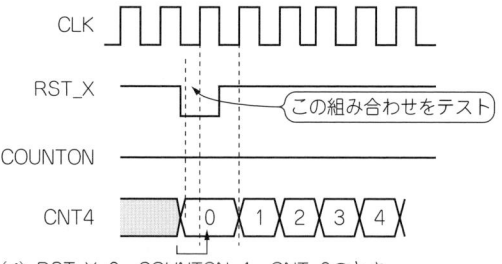

（d）RST_X=0, COUNTON=1, CNT=0のとき, CNTは0になるかのテスト

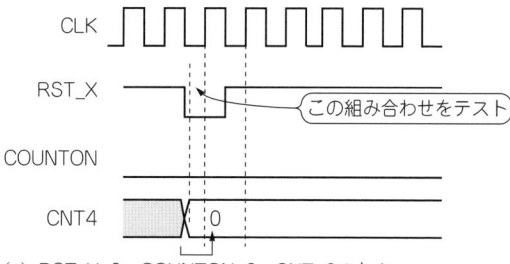

（e）RST_X=0, COUNTON=0, CNT=0のとき, CNTは0になるかのテスト

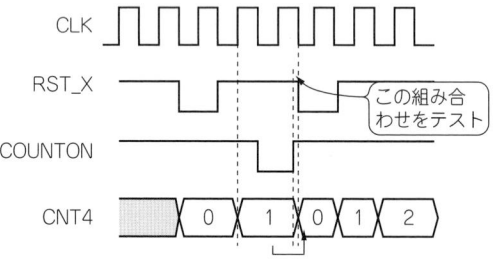

（f）RST_X=0, COUNTON=1, CNT=1のとき, CNTは0になるかのテスト

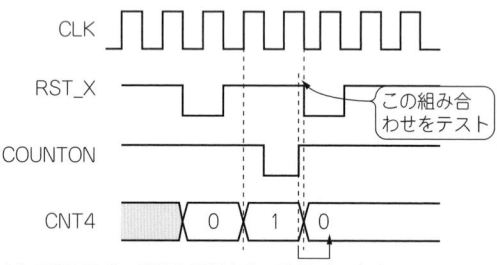

（g）RST_X=0, COUNTON=0, CNT=1のとき, CNTは0になるかのテスト

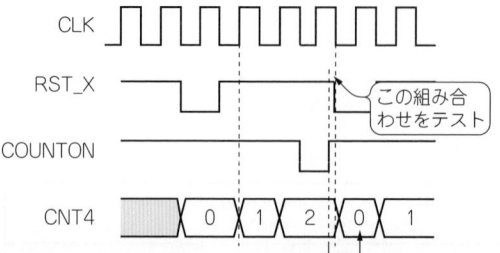

（h）RST_X=0, COUNTON=1, CNT=2のとき, CNTは0になるかのテスト

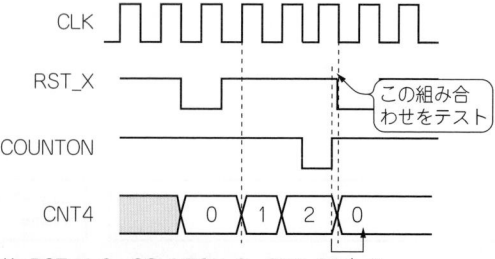

（i）RST_X=0, COUNTON=0, CNT=2のとき, CNTは0になるかのテスト

3.2 検証仕様とテスト入力の記述

第2章で検証対象にした回路で確認しなければならない内容は，たったの4状態しかありませんでした．これは入力信号の組み合わせが4通りしかなく，出力信号の状態が入力信号の組み合わせと1対1の組み合わせ回路（ANDゲート）だったからです．

これに対して今回は順序回路であり，入力信号の状態がまったく同じであっても，前サイクル（直近のクロックの立ち上がり前）の回路の状態によって，現在の回路の状態は変わります．

例えばRST_Xが'1'，COUNTONが'1'で，前サイクルのCNT4が4であれば，CLKの立ち上がりでCNT4は5になります．同じ条件で，前サイクルのCNT4が5であれば，CLKの立ち上がりでCNT4は6になります．もし今回，可能性のあるすべての状態を確認しようとすると非常に大変です．図3.5のように48通りにもなります．

最低限確認が必要な項目に絞ると次の図3.6のような内容になります（コラム「検証仕様の洗い出し」を参照）．

これだけの項目を見ることができれば，100％とはいえないまでも，ほとんどの不具合は発見できます．このテスト入力の例を図3.7に示します．

● テスト入力の作成

今回，順序回路（記憶素子を含む回路）のテストベンチを作成するわけですが，クロックの記述とレーシング対策以外は組み合わせ回路（記憶素子を含まない回路）のテストベンチと同じ要領で作ることができます．

リスト3.3とリスト3.4は，図3.7のテスト入力をVerilog HDLとVHDLで記述したものです．

① 0から11までカウントした後，また0に戻ることを確認する．
② COUNTONが'0'のとき，本当にカウントが止まるか，CNT4の値が0から10までのどれかの場合と，11の場合を確認する．
③ RST_Xが'0'でカウント値がリセットされるか，COUNTONが'0'の場合と'1'の場合で確認する．

図3.6
検証仕様
最低限確認しなければならない項目に絞る．

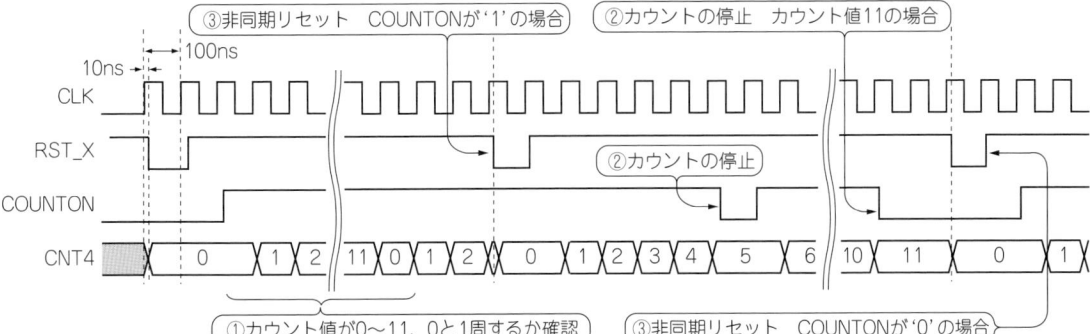

図3.7　イネーブル付きの12進カウンタのテスト入力
これだけの項目を見ることができれば，100％とはいえないまでも，ほとんどの不具合は発見できる．

第3章　順序回路のためのテストベンチ

リスト3.3　Verilog HDLによるテスト入力の記述例

```
always begin
             CLK = 1'b1;
  #50        CLK = 1'b0;
  #50;
end
initial begin
  RST_X =1'b1; COUNTON = 1'b0;
  #10;                              ← レーシング対策
  #100       RST_X   = 1'b0;
  #100       RST_X   = 1'b1;
  #100       COUNTON = 1'b1;
  #1500      RST_X   = 1'b0;
  #100       RST_X   = 1'b1;
  #500       COUNTON = 1'b0;
  #100       COUNTON = 1'b1;
  #600       COUNTON = 1'b0;
  #200       RST_X   = 1'b0;
  #100       RST_X   = 1'b1;
  #100       COUNTON = 1'b1;
  #500       $finish();
end
```
（クロックの記述）

リスト3.4　VHDLによるテスト入力の記述例

```
process begin
  CLK <= '1'; wait for 50 ns;
  CLK <= '0'; wait for 50 ns;
end process;
process begin
  RST_X <='1'; COUNTON <= '0';
  wait for 10 ns;                      ← レーシング対策
  wait for 100 ns;  RST_X   <= '0';
  wait for 100 ns;  RST_X   <= '1';
  wait for 100 ns;  COUNTON <= '1';
  wait for 1500 ns; RST_X   <= '0';
  wait for 100 ns;  RST_X   <= '1';
  wait for 500 ns;  COUNTON <= '0';
  wait for 100 ns;  COUNTON <= '1';
  wait for 600 ns;  COUNTON <= '0';
  wait for 200 ns;  RST_X   <= '0';
  wait for 100 ns;  RST_X   <= '1';
  wait for 100 ns;  COUNTON <= '1';
  wait for 500 ns;  assert false;
end process;
```
（クロックの記述）

コラム

リセット前のフリップフロップの値

現実のフリップフロップは，電源投入から最初のリセットまでは，"1"になっているか"0"になっているか分かりません．HDLではこの状態を表現する値があります（図3.B）．

Verilog HDL

Verilog HDLではこの状態を'X'で表します．これは不定値と呼ばれ，'1'か'0'か分からない状態を表します．

シミュレーション結果の波形を観察しているときに，初期のリセット後にも'X'がある場合には，不具合の可能性があるので，注意する必要があります．

VHDL

VHDLではフリップフロップの初期状態は，'U'となります．これは未初期化や未定値などと呼ばれ，値が定まっていない状態を表します．

VHDLのstd_logicには，'1'，'0'を含む9値の状態が用意されています．

シミュレーション結果の波形を観察しているときに，初期のリセット後にも"U"がある場合には，不具合の可能性があるので，注意する必要があります．

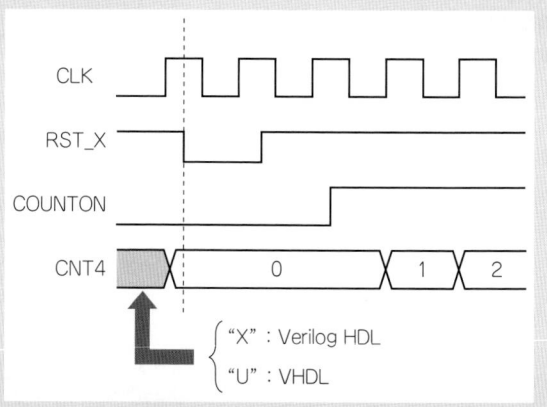

図3.B　リセット前のフリップフロップの値は決まらない
Verilog HDLでは不定状態を'X'で表す．VHDLでは未初期化・未定状態を'U'で表す．

3.2 検証仕様とテスト入力の記述

● クロック周期の工夫

リスト3.3とリスト3.4は，ともにクロックの周期を100nsとしていますが，すべての遅延を実際の数値で書いています．これでは，もしクロック周期を10nsに変えてシミュレーションしたい場合，十数カ所す

コラム　クロックの記述

📄 Verilog HDL

　initial文の中でクロックを作ろうとすると，リスト3.Cのようになってしまいます．これでは非常に大変ですね．そこで，クロックは同じ動作を永久に繰り返すalways文を用いて作ります．

　あなたが回路設計で使ったalways文では，リスト3.D(a)のように，@とそれに続くかっこの中に信号が書かれていたと思います．これらの信号をセンシティビティ（センシティビティ・リスト）といい，その信号のどれかが変化すると，always文の中の式が実行されていました．

　これに対し，クロックを記述したリスト3.D(b)を見ると，@とそれに続くかっこがありません．この場合，always文の中の式は永久に実行され続けます．

　クロックでは '1' の代入と，'0' の代入を一定の周期で永久に繰り返せばいいので，センシティビティなしのalways文を使います．

📄 VHDL

　process文の中でクロックを作ろうとすると，リスト3.Eのようになってしまいます．これでは非常に大変ですね．そこで，クロックは同じ動作を永久に繰り返す別のprocess文を用いて作ります．

　クロックでは '1' の代入と '0' の代入を一定の周期で永久に続ければいいので，シミュレーションを停止する式のないprocess文を使います．

リスト3.C　initial文によるクロックの記述例

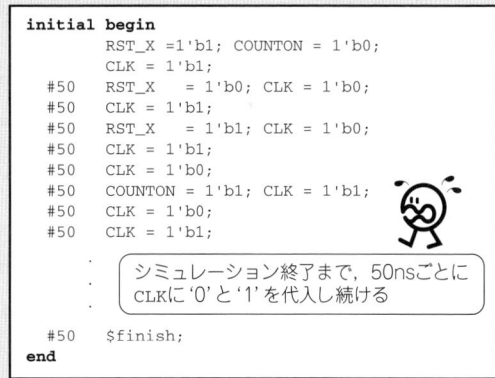

リスト3.D　always文の使い方

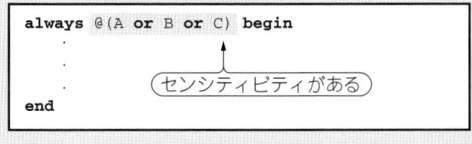

(a) 回路のalways文

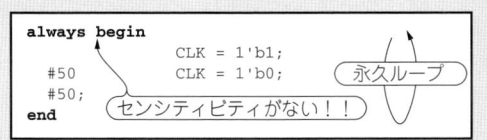

(b) クロックのalways文

リスト3.E　process文によるクロックの記述例

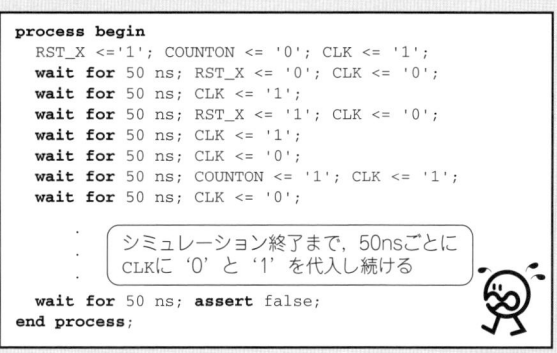

第3章 順序回路のためのテストベンチ

```
parameter  パラメータ名=数値;
```

図3.8 Verilog HDLによるパラメータ宣言の書式
パラメータ名の部分には，initialやmoduleなどの予約語と重複しない限り，自由な文字列を使用できる．

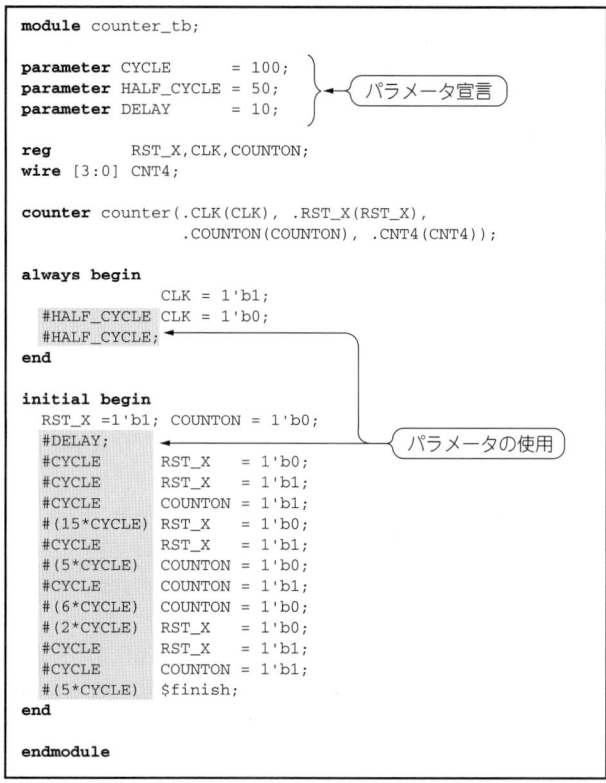

リスト3.5　Verilog HDLによるパラメータを使ったテストベンチ

べてを書き換えなくてはいけません．しかし，Verilog HDL，VHDLともに数値を文字列に置き換える文法が用意されており，これを使えば周期の変更が非常に容易に行えます．

📄 Verilog HDL

Verilog HDLではこれをパラメータという文法で実現します．図3.8はパラメータ宣言の書式です．

図3.8のパラメータ名の部分には，initialやmoduleなどの予約語と重複しない限り，自由な文字列を使用できます．パラメータ宣言はmodule内で信号宣言と同じように宣言します．宣言されたパラメータは，その宣言が書かれたmodule内においてのみ有効で，設定した数値と同じように使うことができます．

数値の部分には，数，もしくは式を書きます．パラメータを使ったテストベンチは，宣言部分の数値を書き換えるだけで，パラメータの書かれた部分の遅延値などをすべて変更できます．

リスト3.5はパラメータを使ったテストベンチの例です．パラメータCYCLEはクロック1周期，HALF_CYCLEはクロック半周期，DELAYはレーシング対策の遅延の値で，これらの変更はテスト入力内のすべてのパラメータに有効です（コラム「丸め精度について」を参照）．

3.2 検証仕様とテスト入力の記述

図3.9
VHDL による定数宣言の書式
定数名の部分には，processやentityなどの予約語と重複しない限り，自由な文字列を使用できる．

```
constant 定数名：データ型 := 値；
```

リスト3.6　VHDLによる定数を使ったテストベンチ

```vhdl
library IEEE;
use IEEE.std_logic_1164.all;

entity counter_tb is
end counter_tb;

architecture SIM of counter_tb is

component counter
  port (CLK,RST_X,COUNTON : in  std_logic;
        CNT4              : out std_logic_vector(3 downto 0));
end component;

  constant CYCLE       : Time := 100 ns;
  constant HALF_CYCLE  : Time :=  50 ns;
  constant DELAY       : Time :=  10 ns;

  signal CLK,RST_X,COUNTON : std_logic;
  signal CNT4              : std_logic_vector(3 downto 0);

begin
ucounter : counter port map (
  CLK     => CLK   ,
  RST_X   => RST_X ,
  COUNTON => COUNTON,
  CNT4    => CNT4   );

process begin
  CLK <= '1'; wait for HALF_CYCLE;
  CLK <= '0'; wait for HALF_CYCLE;
end process;

process begin
  RST_X <='1'; COUNTON <= '0';
  wait for DELAY;
  wait for CYCLE;        RST_X   <= '0';
  wait for CYCLE;        RST_X   <= '1';
  wait for CYCLE;        COUNTON <= '1';
  wait for (15*CYCLE);   RST_X   <= '0';
  wait for CYCLE;        RST_X   <= '1';
  wait for (5*CYCLE);    COUNTON <= '0';
  wait for CYCLE;        COUNTON <= '1';
  wait for (6*CYCLE);    COUNTON <= '0';
  wait for (2*CYCLE);    RST_X   <= '0';
  wait for CYCLE;        RST_X   <= '1';
  wait for CYCLE;        COUNTON <= '1';
  wait for (5*CYCLE);    assert false;
end process;

end SIM;

configuration cfg_counter_tb of counter_tb is
  for SIM
  end for;
end cfg_counter_tb;
```

（定数宣言／定数の使用）

■ VHDL

VHDLではこれを定数宣言という文法で実現します．図3.9は定数宣言の書式です．

図3.9の定数名の部分には，processやentityなどの予約語と重複しない限り，自由な文字列を使用できます．定数宣言はarchitectureの宣言部分内で信号宣言と同じように宣言します．宣言された定数は，その宣言が書かれたarchitecture内においてのみ有効で，設定した数値と同じように使うことができます．

データ型の部分には，今回遅延値の設定に使いたいのでTimeと書きます．Timeは時間の物理量で，数値＋時間単位を値として取ります（100nsや50psなど）．

値の部分には，今回データ型がTimeなので時間の物理量を書きます．定数を使ったテストベンチは，宣言部分の数値を書き換えるだけで，定数の書かれた部分の遅延値などをすべて変更できます．

リスト3.6は定数を使ったテストベンチの例です．定数CYCLEはクロック1周期，HALF_CYCLEはクロック半周期，DELAYはレーシング対策の遅延の値で，これの変更はテスト入力内のすべての定数に有効です（コラム「丸め精度について」を参照）．

第3章 順序回路のためのテストベンチ

 ## 3.3 検証結果の確認

テストベンチが完成したら，シミュレーションを行います．シミュレーション結果を波形で確認し，図3.7の通りに動作するかを確認してください．

第2章ではたった4状態だったので，一目で確認できたと思いますが，今回は数十サイクル（数十クロッ

コラム　検証仕様の洗い出し

本文では，48通りすべてを確認するのが大変なので，必要最低限のテストを抽出しているとしていますが，実際の開発では48通り程度で，すべての場合を確認できるのであれば確認します．しかし，実際の開発で検証される回路の規模はこの100倍，1000倍，もしくはそれ以上となり，考えられるすべての場合を確認しようとすると簡単に1万以上のバリエーションが生まれてしまいます．限られた開発期間の中では，これは現実的に実施不可能です．ですから検証項目の洗い出しは，各機能の要素の抽出と，その組み合わせをいかに必要最低限に抑えられるかが重要になります．

本文の図3.6に示した検証仕様の②では，カウント値が11の場合だけを特別扱いしています．これは次のような理由によります．

カウント値が0～10までは，COUNTONが'1'の場合は1が加算され，COUNTONが'0'の場合は同じ値を保持します．このカウント値が0～10まで動作を場合分けして回路を記述するとは考えられません．従って，カウント値が5のとき正しく動いていて，4や7のときだけ正しく動かない可能性は極めて低いと言えます．

しかし，カウント値が11の場合だけはほかの値のときとは動作が異なります．COUNTONが'1'の場合に，1が加算されるのではなく，カウント値が0に戻ります．回路の記述では，カウント値が11のとき

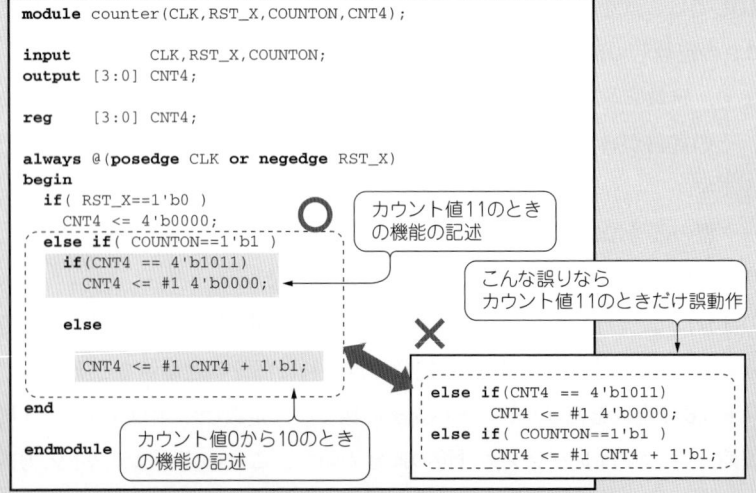

リスト3.F
Verilog HDLによる検証対象の回路の記述例

3.3 検証結果の確認

だけ別に条件を作っている可能性が高くなります．つまり，カウント値が0～10までのときに正しく動いたからといって，11のときも正しく動くことは保障できません．

リスト3.Fとリスト3.Gは検証対象の回路の正しい設計例と，誤った設計例をVerilog HDLとVHDLで記述したものです．

誤った例ではカウント値が11のときに限って，COUNTONが '0' でもカウントが止まらなくなります．このように機能の切り変わり目付近で不具合は発生しやすいので，検証では必ず機能の切り変わり目を確認する必要があります．

本文の図3.7では，カウントの停止をカウント値が11のとき以外では，0と5のときしか行われていません．100％の検証を目指すためには，必要最低限の項目を図3.7のように確認した後，時間の許す限り，万が一に備えてほかの値（1～4，6～10）も確認を続けていくべきです．これは，非同期リセットに関しても同様です．

リスト3.G　VHDLによる検証対象の回路の記述例

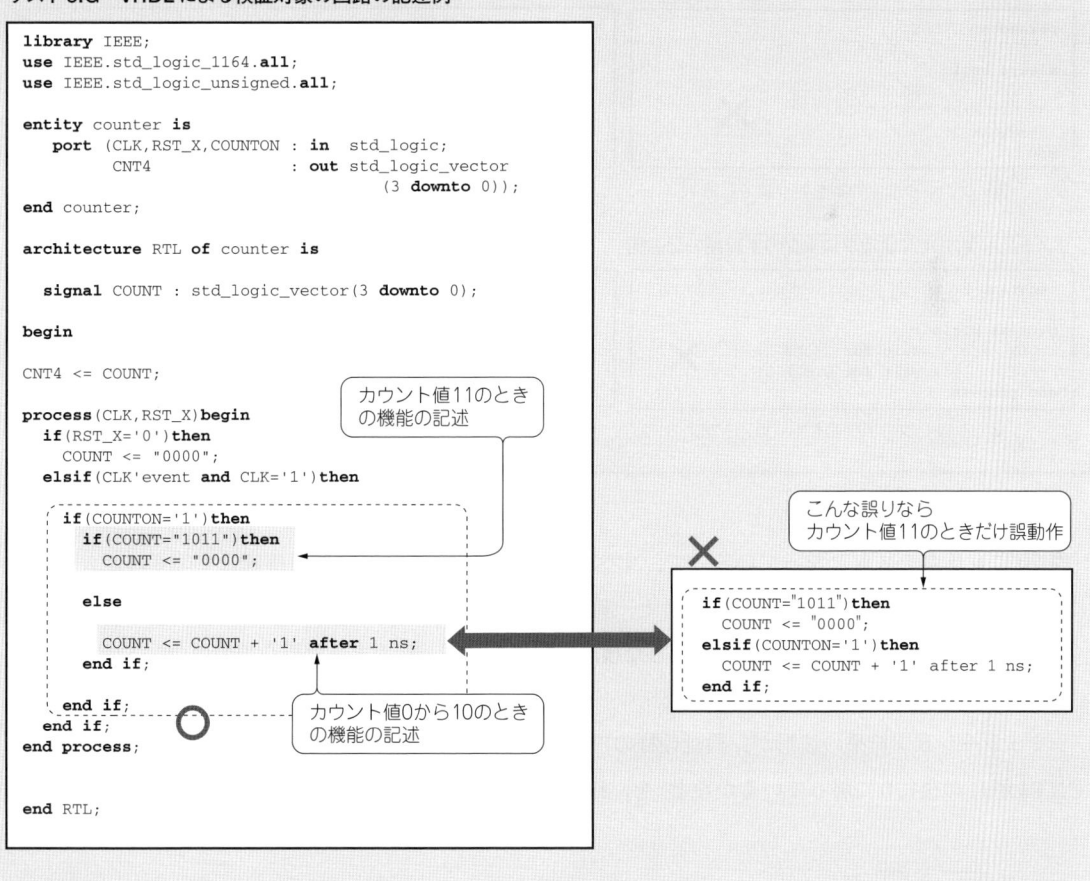

```vhdl
library IEEE;
use IEEE.std_logic_1164.all;
use IEEE.std_logic_unsigned.all;

entity counter is
   port (CLK,RST_X,COUNTON : in  std_logic;
         CNT4              : out std_logic_vector
                                 (3 downto 0));
end counter;

architecture RTL of counter is

  signal COUNT : std_logic_vector(3 downto 0);

begin

CNT4 <= COUNT;

process(CLK,RST_X)begin
  if(RST_X='0')then
     COUNT <= "0000";
  elsif(CLK'event and CLK='1')then

     if(COUNTON='1')then
       if(COUNT="1011")then
         COUNT <= "0000";

       else

         COUNT <= COUNT + '1' after 1 ns;
       end if;

     end if;
  end if;
end process;


end RTL;
```

カウント値11のときの機能の記述

カウント値0から10のときの機能の記述

こんな誤りなら カウント値11のときだけ誤動作

```vhdl
if(COUNT="1011")then
   COUNT <= "0000";
elsif(COUNTON='1')then
   COUNT <= COUNT + '1' after 1 ns;
end if;
```

37

コラム

丸め精度について

Verilog HDL・VHDL共通

リスト3.H（a）とリスト3.I（a）はクロックの半周期を，1周期のパラメータと割り算で記述した例です．しかし，このようにパラメータに割り算を使うべきではありません．もし割った後の値に端数があった場合，この丸め込みはシミュレータによって変わってしまう可能性があります．

丸め精度とは，シミュレーション時間をどこまでの精度で実現するかを設定する値です．丸め精度が1nsのとき，1ns以下の値は1ns単位に丸め込まれます．

例えば1周期を77nsとし，丸め精度が1nsの状態でリスト3.H（b）とリスト3.I（b）のように1周期のパラメータ・定数を2で割った場合，演算結果は38ns，または39nsとして扱われます．シミュレータによって結果が変わることを避けたい場合は，時間を設定するパラメータや定数に割り算を使うべきではありません．

リスト3.H　Verilog HDLによるクロックの半周期の記述例

```
parameter CYCLE    = 100;
    ...
always begin
           CLK = 1'b1;
  #(CYCLE/2) CLK = 1'b0;
  #(CYCLE/2);
end
```
（a）クロックの半周期を割り算で記述　×

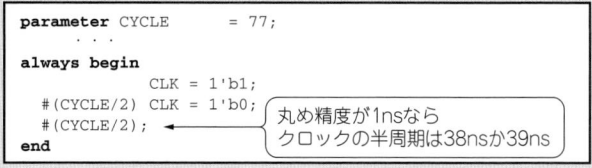

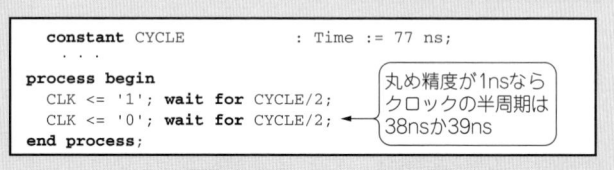

```
parameter CYCLE    = 77;
    ...
always begin
           CLK = 1'b1;
  #(CYCLE/2) CLK = 1'b0;
  #(CYCLE/2);
end
```
（b）半周期がシミュレータによって異なる
（丸め精度が1nsならクロックの半周期は38nsか39ns）

リスト3.I　VHDLによるクロックの半周期の記述例

```
constant CYCLE         : Time := 100 ns;
    ...
process begin
  CLK <= '1'; wait for CYCLE/2;
  CLK <= '0'; wait for CYCLE/2;
end process;
```
（a）クロックの半周期を割り算で記述　×

```
constant CYCLE         : Time := 77 ns;
    ...
process begin
  CLK <= '1'; wait for CYCLE/2;
  CLK <= '0'; wait for CYCLE/2;
end process;
```
（b）半周期がシミュレータによって異なる
（丸め精度が1nsならクロックの半周期は38nsか39ns）

ク周期）にも及ぶテストとなっているので，すべてのサイクルを一つ一つ毎回確認していくのは大変です．それでは，どうすればよいのかというと，確認必須のポイントを絞ります．

実はテストベンチを作成する際に洗い出した検証仕様の項目が，そのまま確認必須のポイントになります．

シミュレーション結果の波形が，検証仕様の項目を実現しており，かつ期待する結果になっているか（CNT4が11の後に0に戻っているかなど）を，確認してください．

第2部 テストベンチの文法

第4章

遅延の記述方法

▶▶ 4.1 相対遅延と絶対遅延

　相対遅延とは，前の信号の変化から何nsで代入を実行するというように，遅延を相対関係で表現する手法です〔図4.1(a)〕．これに対して絶対遅延とは，シミュレーション開始時点（シミュレーション時間0）から何nsで代入するというような，絶対時間で表現する手法です〔図4.1(b)〕．
　ここでは，図4.2の仕様を持つ検証対象の回路に対して，図4.3(a)のテストベンチから，図4.3(b)の信

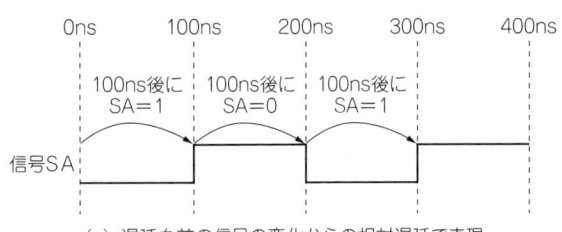

（a）遅延を前の信号の変化からの相対遅延で表現

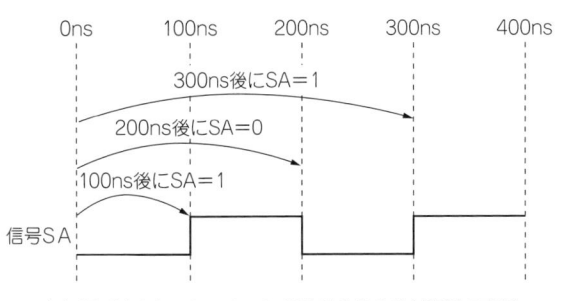

（b）遅延をシミュレーション開始時からの絶対遅延で表現

図4.1
遅延の表現
前の信号の変化からの相対関係で表現する相対遅延と，常に開始時点からの時間で表現する絶対遅延がある．

第4章　遅延の記述方法

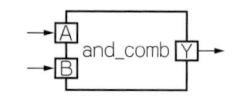

(a) ブロック図

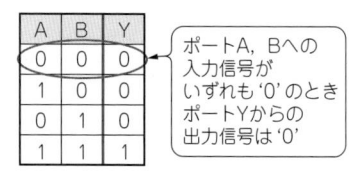

(b) 真理値表

図4.2　検査対象の回路
回路の名前は，and_combである．1ビットの入力ポートA，Bと1ビットの出力ポートYを持つ．記憶素子（フリップフロップなど）を含まない組み合わせ回路である．

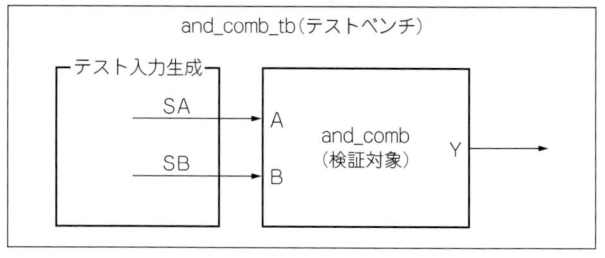

ポートA，Bへの入力信号がいずれも'0'のときポートYからの出力信号は'0'

(a) ブロック図

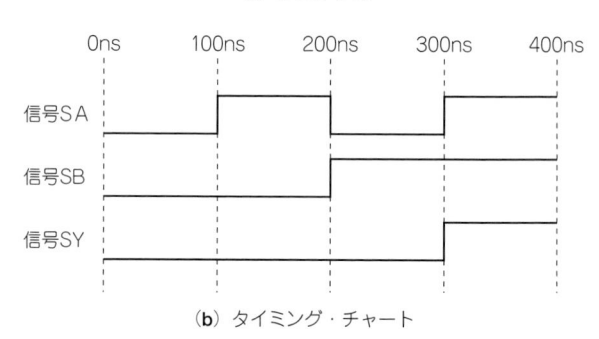

(b) タイミング・チャート

図4.3　AND回路の検証
(a)のようなテストベンチから，(b)のテスト入力を与える．

号SAと信号SBのようなテスト入力を与える記述法を，相対遅延と絶対遅延を使って解説します．

📄 Verilog HDL

　リスト4.1(a)は，第2章で示したテスト入力の記述例です．ここで記述された信号SA，SBの変化のタイミングは図4.3(b)と同じです[注4.1]．

　リスト4.1(b)は，リスト4.1(a)の記述を1行当たり一つの式だけの記述に直したものです．式の実行タイミングは，式の間の相対遅延で記述されています．図4.4のように，begin～endの間に記述された式は上から順番に実行され，その間の遅延は累積されます（式2は必ず式1の後に実行され，式3は必ず式2の後に実行される）．

　図4.5はfork～joinという文法の書式を表しています．fork～joinは，begin～endと違い，式の間で遅延は累積しません．それぞれの式がシミュレーション開始時から独自の遅延値に従って並行に実行されます．つまり，各式の遅延値は絶対遅延となります．

　リスト4.2は，リスト4.1とまったく同じ変化タイミングで信号SAとSBのテスト入力を記述したものです．各代入式の#に続く遅延値は絶対遅延となり，式の間で累積しません．

注4.1：本書のVerilog HDLのすべての解説では，シミュレータのシミュレーション時間の単位が，nsに設定されているものとして解説している．

4.1 相対遅延と絶対遅延

リスト4.1 Verilog HDLによる相対遅延を使ったテストベンチ

```
initial begin
      SA = 0; SB = 0;
#100 SA = 1; SB = 0;
#100 SA = 0; SB = 1;
#100 SA = 1; SB = 1;
#100 $finish;
end
```

(a) 記述例1

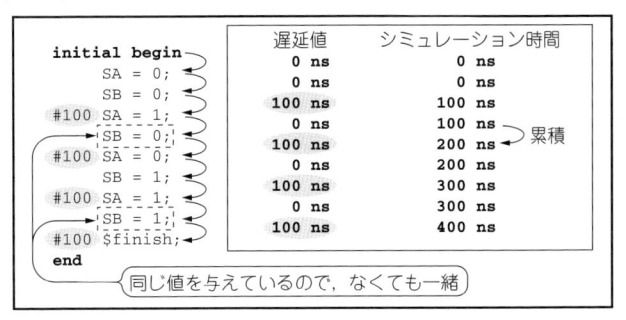

```
initial begin
      SA = 0;
      SB = 0;
#100 SA = 1;
      SB = 0;
#100 SA = 0;
      SB = 1;
#100 SA = 1;
      SB = 1;
#100 $finish;
end
```

遅延値	シミュレーション時間
0 ns	0 ns
0 ns	0 ns
100 ns	100 ns
0 ns	100 ns
100 ns	200 ns
0 ns	200 ns
100 ns	300 ns
0 ns	300 ns
100 ns	400 ns

累積

同じ値を与えているので，なくても一緒

(b) 記述例2

リスト4.2
Verilog HDLによる絶対遅延を使ったテストベンチ

```
initial fork
      SA = 0;
#100 SA = 1;
#200 SA = 0;
#300 SA = 1;
      SB = 0;
#200 SB = 1;
#400 $finish;
join
```

遅延値	シミュレーション時間
0 ns	0 ns
100 ns	100 ns
200 ns	200 ns
300 ns	300 ns
0 ns	0 ns
200 ns	200 ns
400 ns	400 ns

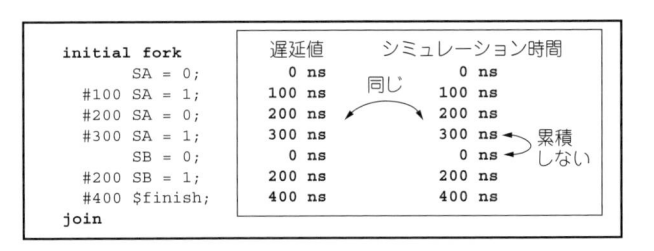

同じ / 累積しない

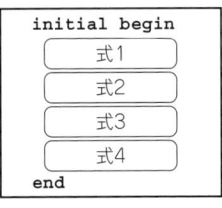

図4.4
Verilog HDLによる相対遅延の書式

```
initial begin
    式1
    式2
    式3
    式4
end
```

begin～endの間の式は，上から順に実行され，遅延が累積する．

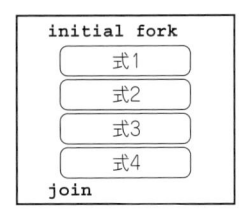

図4.5
Verilog HDLによる絶対遅延の書式

```
initial fork
    式1
    式2
    式3
    式4
join
```

fork～joinの間の式は，シミュレーション開始時点からの独自の遅延値に従って並行して実行され，式の間で遅延は累積しない．

📘 VHDL

リスト4.3(a)は，第2章で示したテスト入力の記述例です．ここで記述された信号SA，SBの変化のタイミングは，図4.3(b)と同じです．

リスト4.3(b)は，リスト4.3(a)の記述を1行当たり一つの式だけの記述に直したものです．式の実行タイミングは，wait文ごとに累積する相対遅延で記述されています．図4.6のように，wait文を使った記述では，式2は式1実行後，間のwait文で指定した遅延値時間経過後に実行され，式3は式2実行後，間のwait文で指定した遅延値時間経過後に実行されます．

図4.7はafterを使った遅延の記述です．信号への代入は，afterを使って指定した値だけ遅らせられます．一つの信号に対する時間をずらした値の代入は，"，"で区切って一つの代入式の中に書き並べられます．図4.7の値0と値3の後ろにはafterが付いていないので，シミュレーション時間0で信号1，信号2に代入されます．値1，値2，値4もそれぞれシミュレーション時間0から遅延値1，遅延値2，遅延値3

41

第4章 遅延の記述方法

リスト4.3　VHDLによるテストベンチ

```
process begin
             SA <= '0'; SB <= '0';
  wait for 100 ns; SA <= '1'; SB <= '0';
  wait for 100 ns; SA <= '0'; SB <= '1';
  wait for 100 ns; SA <= '1'; SB <= '1';
  wait for 100 ns; assert false;
end process;
```

(a) 記述例1

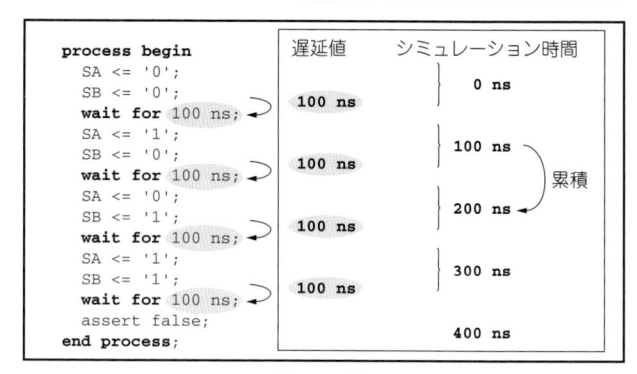

```
process begin
  SA <= '0';
  SB <= '0';
  wait for 100 ns;        100 ns        0 ns
  SA <= '1';
  SB <= '0';                            100 ns
  wait for 100 ns;        100 ns                  累積
  SA <= '0';
  SB <= '1';                            200 ns
  wait for 100 ns;        100 ns
  SA <= '1';
  SB <= '1';                            300 ns
  wait for 100 ns;        100 ns
  assert false;
end process;                            400 ns
```

遅延値　シミュレーション時間

(b) 記述例2

図4.6　VHDLによる相対遅延の書式

```
process begin
    式1
  wait for 遅延値 ;
    式2
  wait for 遅延値 ;
    式3
end process;
```

wait文の後の式は，wait文の前の式の実行後からwait文で指定した時間の経過後に実行される．遅延は累積する．

図4.7　VHDLによる絶対遅延の書式

```
process begin
  信号1 <= 値0,
           値1 after 遅延値1,
           値2 after 遅延値2;
  信号2 <= 値3,
           値4 after 遅延値3;
end process;
```

afterを使った代入では，遅延は累積しない．

リスト4.4　VHDLによる絶対遅延を使ったテストベンチ

```
process begin
  SA <= '0',                    0 ns       0 ns
         '1' after 100 ns,    100 ns     100 ns
         '0' after 200 ns,    200 ns  同じ 200 ns
         '1' after 300 ns;    300 ns     300 ns   累積
  SB <= '0',                    0 ns       0 ns   しない
         '1' after 200 ns;    200 ns     200 ns

  wait for 400 ns;            400 ns     400 ns   0nsから
  assert false;                          400 ns   累積
end process;
```

遅延値　シミュレーション時間

の経過後に代入されます．信号1のすべての代入が終わってから，信号2の代入が行われるわけではありません．

　リスト4.4は，リスト4.3とまったく同じ変化タイミングで信号SAとSBのテスト入力を記述したものです．afterを使った代入では，遅延は絶対遅延となり，代入する値や式間で累積しません．ただし，assert文の実行はafterを使って遅らせられないので，wait文による相対遅延を使っています．

▮ Verilog HDL・VHDL共通

　絶対遅延を用いてテスト入力を書くと，一つの信号への代入をまとめて書いたり，ほかの式の遅延を考慮したりする必要がなくなるなど，いくつかの点でメリットがあります．テストベンチではどちらで記述しても構いません．好きな方を使えます．

4.2 ソフトウェア風にテスト入力を記述する

検証対象となる回路記述では，最終的にASIC（Application Specific Integrated Circut）やFPGA（Field Programmable Gate Array）になるため，フリップフロップや実物の回路を意識して記述しなければなりません．このため，HDLの文法の中でも一部の文法しか使えませんでした．しかし，テストベンチに関しては，シミュレータの中でだけ機能すればよいので，HDLのすべての文法が使えます．

第2章と第3章で紹介したテストベンチでは，テスト入力は単にシミュレーション開始時点からの信号の変化をすべて書き並べる手法をとっていました．確かにこれでも検証は行えますが，テスト入力の値の変化が単調であったり，一定のパターン（法則）があったりするのであれば，ループ文を使うことにより，より簡単に記述できます．

ここでは，図4.8のような回路を検証します．この回路は入力ポートDINに入ってくる8ビットの信号の中で，何ビット目の信号が1になっているかを，4ビットで出力ポートDOUTから出力する組み合わせ回路です．入力ポートDINに接続された信号のうち，複数のビットが1になっていた場合には，何を出してもよいという仕様です．

この回路を検証するために，図4.9(a)のDINのような信号を回路に与えて，シミュレーションします．回路が正しければ，DOUTのような出力があるはずです．

なお，エンコーダとは一般に，入力データを変換して出力する回路で，入力データのビット幅が出力データのビット幅よりも多いものをいいます．

テストベンチの構成を図4.9(b)に示します．検証対象の回路のポート名に対して，テストベンチ内の信号には先頭にSを付けて，見分けられるようにしてあります．

📄 Verilog HDL

図4.9のような信号を与えるとき，第2章で解説した方法で記述すると**リスト4.5**のようになります．initial文の中を見ると，非常に似た代入を繰り返しています．

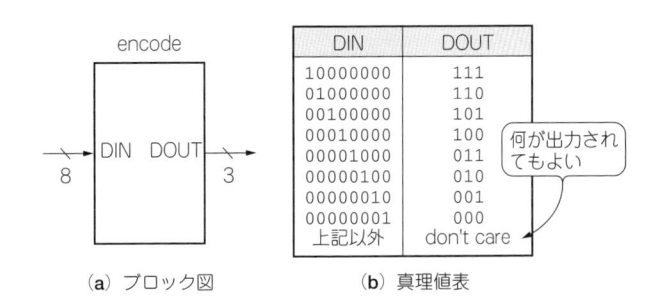

図4.8
エンコーダ回路のブロック図
入力ポートDINに入ってくる8ビットの信号の中で，何ビット目の信号が1になっているかを，4ビットの出力ポートDOUTから出力する組み合わせ回路である．

(a) ブロック図

DIN	DOUT
10000000	111
01000000	110
00100000	101
00010000	100
00001000	011
00000100	010
00000010	001
00000001	000
上記以外	don't care

何が出力されてもよい

(b) 真理値表

第4章 遅延の記述方法

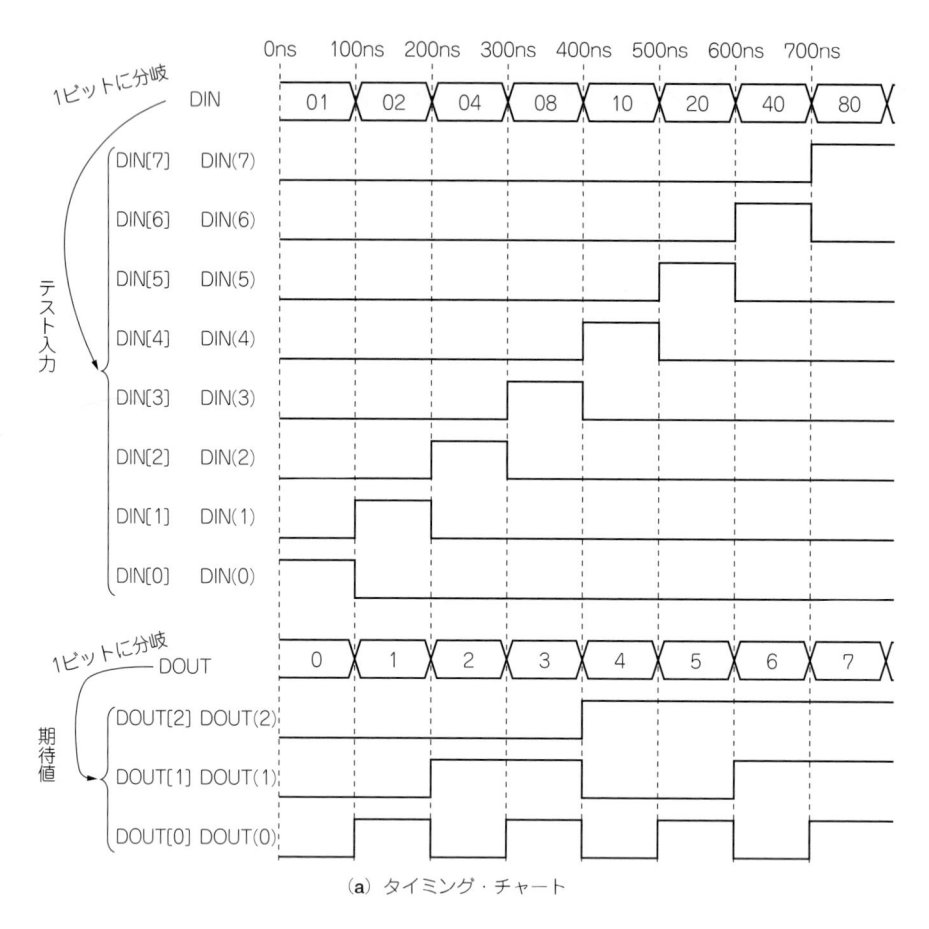

図4.9
エンコーダ回路の検証
DINのような信号を回路に与えて，シミュレーションする．回路が正しければ，DOUTのような出力がある．DINの値は16進表記．

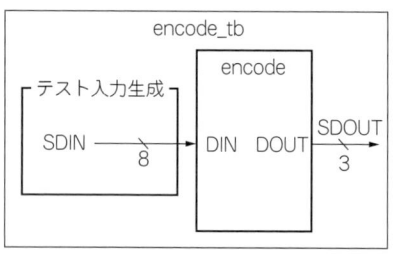

　このような処理は，for文を使うと簡単に書けます．for文の書式と動作を**図4.10**に示します．**図4.10**(a)のステートメントとは，Verilog HDLの一つの文（";"から";"まで）のことです．複数の文を一つのステートメントにまとめるときは，begin～endで囲います．

　リスト4.6は，for文を使って**リスト4.5**とまったく同じタイミングのテスト入力を書いたものです．for文による処理の様子を**図4.11**に示します．

44

4.2 ソフトウェア風にテスト入力を記述する

リスト4.5　Verilog HDLによるエンコーダ回路のテストベンチ

```verilog
module encode_tb;
reg  [7:0] SDIN;
wire [2:0] SDOUT;
parameter STEP = 100;

encode encode(.DIN(SDIN),.DOUT(SDOUT));

initial begin
    // DINの各ビットに順次1を印加
            SDIN = 8'b00000001;
    #STEP   SDIN = 8'b00000010;
    #STEP   SDIN = 8'b00000100;
    #STEP   SDIN = 8'b00001000;
    #STEP   SDIN = 8'b00010000;
    #STEP   SDIN = 8'b00100000;
    #STEP   SDIN = 8'b01000000;
    #STEP   SDIN = 8'b10000000;
    #STEP   $finish;
end

endmodule
```

リスト4.6　Verilog HDLによるfor文を使ったテストベンチ

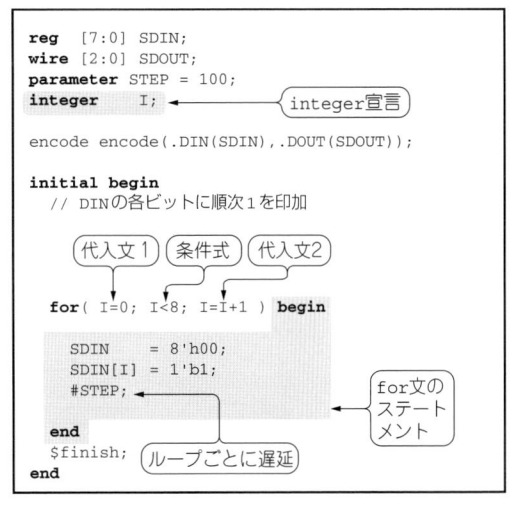

```verilog
reg  [7:0] SDIN;
wire [2:0] SDOUT;
parameter STEP = 100;
integer  I;          ← integer宣言

encode encode(.DIN(SDIN),.DOUT(SDOUT));

initial begin
    // DINの各ビットに順次1を印加
    for( I=0; I<8; I=I+1 ) begin   ← 代入文1／条件式／代入文2
        SDIN    = 8'h00;
        SDIN[I] = 1'b1;
        #STEP;      ← for文のステートメント／ループごとに遅延
    end
    $finish;
end
```

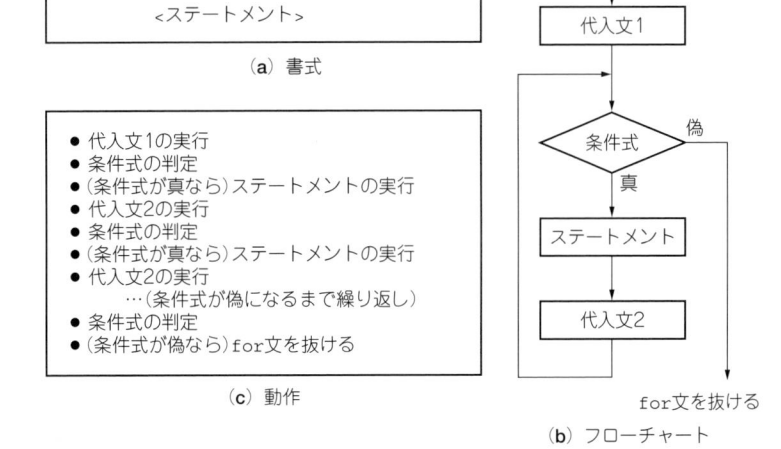

図4.10　Verilog HDLによるfor文の書式と動作
Verilog HDLのループ文である．

(a) 書式
```
for ( <代入文1>; <条件式>; <代入文2> )
    <ステートメント>
```

(c) 動作
- 代入文1の実行
- 条件式の判定
- (条件式が真なら)ステートメントの実行
- 代入文2の実行
- 条件式の判定
- (条件式が真なら)ステートメントの実行
- 代入文2の実行
    …(条件式が偽になるまで繰り返し)
- 条件式の判定
- (条件式が偽なら)for文を抜ける

(b) フローチャート

リスト4.6では，integer宣言がされています．integer宣言は，regと同じレジスタ型の変数で，符号付き32ビットの整数の値をとり，initial文やalways文の中で値を代入することができます．integer宣言は，回路記述ではまず使いませんが，テストベンチの中では頻繁に使います．

■ VHDL

図4.9のような信号を与えるとき，第2章で解説した方法で書くと，リスト4.7のようになります．process文の中を見ると，非常に似た処理を繰り返しています．このような処理はfor文を使うと簡単に

第4章　遅延の記述方法

```
for( I=0; I<8; I=I+1 ) begin
  SDIN    = 8'h00;
  SDIN[I] = 1'b1;
  #STEP;
end
```

(a) ソース・コード記述

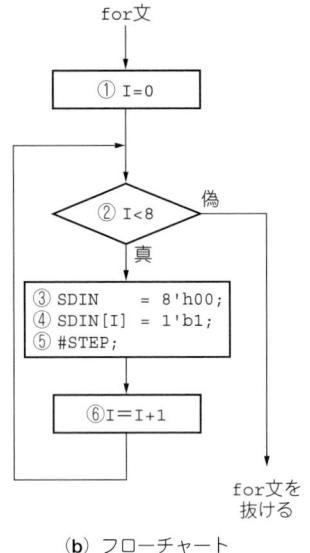

```
for文
  ① I=0
  ② I<8  偽 → for文を抜ける
    真
  ③ SDIN    = 8'h00;
  ④ SDIN[I] = 1'b1;
  ⑤ #STEP;
  ⑥ I=I+1
```

(b) フローチャート

```
for文開始

① Iに0を代入    Iは0となる
② Iが8未満か判定
    Iは0だから条件式は真（正しい）
③ SDINに8'h00を代入
④ SDIN[0]に1を代入（SDINは8'h01となる）
⑤ 100ns経過
⑥ Iに0+1を代入    Iは1となる
②（⑥から戻ってきて）Iが8未満か判定
    Iは1だから条件式は真（正しい）
③ SDINに8'h00を代入
④ SDIN[1]に1を代入（SDINは8'h02となる）
⑤ 100ns経過
⑥ Iに1+1を代入    Iは2となる
②（⑥から戻ってきて）Iが8未満か判定
    Iは2だから条件式は真（正しい）
      ：          ：
⑥ Iに7+1を代入    Iは8となる
②（⑥から戻ってきて）Iが8未満か判定
    Iは8だから条件式は偽（間違い）

for文を抜ける
```

(c) 実行順序

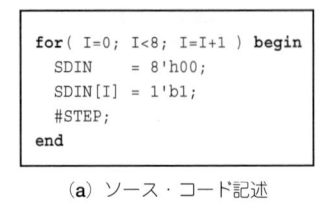

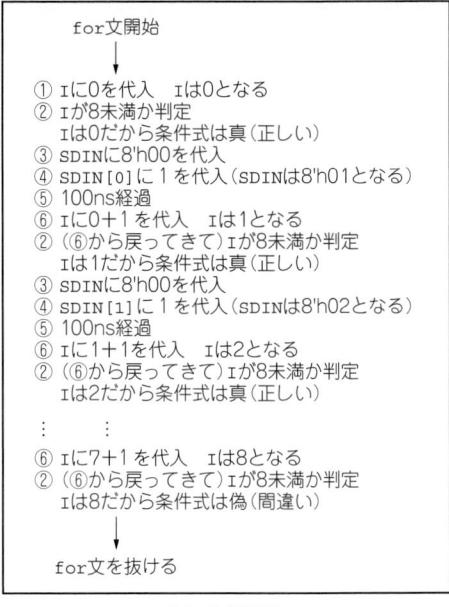

図4.11
Verilog HDLによるfor文の処理の様子
リスト4.5とまったく同じタイミングになることが分かる．

リスト4.7　VHDLによるエンコーダ回路向けテストベンチ

```vhdl
library IEEE;
use IEEE.std_logic_1164.all;

entity encode_tb is
end encode_tb;

architecture SIM of encode_tb is

constant STEP: time := 100 ns;

component encode
  port (DIN  : in  std_logic_vector(7 downto 0);
        DOUT : out std_logic_vector(2 downto 0));
end component;

  signal SDIN  : std_logic_vector(7 downto 0);
  signal SDOUT : std_logic_vector(2 downto 0);

begin
uencode : encode port map (
  DIN     => SDIN,
  DOUT    => SDOUT);

process begin
  -- DINの各ビットに順次1を印加
  SDIN <= "00000001"; wait for STEP;
  SDIN <= "00000010"; wait for STEP;
  SDIN <= "00000100"; wait for STEP;
  SDIN <= "00001000"; wait for STEP;
  SDIN <= "00010000"; wait for STEP;
  SDIN <= "00100000"; wait for STEP;
  SDIN <= "01000000"; wait for STEP;
  SDIN <= "10000000"; wait for STEP;
  assert false;
end process;

end SIM;

configuration cfg_encode_tb of encode_tb is
  for SIM
  end for;
end cfg_encode_tb;
```

書けます．

　整数型の変数によるfor文の書式と動作を**図4.12**に示します．for文の変数はfor文の外で宣言する必要はありません．また，for文自体の加算を除いて，代入の記述を書くことはできません．

　リスト4.8は，for文を使って**リスト4.7**とまったく同じタイミングのテスト入力を書いたものです．for文による処理の様子を**図4.13**に示します．

4.2 ソフトウェア風にテスト入力を記述する

コラム 遅延の書き忘れによるミス

Verilog HDL・VHDL共通

リスト4.Aとリスト4.Bを見てください．この二つは本文で示したリスト4.6とリスト4.7のテスト入力部分によく似ています．しかし，このテスト入力でシミュレーションを実行すると，図4.Aのようになってしまいます．

これはなぜかというと，リスト4.6もしくはリスト4.7に対して，リスト4.Aとリスト4.Bは遅延の記述が抜けてしまっているからです．遅延の記述が抜けてしまうと，シミュレーション時間0のままでIが0から7まで変化してしまいます．そしてSDINへの代入も，シミュレーション時間0のまま，00000001（2進数）から10000000（2進数）までが実行されます．

最後に，シミュレーションの終了もシミュレーション時間0のままで行われるので，波形を見ようとしても，まったく波形の変化が観測できずに終わってしまいます．

実はこのミスは，初心者にはなかなか発見することが難しいようです．なぜならリスト4.Aとリスト4.Bは，文法的にはまったく問題がないので，シミュレータでコンパイルを行ってもエラーが出ないからです．HDLの初心者は，テストベンチの作成においては文法的なミスだけでなく，自分の意図した波形と実際に自分の書いた記述が一致していないというミスもあることを覚えておくとよいでしょう（図4.B）．

リスト4.A 遅延を書き忘れたテスト入力（Verilog HDL）

```
reg   [7:0] SDIN;
integer     I;

encode encode(.DIN(SDIN),.DOUT(SDOUT));

initial begin
  for( I=0; I<8; I=I+1 ) begin
    SDIN    = 8'h00;
    SDIN[I] = 1'b1;
  end
  $finish;
end
```

リスト4.B 遅延を書き忘れたテスト入力（VHDL）

```
signal SDIN   : std_logic_vector(7 downto 0);

begin
 ...

process begin
  for I in 0 to 7 loop
    SDIN      <= (others=>'0');
    SDIN(I)   <= '1';
  end loop;
  assert false;
end process;
```

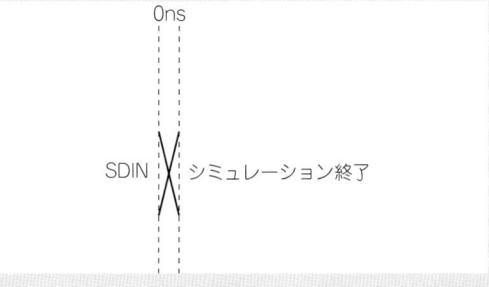

図4.A シミュレーション時間0でシュミレーションが終了

```
テストベンチのミスは次の2種類

① 文法のミス
② 意図した波形と実際に記述した波形の不一致

特に②は発見しづらいので注意
```

図4.B テストベンチのミス

第4章 遅延の記述方法

> **コラム**

ループ変数の重複によるミス

Verilog HDL

図4.Cのようなテスト入力を作ろうとして，**リスト4.C**のような記述を書いたとします．しかしこの記述のシミュレーション結果は図4.Dのようになってしまいます（シミュレータによって波形は若干異なることがある）．

なぜかというと，**リスト4.C**の記述では二つのfor文とも同じ変数iに対して，**リスト6**の代入文2の位置で加算しているためです．C言語などでは，プログラムは上から順番に実行されるのでこのようなことは起きませんが，HDLでは二つのinitial文は同時に実行されます．ですからiは，100nsごとに二つの文の中でそれぞれ1加算され，結局100nsごとに2加算されることになります．iは100nsごとに2ずつ加算されるので，for文のループは4回で抜けてしまいます．よって，信号A，Bの値は100nsごとに2ずつ増減し，500ns後にはシミュレーションが終了してしまいます．

このミスは文法的なミスを含まないので，シミュレータでコンパイルしてもエラーが出ません．

このようなミスを発見するためには，まず，どこから意図と違った波形になってしまっているのを探します．そして，その部分と自分の書いた記述をよく照らし合わせて，ミスの原因を探ります．

それでも見つからないときは，もしこうだったらこういう波形になる，という仮定を想像し，その仮定を元にもう一度自分の記述を見直してください．今回の場合であれば，iに2ずつ加算していれば図4.Dのような波形になると仮定できます．そして，iに2ずつ加算するような記述になっていないかと考えながら見直すと見つかるかもしれません（図4.E）．

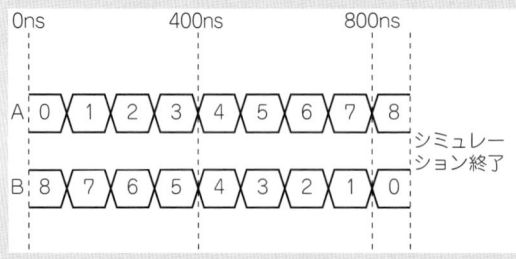

図4.C 所望のシミュレーション結果

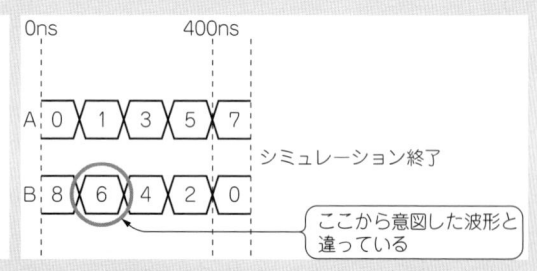

図4.D 意図通りでないシミュレーション結果

リスト4.C ループ変数が重複しているテストベンチ

```
...
reg [3:0] A,B;
integer i;

initial begin
  A=0;
  for(i=0;i<8;i=i+1)
    #100 A=i+1;
  #100 $finish;
end

initial begin
  B=8;
  for(i=0;i<8;i=i+1)
    #100 B=7-i;
end
...
```

自分の意図と自分で書いた記述の不一致は，次の順で探す．

① シミュレーション波形のどこからが意図と違っているか確認
② その部分を作っていると思われるテストベンチの記述を確認
③ ①，②でダメなら，①が起こりそうな仮定条件を想像
④ ③の仮定を元に，もう一度テストベンチを確認

図4.E 意図通りの波形にならない場合の原因の探り方

4.2 ソフトウェア風にテスト入力を記述する

```
for <変数名> in <開始値> to <終了値> loop
    <処理文>
end loop;
```
（a）書式

（b）フローチャート

- 変数に開始値を代入
- 処理文を実行
- 変数が終了値ではないか判定
- （変数が終了値でなければ）変数に1を加算
- 処理文を実行
- 変数が終了値ではないか判定
- （変数が終了値でなければ）変数に1を加算
  …（変数が終了値になるまで繰り返し）
- 処理文を実行
- 変数が終了値ではないか判定
- （変数が終了値であれば）for文を抜ける

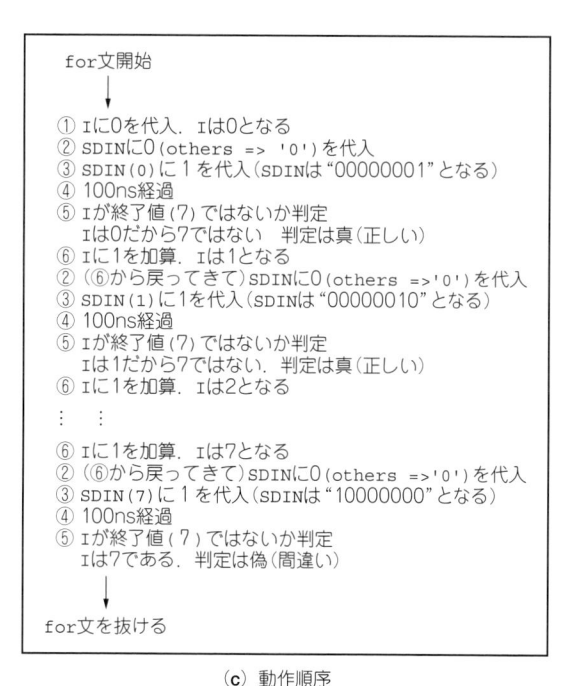

（c）実行順序

図4.12 VHDLによるfor文の書式と動作
VHDLのループ文である．

```
for I in 0 to 7 loop
    SDIN    <= (others=>'0');
    SDIN(I) <= '1';
    wait for STEP;
end loop;
```
（a）for文の記述

（b）フローチャート

for文開始
① Iに0を代入．Iは0となる
② SDINに0 (others => '0') を代入
③ SDIN(0)に1を代入（SDINは"00000001"となる）
④ 100ns経過
⑤ Iが終了値(7)ではないか判定
　　Iは0だから7ではない．判定は真（正しい）
⑥ Iに1を加算．Iは1となる
② （⑥から戻ってきて）SDINに0 (others =>'0') を代入
③ SDIN(1)に1を代入（SDINは"00000010"となる）
④ 100ns経過
⑤ Iが終了値(7)ではないか判定
　　Iは1だから7ではない．判定は真（正しい）
⑥ Iに1を加算．Iは2となる
　　：　　：
⑥ Iに1を加算．Iは7となる
② （⑥から戻ってきて）SDINに0 (others =>'0') を代入
③ SDIN(7)に1を代入（SDINは"10000000"となる）
④ 100ns経過
⑤ Iが終了値(7)ではないか判定
　　Iは7である．判定は偽（間違い）
for文を抜ける

（c）動作順序

図4.13 VHDLによるfor文の処理の様子
リスト4.7とまったく同じタイミングになることが分かる．

リスト4.8　VHDLによるfor文を使ったテストベンチ

```vhdl
constant STEP: time := 100 ns;
...

  signal SDIN  : std_logic_vector(7 downto 0);
  signal SDOUT : std_logic_vector(2 downto 0);

begin

uencode : encode port map (
  DIN   => SDIN,
  DOUT  => SDOUT);

process begin
  -- DINの各ビットに順次1を印加
  for I in 0 to 7 loop
    SDIN    <= (others=>'0');
    SDIN(I) <= '1';
    wait for STEP;
  end loop;
  assert false;
end process;
```

・未宣言で使用できる
・代入できない
・レンジで記述されたデータ・タイプになる
（この場合はinteger）

ループごとに遅延

第4章　遅延の記述方法

📘 Verilog HDL・VHDL 共通

　for文を使う場合と使わない場合を比べると，for文を使う方がだいぶすっきりしているのではないでしょうか．記述する量が減ることには，作業量が減ること以上に人の手によるミスを減らす効果があります．テスト入力として同じように変化する信号を記述する場合でも，なるべく記述量の少ない，効率の良い記述を心がけましょう．

▶▶ 4.3　オーバフロー対策付き加算回路の検証

　ここでは，図4.14のような回路を検証します．この回路は4ビットの入力ポートIN1，IN2から入力されたデータを加算して，その結果を出力ポートCSUMから出力する組み合わせ回路です．ただし，加算結果が16以上になった場合には，15を出力します．

　この回路に対して，すべての値の組み合わせを与えて検証したい場合，入力値を書き並べる手法を取るととても大変です．しかし，for文を2重に使うことで，非常に簡単に書けるようになります（ただし，波形を目視で確認するのは大変）．テストベンチの構成を図4.14（c）に示します．テストベンチの階層にある信号名は，検証対象の回路のポート名と見分けがつきやすいように，最後にTを付けています．

📘 Verilog HDL

　リスト4.9に，for文を2重に使った記述例を示します．このテストベンチは図4.15のフローチャートのように動作します．

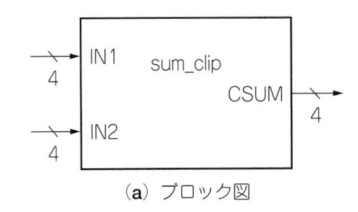

図4.14　オーバフロー対策付き加算回路
4ビットの入力ポートIN1，IN2から入力されたデータを加算して，その結果を出力ポートCSUMから出力する組み合わせ回路である．

（a）ブロック図

IN1 ＋ IN2	CSUM
15以下	IN1 ＋ IN2
16以上	15

簡略化した表記

IN1 ＋ IN2は真理値表の表記を簡略化したもの
IN1＝7，IN2＝7のとき，IN1 ＋ IN2は14なので15以下，CSUMの値はIN1 ＋ IN2，つまり14
IN1＝9，IN2＝11のとき，IN1 ＋ IN2は20なので16以上，CSUMの値は15

（b）真理値表

（c）テストベンチの構成

4.3 オーバフロー対策付き加算回路の検証

テスト入力の記述の一番外側にinitial文があります．initial文の中には，for文が一つと$finishの文が一つあるので，この二つのステートメントをbegin～endで囲ってあります．

initial文の直下のfor文（Iでループさせるfor文）の中には，for文が一つしかありません．ステートメントが一つなので，begin～endで囲う必要はありません（囲ってもかまわない）．

一番内側のfor文（Jでループさせるfor文）の中には，IN1T，IN2Tの代入文と#の文があります．ステートメントが三つなので，begin～endで囲う必要があります．

▌VHDL

リスト4.10に，for文を2重に使った記述例を示します．このテストベンチは図4.16のフローチャートのように動作します．

ここでは新たにconv_std_logic_vectorという関数が使われています．conv_std_logic_vectorは，整数などをstd_logic_vector型に変換する関数です．VHDLでは異なる型の変数（信号）同士で代入を行うことができないので，この関数を使い，整数型の変数I，Jを4ビットのstd_logic_vector型の信号に変換しています．

図4.17にconv_std_logic_vectorの書式を示します．変数名の部分に書かれた変数の値をビット幅の部分に書かれたビット幅で，std_logic_vector型に変換して，信号名の部分に書かれた信号に代入

リスト4.9　Verilog HDLによるオーバフロー対策付き加算回路のテストベンチ

```
module sum_clip_tb;
reg  [3:0] IN1T,IN2T;
wire [3:0] CSUMT;
integer    I,J;

parameter STEP = 100;

sum_clip sum_clip(.IN1(IN1T),.IN2(IN2T),.CSUM(CSUMT));

initial begin
    for(I=0; I<16; I=I+1)
        for(J=0; J<16; J=J+1)begin
            IN1T = I;  IN2T = J;
            #STEP;
        end
    $finish;
end
endmodule
```

ステートメントが一つなので，begin～endは不要

ステートメントが二つなので，begin～endで囲う

ステートメントが三つなので，begin～endで囲う

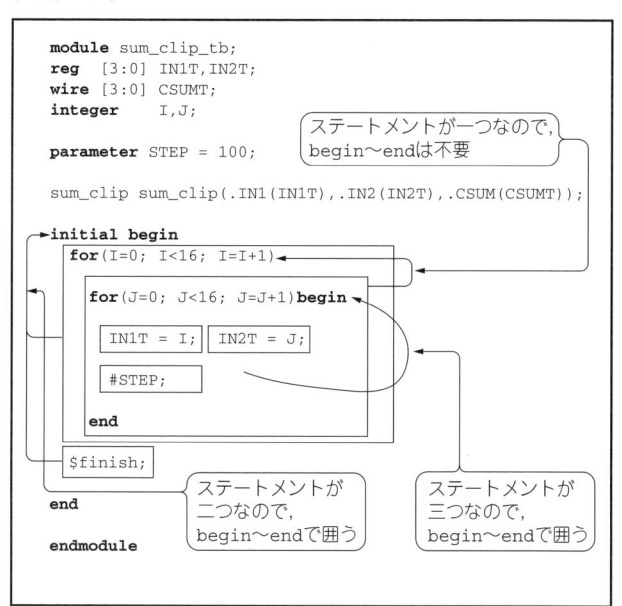

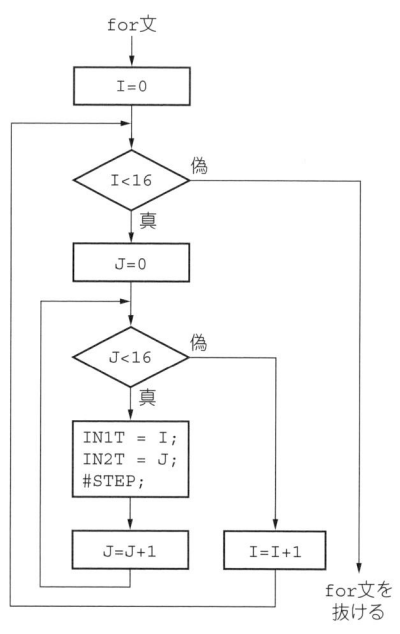

図4.15　Verilog HDLによる二重のfor文の動作

リスト4.9の動作をフローチャートで示す．

第4章　遅延の記述方法

リスト4.10　VHDLによるオーバフロー対策付き加算回路のテストベンチ

```vhdl
library IEEE;
use IEEE.std_logic_1164.all;
use IEEE.std_logic_arith.all;    ← conv_std_logic_vector( , )
                                    を使うために必要
entity sum_clip_tb is
end sum_clip_tb;

architecture SIM of sum_clip_tb is

constant STEP: time := 100 ns;

component sum_clip
   port (IN1,IN2 : in  std_logic_vector(3 downto 0);
         CSUM    : out std_logic_vector(3 downto 0));
end component;

  signal IN1T,IN2T : std_logic_vector(3 downto 0);
  signal CSUMT     : std_logic_vector(3 downto 0);

begin

usum_clip : sum_clip port map (
   IN1     => IN1T,
   IN2     => IN2T,
   CSUM    => CSUMT);

process begin
   for I in 0 to 15 loop
     for J in 0 to 15 loop
       IN1T <= conv_std_logic_vector(I, 4);
       IN2T <= conv_std_logic_vector(J, 4);
       wait for STEP;
     end loop;
   end loop;
   assert false;
end process;

end SIM;

configuration cfg_sum_clip_tb of sum_clip_tb is
   for SIM
   end for;
end cfg_sum_clip_tb;
```

```
for文
  ↓
Iに0を代入
  ↓
Jに0を代入
  ↓
IN1T <= conv_std_logic_vector(I, 4);
IN2T <= conv_std_logic_vector(J, 4);
wait for STEP;
  ↓
Jは15でない ─偽→
  真↓          │
Jに1を加算     Iは15でない ─偽→
              真↓
              Iに1を加算
                          for文を
                          抜ける
```

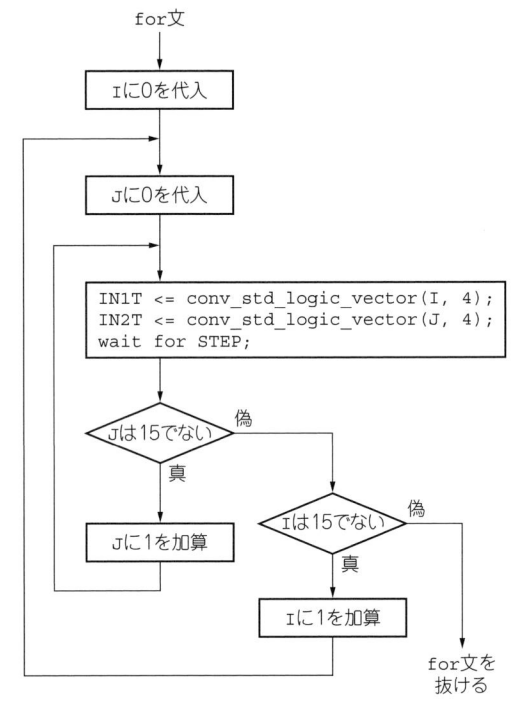

図4.16　VHDLによる二重のfor文の動作
リスト4.10の動作をフローチャートで示す．

します．なお，`conv_std_logic_vector`を使うためには，パッケージ`std_logic_arith`が必要です．

📖 Verilog HDL・VHDL共通

図4.18にリスト4.9とリスト4.10のタイミング・チャートを示します（CSUMは期待値）．

テストベンチでは，HDLのすべての文法を使うことができます．

遅延の記述とfor文のように，まったく同じ機能を果たす記述が複数通りある場合には，使いやすく，記述量が少なくて，間違いの起こりにくい記述を選ぶよう心がけてください．

4.3 オーバフロー対策付き加算回路の検証

```
<信号名> <= conv_std_logic_vector( <変数名> , <ビット幅> )
```

図4.17　conv_std_logic_vectorの書式

変数名の部分に書かれた変数の値をビット幅の部分に書かれたビット幅で，std_logic_vector型に変換して，信号名の部分に書かれた信号に代入する．パッケージstd_logic_arithが必要．

※IN1，IN2，CSUMの値は16進表記

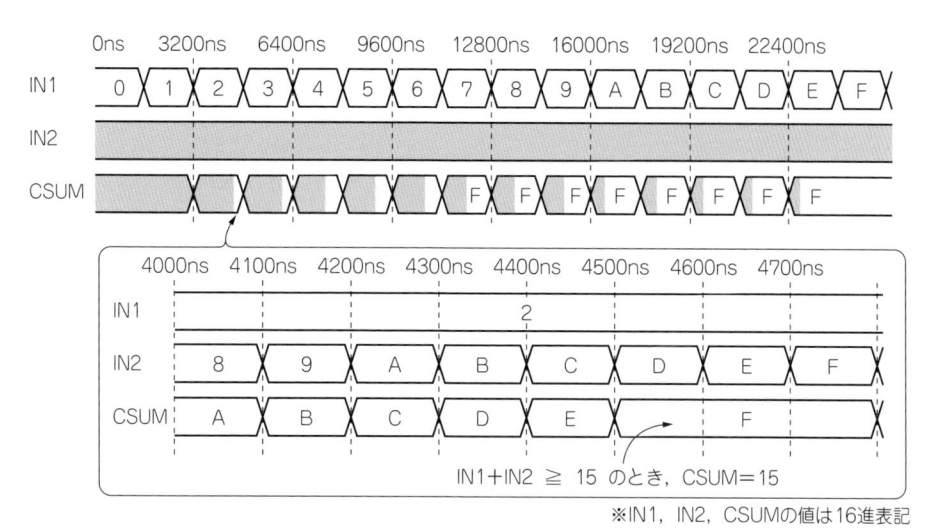

図4.18　オーバフロー対策付き加算回路のテストベンチのタイミング・チャート

リスト4.9とリスト4.10の動作を示す．

第2部　テストベンチの文法

第5章

標準出力の記述方法

　本章では波形以外のシミュレーション結果の確認方法として，標準出力による確認方法とその文法を紹介します．ただし，どちらの方法もシミュレーション実行直後に，内容を確認しなければ，結果は消えてしまいます．

　実設計においては，回路の完成までに何度もシミュレーションを行い，その結果をテキスト・ファイルに保存しておくという手法をとるのが普通です．結果をテキスト・ファイルに保存するための文法は，標準出力のための文法と非常に似通っています．今回の標準出力のための文法がしっかり理解できれば，ファイルで残す手法も簡単に利用できます．

▶▶ 5.1　標準出力の書き方

　標準出力とは，処理結果を文字列で出力するものと考えてください．UNIXやLinuxなどのターミナル上でシミュレーションを実行しているのあれば，そのターミナル〔**図5.1(a)**〕に表示されます．シミュレーション・ツールで専用ウィンドウを表示しているのであれば，その中でログなどが表示されるウィンドウ〔**図5.1(b)**〕に表示されます．

📄 Verilog HDL

　Verilog HDLでテキストを出力するためには，システム・タスク`$display`を使います．

　図5.2(a) に`$display`の書式を示します．かっこの中に書かれた信号の値や，ダブル・クォーテーション(" ")の中に書かれた文字列を標準出力に表示します．シミュレーション中にこのタスクが実行されると，その時点の信号の値とダブル・クォーテーションの中の文字列が標準出力に表示されます．

　図5.2(b) に`$display`の記述例と表示例を示します．

第5章　標準出力の記述方法

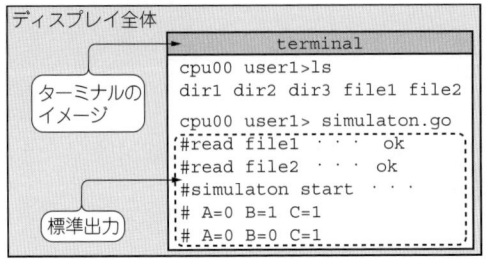

```
ディスプレイ全体
    terminal
cpu00 user1>ls
dir1 dir2 dir3 file1 file2
cpu00 user1> simulaton.go
#read file1 ・・・ ok
#read file2 ・・・ ok
#simulaton start ・・・
# A=0 B=1 C=1
# A=0 B=0 C=1
```
ターミナルのイメージ　／　標準出力

(a) UNIXやLinuxのターミナルのイメージ

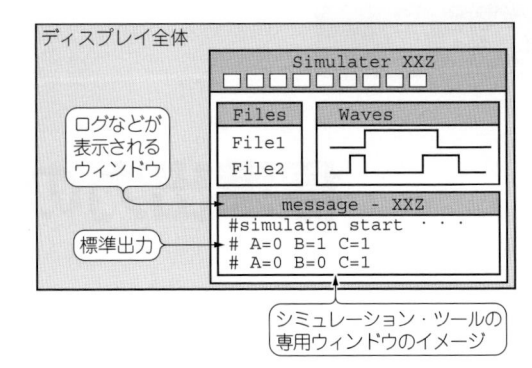

```
ディスプレイ全体
    Simulater XXZ
    □□□□□□□
    Files   Waves
    File1
    File2
    message - XXZ
#simulaton start ・・・
# A=0 B=1 C=1
# A=0 B=0 C=1
```
ログなどが表示されるウィンドウ　／　標準出力　／　シミュレーション・ツールの専用ウィンドウのイメージ

(b) シミュレータ専用ウィンドウのイメージ

図5.1　標準出力
標準出力は，UNIXやLinuxなどのターミナル上でシミュレーションを実行していれば，そのターミナル，シミュレーション・ツールで専用ウィンドウを表示していれば，その中でログなどが表示されるウィンドウになる．

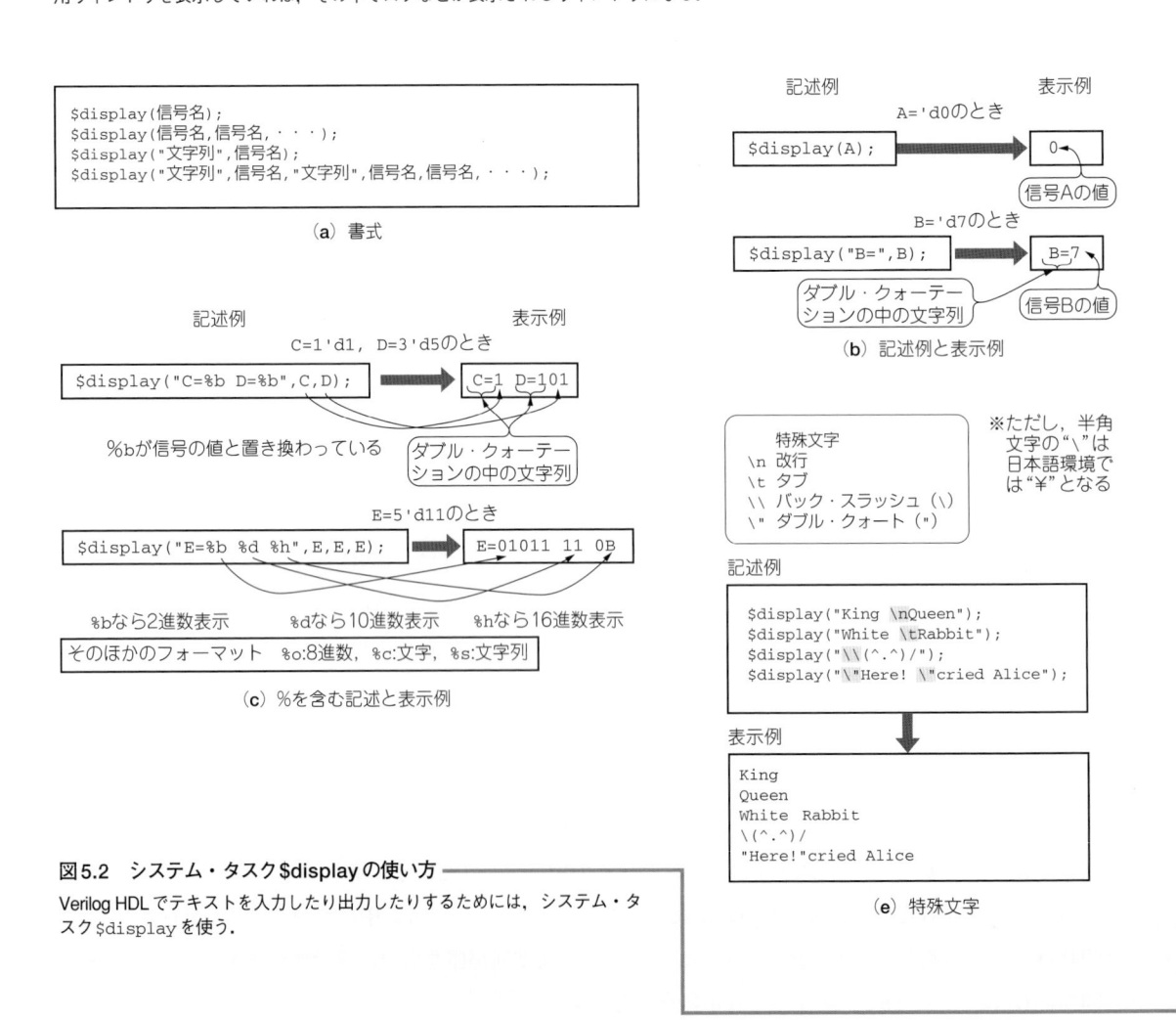

```
$display(信号名);
$display(信号名,信号名,・・・);
$display("文字列",信号名);
$display("文字列",信号名,"文字列",信号名,信号名,・・・);
```
(a) 書式

記述例　　　　　　　　　　　表示例

A='d0のとき
`$display(A);` → `0`　信号Aの値

B='d7のとき
`$display("B=",B);` → `B=7`
ダブル・クォーテーションの中の文字列　／　信号Bの値

(b) 記述例と表示例

記述例　　　　　　　　　　　表示例

C=1'd1, D=3'd5のとき
`$display("C=%b D=%b",C,D);` → `C=1 D=101`
%bが信号の値と置き換わっている　／　ダブル・クォーテーションの中の文字列

E=5'd11のとき
`$display("E=%b %d %h",E,E,E);` → `E=01011 11 0B`

%bなら2進数表示　　%dなら10進数表示　　%hなら16進数表示
そのほかのフォーマット　%o:8進数, %c:文字, %s:文字列

(c) %を含む記述と表示例

```
特殊文字
\n  改行
\t  タブ
\\  バック・スラッシュ (\)
\"  ダブル・クォート (")
```
※ただし，半角文字の"\"は日本語環境では"¥"となる

記述例
```
$display("King \nQueen");
$display("White \tRabbit");
$display("\\(^.^)/");
$display("\"Here! \"cried Alice");
```

表示例
```
King
Queen
White   Rabbit
\(^.^)/
"Here!"cried Alice
```
(e) 特殊文字

図5.2　システム・タスク$displayの使い方
Verilog HDLでテキストを入力したり出力したりするためには，システム・タスク$displayを使う．

5.1 標準出力の書き方

ダブル・クォーテーションの中の文字列の中に%（とそれに続く1文字）が含まれると，文字列に続く信号名の値が，%（とそれに続く1文字）と置き換えられて表示されます〔図5.2(c)〕．

$displayは，initial文やalways文の中で使います〔図5.2(d)〕．また，ダブル・クォーテーションの中では，特殊文字を使うことができます〔図5.2(e)〕．

VHDL

● line変数

VHDLでテキストを入力したり，出力したりするためには，まず1行ごとのテキスト・データを蓄えます．1行分のテキスト・データを蓄えるための変数をline変数といいます．

図5.3(a)と図5.3(b)にline変数の宣言の書式と記述例を示します．また，line変数を使うには，STDライブラリのTEXTIOパッケージが必要です〔図5.3(c)〕．

● プロシージャwrite

writeはline変数に値を代入するプロシージャ（関数，もしくはサブプログラムのようなもの）です．writeはVHDLの標準仕様に組み込まれています．

またwriteでstd_logicやstd_logic_vectorを扱う場合には，std_logic_textioパッケージ

```
module and_comb_tb2();
reg    SA,SB;
wire   SY;

and_comb and_comb(.A(SA), .B(SB), .Y(SY));

initial begin
     SA = 0; SB = 0;
#100 SA = 1; SB = 0;
#100 SA = 0; SB = 1;
#100 SA = 1; SB = 1;
#100 $finish;
end

initial begin
#50  $display("A=%b B=%b Y=%b",SA,SB,SY);
#100 $display("A=%b B=%b Y=%b",SA,SB,SY);
#100 $display("A=%b B=%b Y=%b",SA,SB,SY);
#100 $display("A=%b B=%b Y=%b",SA,SB,SY);
end

endmodule
```

```
module and_comb ( A, B, Y);
input  A,B;
output Y;

assign Y = A & B;

endmodule
```

出力結果

```
A=0 B=0 Y=0
A=1 B=0 Y=0
A=0 B=1 Y=0
A=1 B=1 Y=1
```

(d) テストベンチ全体の記述例と表示例

```
variable 変数名 : line;
```
(a) 書式

```
variable LO: line;
```
(b) 記述例

```
library STD;
use STD.TEXTIO.all;
```
(c) TEXTIOパッケージの呼び出し

図5.3　line変数
1行分のテキスト・データを蓄えるための変数である．

第5章 標準出力の記述方法

を呼び出す必要があります(図5.4).

● プロシージャ writeline

writelineはline変数に格納された値を,標準出力,もしくはファイルに出力するプロシージャです.図5.5にwritelineを使って標準出力に出力するための書式と記述例を示します.各プロシージャは

```
write( ライン変数,変数名 );
write( ライン変数,変数名 , けた揃え,文字数 );
```
← 信号名も可

(a) writeの書式

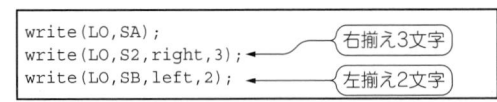

```
write(LO,SA);
write(LO,S2,right,3);
write(LO,SB,left,2);
```
← 右揃え3文字
← 左揃え2文字

(b) writeの記述例

```
use IEEE.std_logic_textio.all;
```

(c) std_logic_textioパッケージの呼び出し

図5.4 プロシージャ write
line変数に値を代入する.

```
variable 変数名 : string(1 to 文字数);
```

(a) string型の変数宣言の書式

```
variable S2 : string(1 to 2);
```
← 2文字の文字列

(b) string型の変数宣言の記述例

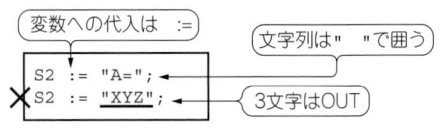

変数への代入は :=   文字列は" "で囲う

```
S2 := "A=";
S2 := "XYZ";   ← 3文字はOUT
```
✗

※文字数は変数宣言とぴったり同じでなければならない

(c) string型の変数宣言の代入例

図5.7 string型変数
文字列(string)型の変数を宣言し,これに文字列を代入して,この変数をプロシージャwriteの引き数にする.

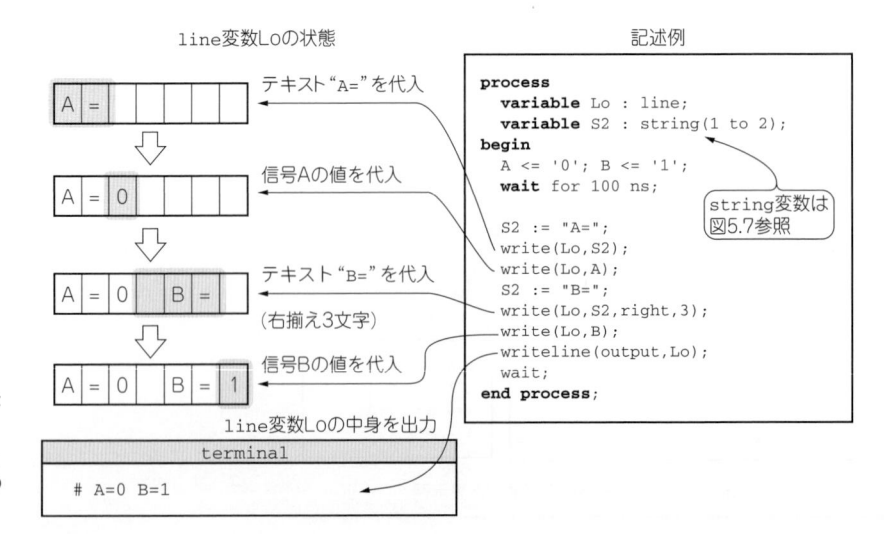

```
writeline( output, ライン変数 );
```

(a) writelineの書式

```
writeline(output,LO);
```

(b) writelineの記述例

図5.5 プロシージャ writeline
line変数に格納された値を標準出力に出力する.

line変数LOの状態

| A | = | | | | | | | ← テキスト"A="を代入

| A | = | 0 | | | | | | ← 信号Aの値を代入

| A | = | 0 | | B | = | | | ← テキスト"B="を代入 (右揃え3文字)

| A | = | 0 | | B | = | | 1 | ← 信号Bの値を代入

line変数LOの中身を出力

```
terminal
# A=0 B=1
```

記述例
```
process
  variable Lo : line;
  variable S2 : string(1 to 2);
begin
  A <= '0'; B <= '1';
  wait for 100 ns;
  S2 := "A=";
  write(Lo,S2);
  write(Lo,A);
  S2 := "B=";
  write(Lo,S2,right,3);
  write(Lo,B);
  writeline(output,Lo);
  wait;
end process;
```
← string変数は図5.7参照

図5.6 VHDLによる標準出力のための記述例と動作
プロシージャwriteとwritelineはprocess文の中に書くことができる.

process文の中に書くことができます（図5.6）．

- **string型変数**

図5.6の記述例には，stringという変数があります．プロシージャwriteの引き数には，直接文字列を与えられません．そこで，文字列を出力したい場合には，文字列（string）型の変数を宣言し，これに文字列を代入して，この変数をプロシージャwriteの引き数にします（図5.7）．

▶ 5.2 テストベンチへの適用

あなたが作るテストベンチの検証対象の回路は，ほとんどが順序回路（フリップフロップなどの記憶素子を含む回路）となります[注5.1]．順序回路の出力は，クロック信号に同期して変化する（主にクロックの立ち上がりで変化する）ので，出力信号が期待通りかどうかは，1サイクル（クロック信号1周期）に1回確認すれば十分です．

● どこでデータを取るか

図5.8（a）において，検証対象の回路は，クロック信号CLKの立ち上がりで動作しています．信号RST_XとENはテスト入力，CNT4は検証対象回路の出力とします．

ここではデータ（信号の値）を取るタイミングは，クロックの立ち上がりから1サイクルの10％程度前にしています．指定されたタイミングでデータを取ると，図5.8（b）のようになります．クロック信号CLKは，

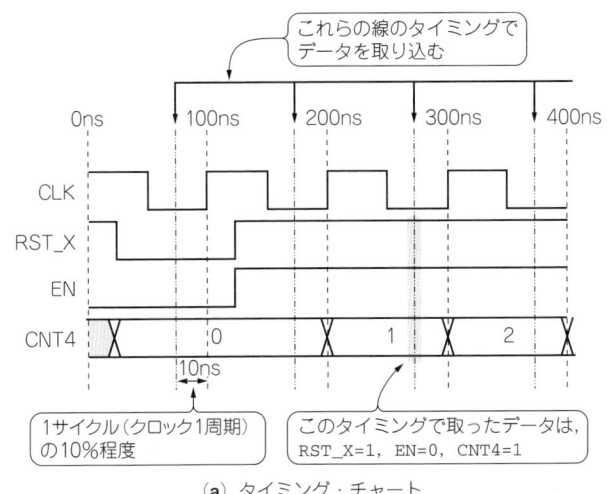

RST_X	EN	CNT4
0	0	0
1	1	0
1	1	1
1	1	2

（b）出力結果

図5.8
データを取るタイミング
（RTLシミュレーション時）
クロックの立ち上がりから1サイクルの10％程度前にする．

（a）タイミング・チャート

注5.1：実際の開発では，ある程度まとまった機能ブロック（数千ゲートから数十万ゲート）ごとにテストベンチを作る．従って，検証対象の回路が組み合わせ回路だけということは極めて稀である．なお，本稿ではテストベンチの解説に主眼をおいているので，全体を把握しやすくするために検証対象の回路を極めて小さくしている．

第5章　標準出力の記述方法

図5.9
データを取るタイミング（ゲート・レベル・シミュレーション時）
ゲート・レベル・シミュレーションでは，各ゲートやセルに遅延が付加されるので，値が安定するのはクロックの立ち上がり直前になる．

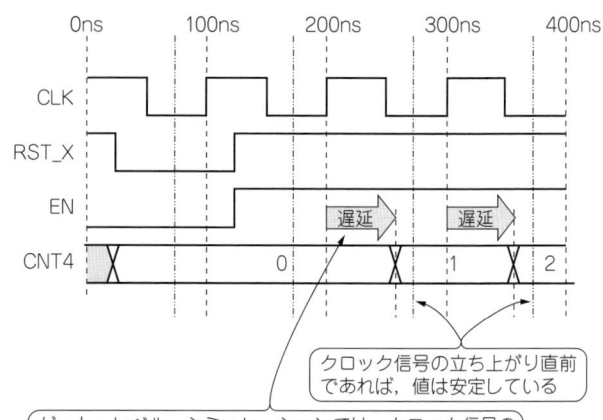

ゲート・レベル・シミュレーションでは，クロック信号の立ち上がりから信号の値が安定するまでに時間がかかる

クロック信号の立ち上がり直前であれば，値は安定している

常に同じ周期で '1' と '0' を繰り返しているだけなので，データは取っていません．

　本来RTL（Register Transfer Level）シミュレーションでは遅延がないので，同じ周期の中であればどのタイミングでデータを取っても同じ（クロックの立ち上がりを除く）です．

　ただし，ゲート・レベル・シミュレーションでは，各ゲートやセルに遅延が付加されるので，値が安定するのはクロックの立ち上がり直前になります（図5.9）．

　ゲート・レベルとは，RTLが完成した後，そのRTLを元にその回路をゲートやセルと配線に置き直したものです．ゲート・レベル・シミュレーションは，より実際の回路に近く，各ゲートやセルに固有の遅延値が設定され，タイミング検証を行うものです．詳しくは第14章以降で説明します．

　データをクロックの立ち上がり直前で取るようにしておけば，RTLシミュレーションでもゲート・シミュレーションでも，同じ周期のデータを同じタイミングで取れるので，結果を比較しやすく，同じテストベンチを使い回せます．

▶▶ 5.3　標準出力を使ったテストベンチの実際

● 4ビット・カウンタのテストベンチに標準出力を追加

📄 Verilog HDL

　リスト5.1は，第3章で紹介した4ビット・カウンタのテストベンチに，標準出力のための記述を加えたものです．

　テストベンチの中には，テスト入力のためのinitial文と，標準出力のためのinitial文があります．これらは並行して実行されます．

　後者では，パラメータSTROBEでデータを取るタイミングを調整した後（最初の$displayが，クロッ

5.3 標準出力を使ったテストベンチの実際

クの立ち上がりから1/10サイクル程度前に，呼び出されるように調整した後），for文を使って1サイクル（クロック信号1周期）に1回，$displayを実行しています．

■ VHDL

リスト5.2は，第3章で紹介した4ビット・カウンタのテストベンチに標準出力のための記述を加えたものです．

リスト5.1 標準出力を用いた4ビット・カウンタのテストベンチ（Verilog HDL）

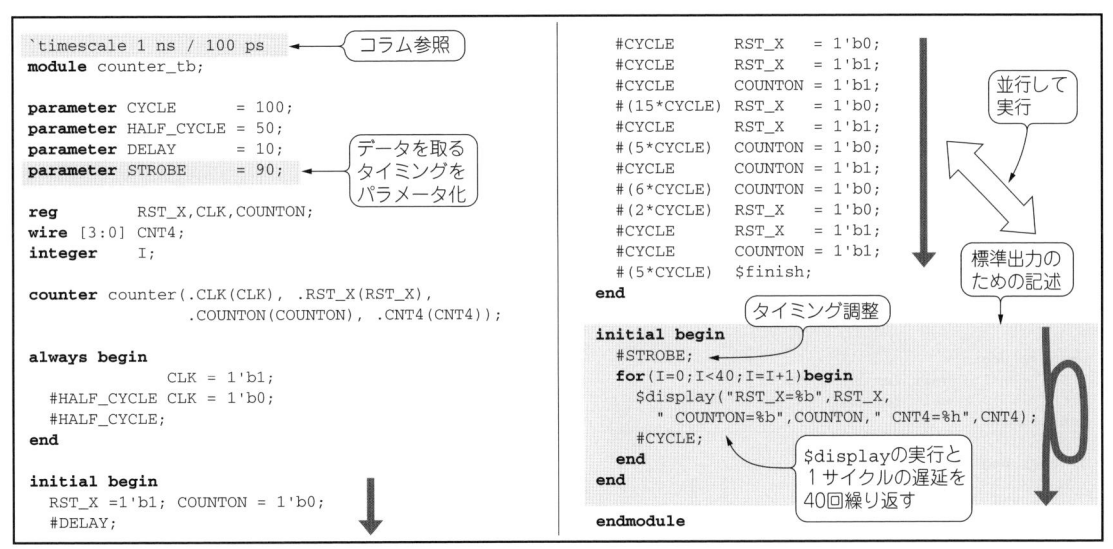

```verilog
`timescale 1 ns / 100 ps              ← コラム参照
module counter_tb;

parameter CYCLE       = 100;
parameter HALF_CYCLE  = 50;
parameter DELAY       = 10;           ← データを取る
parameter STROBE      = 90;             タイミングを
                                        パラメータ化
reg        RST_X,CLK,COUNTON;
wire [3:0] CNT4;
integer    I;

counter counter(.CLK(CLK), .RST_X(RST_X),
                .COUNTON(COUNTON), .CNT4(CNT4));

always begin
    CLK = 1'b1;
  #HALF_CYCLE CLK = 1'b0;
  #HALF_CYCLE;
end

initial begin
  RST_X =1'b1; COUNTON = 1'b0;
  #DELAY;
  #CYCLE      RST_X    = 1'b0;
  #CYCLE      RST_X    = 1'b1;
  #CYCLE      COUNTON  = 1'b1;
  #(15*CYCLE) RST_X    = 1'b0;
  #CYCLE      RST_X    = 1'b1;
  #(5*CYCLE)  COUNTON  = 1'b0;
  #CYCLE      COUNTON  = 1'b1;
  #(6*CYCLE)  COUNTON  = 1'b0;
  #(2*CYCLE)  RST_X    = 1'b0;
  #CYCLE      RST_X    = 1'b1;
  #CYCLE      COUNTON  = 1'b1;
  #(5*CYCLE)  $finish;
end

initial begin                          ← タイミング調整
  #STROBE;
  for(I=0;I<40;I=I+1)begin
    $display("RST_X=%b",RST_X,
      " COUNTON=%b",COUNTON," CNT4=%h",CNT4);
    #CYCLE;
  end                    ← $displayの実行と
end                        1サイクルの遅延を
endmodule                  40回繰り返す
```

（並行して実行／標準出力のための記述）

コラム

`timescale

本文で示したリスト5.1の先頭にある`timescaleは，シミュレーション時刻の単位付けをしています．`timescaleの書式を図5.Aに示します．

実はRTLシミュレーションでは遅延を付加しないので，この記述は必要ありません．必要となるのは，ゲート・レベル・シミュレーションからということになります．

なお，この記述は最初に読み込むファイルの先頭（普通はテストベンチ）にのみ（シミュレーションで使用するファイル全体で1カ所のみ）に記述します．この記述は一度設定すると，読み込むすべてのファイルに有効になります．

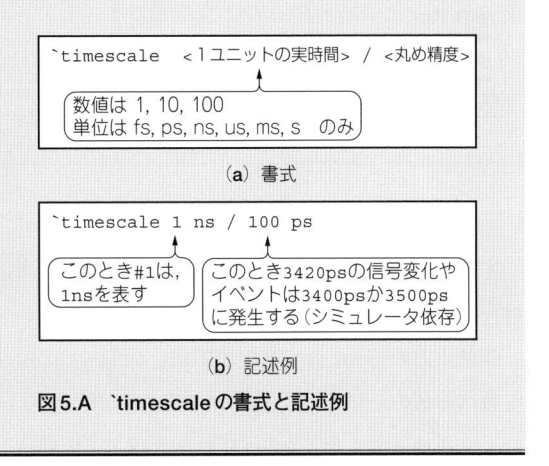

```
`timescale  <1ユニットの実時間> / <丸め精度>
```
数値は 1, 10, 100
単位は fs, ps, ns, us, ms, s　のみ

（a）書式

```
`timescale 1 ns / 100 ps
```
このとき#1は，1nsを表す
このとき3420psの信号変化やイベントは3400psか3500psに発生する（シミュレータ依存）

（b）記述例

図5.A　`timescaleの書式と記述例

第5章 標準出力の記述方法

リスト5.2 標準出力を用いた4ビット・カウンタのテストベンチ（VHDL）

```vhdl
library IEEE,STD;        ← STDライブラリの宣言
use IEEE.std_logic_1164.all;
use STD.TEXTIO.all;
use IEEE.std_logic_textio.all;
                         TEXTIO,
                         std_logic_textioの
entity counter_tb is     パッケージ呼び出し
end counter_tb;

architecture SIM of counter_tb is

component counter
  port (CLK,RST_X,COUNTON : in  std_logic;
        CNT4              : out std_logic_vector(3 downto 0));
end component;

  constant CYCLE      : Time := 100 ns;
  constant HALF_CYCLE : Time :=  50 ns;
  constant DELAY      : Time :=  10 ns;
  constant STROBE     : Time :=  90 ns;    ← データを取るタイミングを定数化

  signal CLK,RST_X,COUNTON : std_logic;
  signal CNT4              : std_logic_vector(3 downto 0);

begin

ucounter : counter port map (
  CLK     => CLK     ,
  RST_X   => RST_X   ,
  COUNTON => COUNTON ,
  CNT4    => CNT4    );

process begin
  CLK <= '1'; wait for HALF_CYCLE;
  CLK <= '0'; wait for HALF_CYCLE;
end process;

process begin
  RST_X <='1'; COUNTON <= '0';
  wait for DELAY;
  wait for CYCLE;        RST_X   <= '0';
  wait for CYCLE;        RST_X   <= '1';
  wait for CYCLE;        COUNTON <= '1';
  wait for (15*CYCLE);   RST_X   <= '0';
  wait for CYCLE;        RST_X   <= '1';
  wait for (5*CYCLE);    COUNTON <= '0';
  wait for CYCLE;        COUNTON <= '1';
  wait for (6*CYCLE);    COUNTON <= '0';
  wait for (2*CYCLE);    RST_X   <= '0';
  wait for CYCLE;        RST_X   <= '1';
  wait for CYCLE;        COUNTON <= '1';
  wait for (5*CYCLE);    assert false;
end process;

                                          標準出力のための記述
process
  variable LO : line;
  variable S6 : string(1 to 6);     タイミング調整
  variable S9 : string(1 to 9);
begin
  wait for STROBE;
  for I in 0 to 39 loop
    S6 := "RST_X=";
    write(LO,S6); write(LO,RST_X);
    S9 := " COUNTON=";
    write(LO,S9);write(LO,COUNTON);
    S6 := " CNT4="; write(LO,S6);
    hwrite(LO,CNT4);
    writeline(output,LO);
    wait for CYCLE;
  end loop;
  wait;
end process;          ライン変数へ1行の出力データを格納，
                      標準出力への出力と1サイクルの遅延を
end SIM;              40回繰り返す

configuration cfg_counter_tb of counter_tb is
  for SIM
  end for;
end cfg_counter_tb;
```

並行して実行

　テストベンチの中にはクロックの生成，テスト入力の生成，標準出力の三つのprocess文があり，これらは並行して実行されます．

　標準出力のprocess文の中では，定数STROBEでデータを取るタイミングを調整した後（最初のライン変数への値の格納が，クロックの立ち上がりから1/10サイクル程度前に，実行されるように調整した後），for文を使って1サイクル（クロック信号1周期）に1回，標準出力への出力を実行しています．

5.3 標準出力を使ったテストベンチの実際

```
RST_X=1 COUNTON=0 CNT4=x     ← リセット
RST_X=0 COUNTON=0 CNT4=0        （非同期リセット）
RST_X=1 COUNTON=0 CNT4=0
RST_X=1 COUNTON=1 CNT4=0
RST_X=1 COUNTON=1 CNT4=1
RST_X=1 COUNTON=1 CNT4=2
RST_X=1 COUNTON=1 CNT4=3
RST_X=1 COUNTON=1 CNT4=4
RST_X=1 COUNTON=1 CNT4=5
RST_X=1 COUNTON=1 CNT4=6
RST_X=1 COUNTON=1 CNT4=7     ← 0から11まで
RST_X=1 COUNTON=1 CNT4=8        1周＋α
RST_X=1 COUNTON=1 CNT4=9        カウントアップ
RST_X=1 COUNTON=1 CNT4=a
RST_X=1 COUNTON=1 CNT4=b
RST_X=1 COUNTON=1 CNT4=0
RST_X=1 COUNTON=1 CNT4=1
RST_X=1 COUNTON=1 CNT4=2
RST_X=0 COUNTON=1 CNT4=0     ← リセット
RST_X=1 COUNTON=1 CNT4=0
RST_X=1 COUNTON=1 CNT4=1
RST_X=1 COUNTON=1 CNT4=2     ← カウント再開
RST_X=1 COUNTON=1 CNT4=3
RST_X=1 COUNTON=1 CNT4=4
RST_X=1 COUNTON=0 CNT4=5     ← カウント停止
RST_X=1 COUNTON=1 CNT4=5
RST_X=1 COUNTON=1 CNT4=6
RST_X=1 COUNTON=1 CNT4=7     ← カウント再開
RST_X=1 COUNTON=1 CNT4=8
RST_X=1 COUNTON=1 CNT4=9
RST_X=1 COUNTON=1 CNT4=a
RST_X=1 COUNTON=0 CNT4=b     ← カウント停止
RST_X=1 COUNTON=0 CNT4=b
RST_X=0 COUNTON=0 CNT4=0     ← リセット
RST_X=1 COUNTON=0 CNT4=0
RST_X=1 COUNTON=0 CNT4=0
RST_X=1 COUNTON=1 CNT4=1
RST_X=1 COUNTON=1 CNT4=2     ← カウント再開
RST_X=1 COUNTON=1 CNT4=3
RST_X=1 COUNTON=1 CNT4=4
```

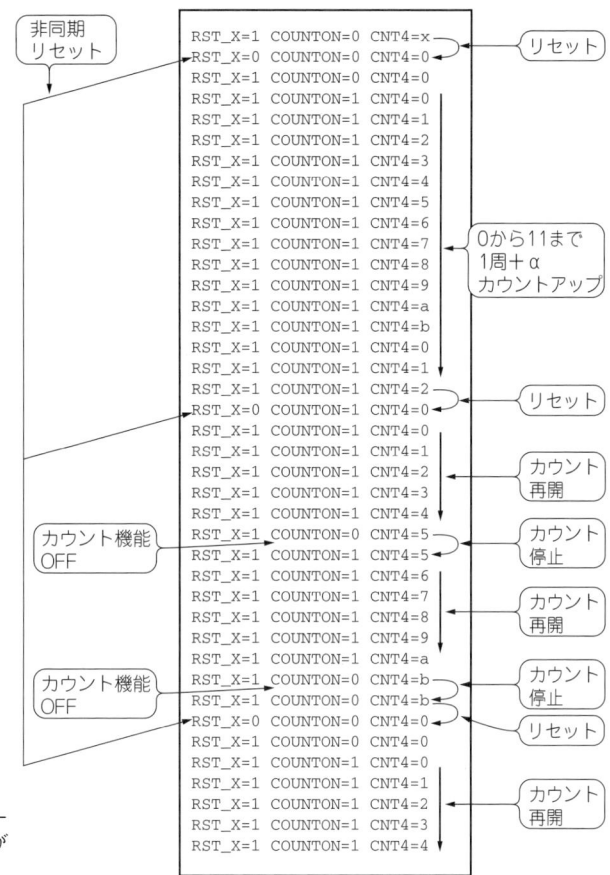

（カウント機能 OFF、カウント機能 OFF の区間あり）

図5.10 標準出力による結果の確認

リスト5.1やリスト5.2のテストベンチでシミュレーションを実行すると，標準出力にこのような文字が出力される．

● 標準出力による結果の確認

リスト5.1やリスト5.2のテストベンチでシミュレーションを実行すると，テストベンチ，検証対象回路とも正しく記述できている場合には，標準出力に図5.10のような文字が出力されます．これを参考にすれば，波形を見なくてもバグ解析ができるようになります．

● 標準出力のための文法

これまで，基本的な標準出力のための文法を解説してきました．この項ではここまで登場しなかった文法をまとめて解説します．

📄 Verilog HDL

● システム・タスク $write

システム・タスク $write の引き数の形式は，$display とまったく同じです．$display との差は，

第5章 標準出力の記述方法

行末に改行がないことです．

図5.11に，$displayと$writeの出力の差を示します．

● **システム・タスク $strobe**

システム・タスク $strobe も引き数の形式は，$display とまったく同じです．$display との差は非常に分かりにくいのですが，$display が呼び出されたそのときの信号の値を出力するのに対して，$strobe は同じ時間で発生するすべての代入が終わってから出力します．

図5.12に，$displayと$strobeの出力の差を示します．

● **システム・タスク $monitor**

システム・タスク $monitor も引き数の形式は，$display とまったく同じです．ただし，$monitor

$displayの記述例

```
initial begin
  $display("¥"Oh dear! ");
  $display(" Oh dear! ");
  $display("I shall be too late!¥"");
end
```

出力結果　改行あり

```
"Oh dear!
 Oh dear!
I shall be too late!"
```

(a) $display

$writeの記述例

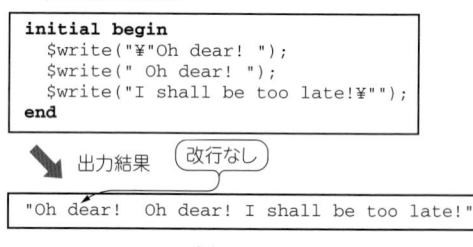

```
initial begin
  $write("¥"Oh dear! ");
  $write(" Oh dear! ");
  $write("I shall be too late!¥"");
end
```

出力結果　改行なし

```
"Oh dear!  Oh dear! I shall be too late!"
```

(b) $write

図5.11
$display と $write の出力の違い
$writeの引き数は$displayとまったく同じだが，出力結果の行末に改行がない．

$displayの記述例

```
reg [3:0] A;
initial begin
  A = 4'h5;
  $display("A=%h",A);
  A = 4'h7;
end
```

出力結果　呼び出された時点の値を表示

`A=5`

(a) $display

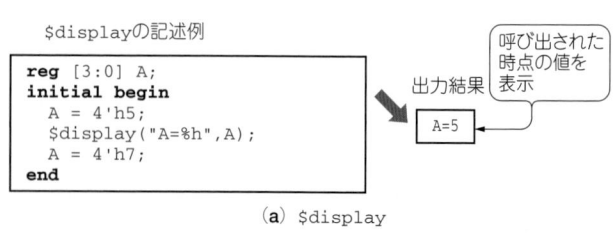

$strobeの記述例

```
reg [3:0] A;
initial begin
  A = 4'h5;
  $strobe("A=%h",A);
  A = 4'h7;
end
```

出力結果　同じ時間の全ての代入終了後の値を表示

`A=7`

(b) $strobe

図5.12
$display と $strobe の出力の違い
$strobeは同じ時間で発生するすべての代入が終わってから出力する．

5.3 標準出力を使ったテストベンチの実際

コラム 観察方法におけるバグの例

● 1サイクルの遅延の書き忘れ

▮ Verilog HDL

リスト5.Aは，1サイクルごとに信号の値を取るための遅延を書き忘れてしまった例です．この場合，シミュレーション時間90ns時点で，$displayの文を40回呼び出します．シミュレーション自体は4010nsまで進みますが，標準出力には90ns時点の信号の値しか表示されません．

リスト5.Bはfor文のステートメントをbegin～endで囲うのを忘れた例です．結果はリスト5.Cと同じです．

▮ VHDL

リスト5.Cは，1サイクルごとに信号の値を取るための遅延を書き忘れてしまった例です．この場合，シミュレーション時間90ns時点で，ライン変数への信号の値の格納と標準出力への出力を，40回行います．シミュレーション自体は4010nsまで進みますが，標準出力には90ns時点の信号の値しか表示されません．

リスト5.A　1サイクルごとに信号の値を取るための遅延を書き忘れてしまった場合の例（Verilog HDL）

```
                 ...
                 parameter STROBE    = 90;
                 ...
 0 ns            initial begin
 90 ns             #STROBE;
                   for(I=0;I<40;I=I+1)begin
                     $display("RST_X=%b",RST_X,
                       " COUNTON=%b",COUNTON,
                         "CNT4=%h",CNT4);
 90 ns             end                  ← 遅延の書き忘れ
                 end
```

同じ時間内で40回$displayを実行

90ns時点の信号の値を40回表示

```
RST_X=1 COUNTON=0 CNT4=x
RST_X=1 COUNTON=0 CNT4=x
      ：
RST_X=1 COUNTON=0 CNT4=x
```

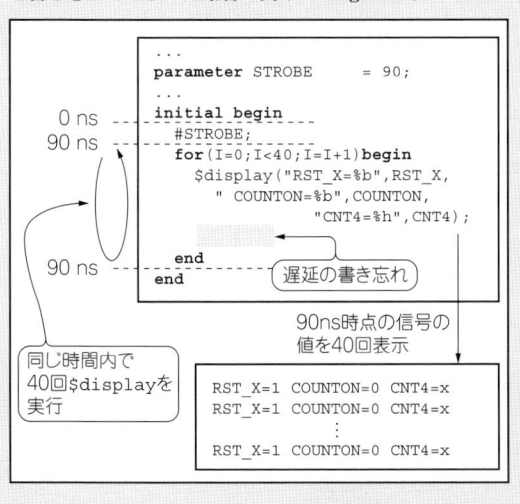

リスト5.B　ステートメントをbegin～endで囲うのを忘れた例（Verilog HDL）

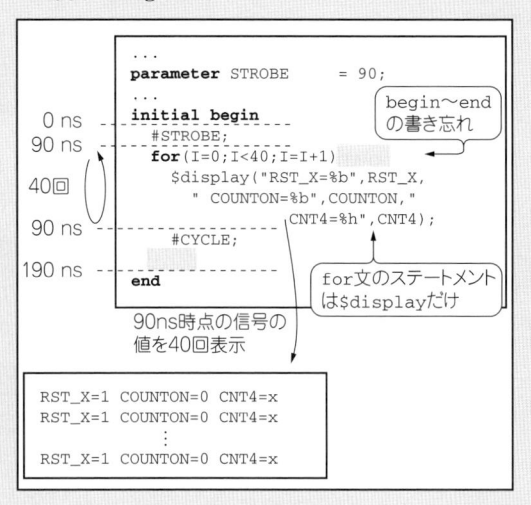

```
             ...
             parameter STROBE       = 90;
             ...
 0 ns        initial begin
 90 ns         #STROBE;              ← begin～endの書き忘れ
        40回   for(I=0;I<40;I=I+1)
               $display("RST_X=%b",RST_X,
                 " COUNTON=%b",COUNTON,
                     CNT4=%h",CNT4);
 90 ns
               #CYCLE;
 190 ns      end                     ← for文のステートメント
                                       は$displayだけ
```

90ns時点の信号の値を40回表示

```
RST_X=1 COUNTON=0 CNT4=x
RST_X=1 COUNTON=0 CNT4=x
      ：
RST_X=1 COUNTON=0 CNT4=x
```

リスト5.C　1サイクルごとに信号の値を取るための遅延を書き忘れてしまった例（VHDL）

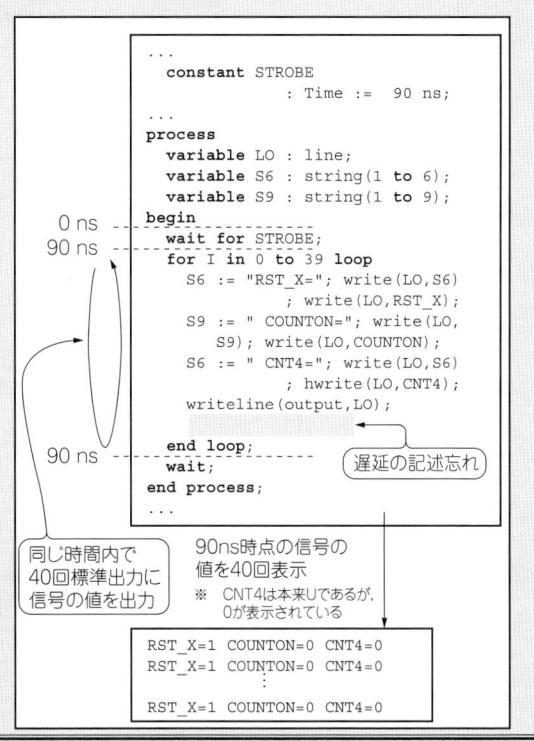

```
             ...
             constant STROBE
                    : Time := 90 ns;
             ...
             process
               variable LO : line;
               variable S6 : string(1 to 6);
               variable S9 : string(1 to 9);
 0 ns        begin
 90 ns         wait for STROBE;
               for I in 0 to 39 loop
                 S6 := "RST_X="; write(LO,S6)
                          ; write(LO,RST_X);
                 S9 := " COUNTON="; write(LO,
                     S9); write(LO,COUNTON);
                 S6 := " CNT4="; write(LO,S6)
                          ; hwrite(LO,CNT4);
                 writeline(output,LO);
 90 ns         end loop;                ← 遅延の記述忘れ
               wait;
             end process;
             ...
```

同じ時間内で40回標準出力に信号の値を出力

90ns時点の信号の値を40回表示

※ CNT4は本来Uであるが，0が表示されている

```
RST_X=1 COUNTON=0 CNT4=0
RST_X=1 COUNTON=0 CNT4=0
      ：
RST_X=1 COUNTON=0 CNT4=0
```

第5章 標準出力の記述方法

は一度呼び出されると，指定された信号が変化するたびに表示を行います．

図5.13に，$display と $monitor の出力の差を示します．

📖 VHDL

● プロシージャ hwrite

プロシージャ hwrite の引き数の形式は，write とまったく同じです．ただし，表示が16進数になります．また，引き数となる信号のビット幅は4の倍数でなければいけません．

● プロシージャ owrite

プロシージャ owrite の引き数の形式は，write とまったく同じです．ただし，表示が8進数になります．また，引き数となる信号のビット幅は3の倍数でなければいけません．

リスト5.3に，hwrite と owrite の記述例と出力を示します．

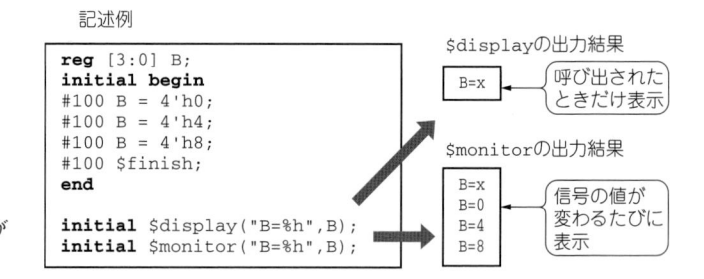

図5.13
$display と $monitor の出力の違い
$monitor は一度呼び出されると，指定された信号が変化するたびに表示を行う．

```
記述例
reg [3:0] B;
initial begin
#100 B = 4'h0;
#100 B = 4'h4;
#100 B = 4'h8;
#100 $finish;
end

initial $display("B=%h",B);
initial $monitor("B=%h",B);
```

$display の出力結果
B=x ← 呼び出されたときだけ表示

$monitor の出力結果
B=x
B=0
B=4
B=8
 ← 信号の値が変わるたびに表示

リスト5.3 hwrite と owrite の記述例

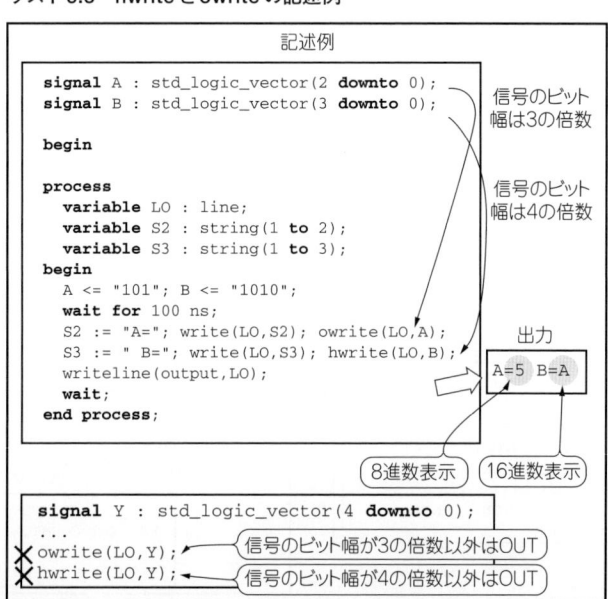

```
記述例
signal A : std_logic_vector(2 downto 0);
signal B : std_logic_vector(3 downto 0);

begin

process
  variable L0 : line;
  variable S2 : string(1 to 2);
  variable S3 : string(1 to 3);
begin
  A <= "101"; B <= "1010";
  wait for 100 ns;
  S2 := "A="; write(L0,S2); owrite(L0,A);
  S3 := " B="; write(L0,S3); hwrite(L0,B);
  writeline(output,L0);
  wait;
end process;
```

信号のビット幅は3の倍数
信号のビット幅は4の倍数

出力
A=5 B=A

8進数表示　16進数表示

```
signal Y : std_logic_vector(4 downto 0);
...
✗ owrite(L0,Y);  ← 信号のビット幅が3の倍数以外はOUT
✗ hwrite(L0,Y);  ← 信号のビット幅が4の倍数以外はOUT
```

5.3 標準出力を使ったテストベンチの実際

> **コラム**
>
> ## テストベンチのデバッグの小技

テストベンチを設計するときは，ソフトウェアのようにすべての文法を使うことができます．そのとき，まれに同タイミング（同シミュレーション時間）に複数のイベントが発生してしまい，意図したようにテストベンチが動かないことがあります．このようなときは，波形で見てもその原因がなかなか分からないものです．

そこで，テストベンチ上でよく分からない動作が発生してしまったときは，リスト5.Dやリスト5.Eのように疑わしいポイントで，とにかくメッセージや信号の値を標準出力に出してしまうことです．そうすることで，各イベントがどのような順番で実施されたか分かり，テストベンチのデバッグの手掛かりを得ることができます．

リスト5.D 標準出力を使ったテストベンチのデバッグ（Verilog HDL）

```
...
initial begin
  ...
  for(...)begin
    ...
    $display("point 0 : A = %d",A);
    ...
    $display("point 1 : A = %d",A);
    ...
  end
  ...
end

initial begin
  ...
  $display("point 2 : A = %d",A);
  ...
end

always @(...)begin
  ...
  $display("point 3 : A = %d",A);
  ...
end
...
```

リスト5.E 標準出力を使ったテストベンチのデバッグ（VHDL）

```
...
process
  variable LO : line;
  variable S15 : string(1 to 15);
begin
  ...
  for ... loop
    ...
    S15 := "point 0 : A =";write(LO,S15);
    write(LO,A);writeline(output,LO);
    ...
    S15 := "point 1 : A =";write(LO,S15);
    write(LO,A);writeline(output,LO);
    ...
  end loop;
  ...
end process;

process
  variable LO : line;
  variable S15 : string(1 to 15);
begin
  ...
  S15 := "point 2 : A =";write(LO,S15);
  write(LO,A);writeline(output,LO);
  ...
end process;

process
  variable LO : line;
  variable S15 : string(1 to 15);
begin
  ...
  S15 := "point 3 : A =";write(LO,S15);
  write(LO,A);writeline(output,LO);
  ...
end process;
...
```

第2部 テストベンチの文法

第6章

ファイル入出力の記述方法

　実際の開発では，設計中にはシミュレーションを繰り返しながら何度も回路(HDLで記述したRTLコード)を修正しなければなりません．シミュレーション結果を毎回人間が目視で確認していては，時間が掛かり，見逃しも発生してしまいます．そこで，どこかの時点で人間の目視に頼らず，機械によって自動的に結果を検証する仕組みを取り入れなければなりません．

　UNIX環境などで設計をしている場合，シミュレーション結果をファイルに出力すると，diffコマンドなどで簡単に比較できるようになっています．実際の開発では，このようなコマンドを使って機械に比較させることを前提に，シミュレーション結果をファイルに出力させる場合がほとんどです(図6.1)．

▶▶ 6.1　ファイルによる検証結果の確認の方法

　シミュレーション結果をファイルに出力する場合，同じ形式の期待値ファイル[注6.1]があれば簡単に結果を確

図6.1
ファイルによる検証結果確認
実際の開発では，シミュレーション結果をファイルに出力させる場合がほとんどである．仕様とシミュレーション結果とをコンピュータなどの機械を使って比較し確認する．

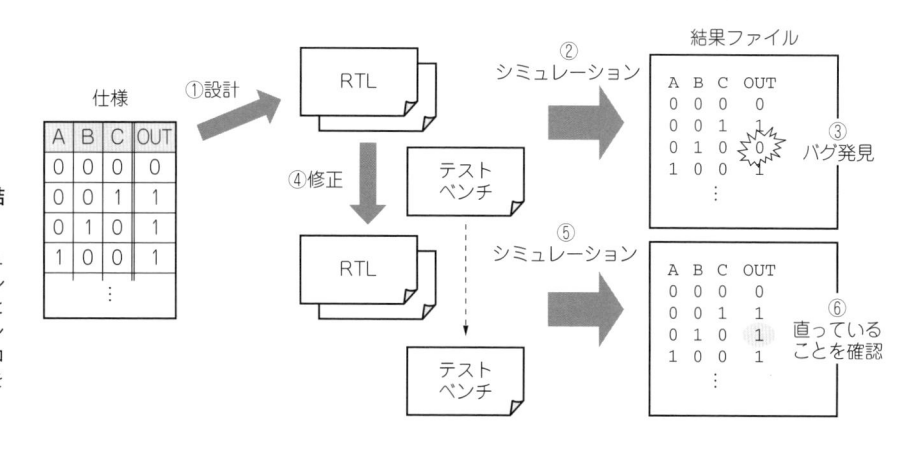

第6章 ファイル入出力の記述方法

認できます．

● 期待値ファイルがない場合の検証手順

期待値ファイルがない場合には，初回は仕様とシミュレーション結果のファイルや波形表示を一つ一つ見比べて確認しなくてはなりません（図6.2）．しかし，2回目以降は前回のシミュレーション結果ファイルとをdiffコマンドなどで比較して，以下の項目を確認します．

- 修正箇所が直っているかどうか
- 前回正しく動いていた部分に新たに不具合が発生していないかどうか

単純な比較などの作業は，機械にやらせる方が人間が行うより早くて正確です．設計現場では少ない人手で，膨大な作業を要求されることが多いので，なるべく早い段階で機械ができることは，機械に任せられる環境を整えなければなりません．

● 期待値ファイルがある場合の検証手順

シミュレーション結果のファイルと同じ形式の期待値ファイルをC言語などで作成している場合は，初回からdiffコマンドなどを使った検証結果の確認が可能です（図6.3）．

● ファイル出力のための文法

ここでは，シミュレーション結果をファイルに出力する方法を解説します．

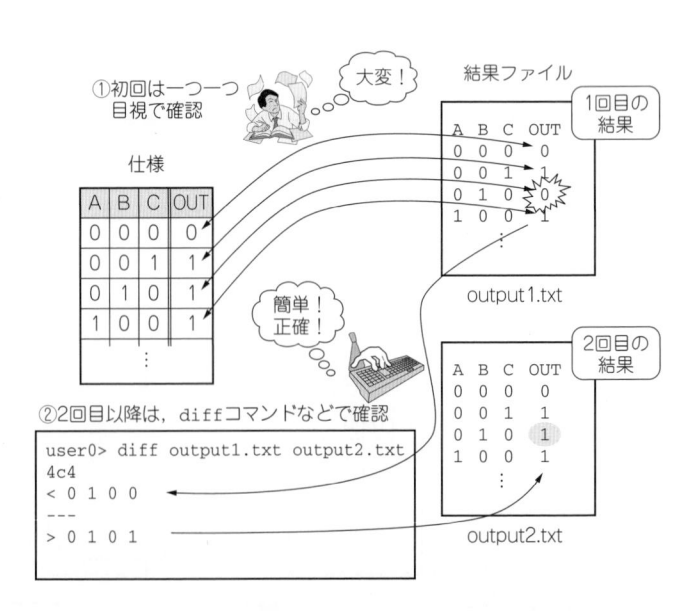

図6.2
期待値ファイルがない場合の検証手順
初回は仕様とシミュレーション結果のファイルや波形表示を見比べて一つ一つ確認する．2回目以降は，前回のシミュレーション結果ファイルとコンピュータなどの機械を使って比較する．ここでは，修正箇所が直っているかどうか，前回正しく動いていた部分に新たに不具合が発生していないかどうかを確認する．

注6.1：この場合の期待値ファイルとは，仕様通りに設計できていれば回路（RTL）が出力するはずのシミュレーション結果と同内容のファイルのこと．

6.1 ファイルによる検証結果の確認の方法

📄 Verilog HDL

Verilog HDLによるファイル出力の記述は，第5章で解説した標準出力の記述に非常に似ています．その差はファイル変数が使用されるというだけです．

● ファイル変数

ファイル変数は32ビットのレジスタ型，つまりinteger型もしくは32ビットのreg型で宣言しなければなりません〔図6.4(a)，図6.4(b)〕．

この変数はシステム・タスク$fopenによってファイル名と関連付けられます〔図6.4(c)，図6.4(d)〕．

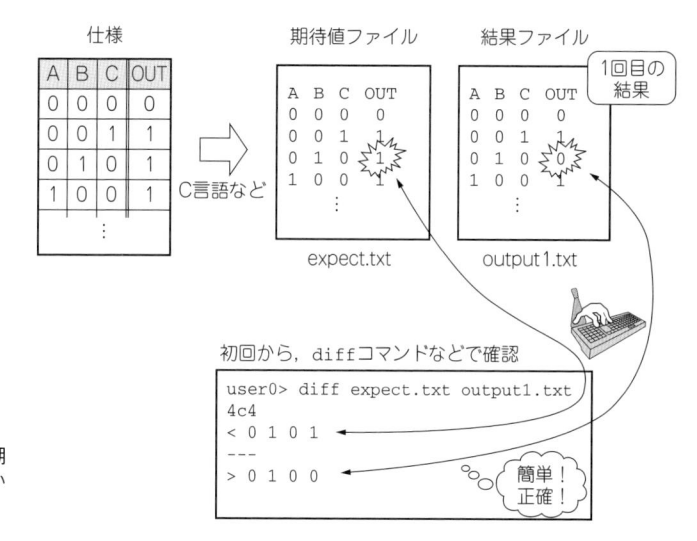

図6.3
期待値ファイルがある場合の検証手順
RTLシミュレーションの結果ファイルと同じ形式の期待値ファイルを，あらかじめC言語などで作成していけば，初回から検証結果の比較ができる．

```
integer ファイル変数名
reg [31:0] ファイル変数名
```
(a) ファイル変数の宣言書式

```
integer fd;
reg [31:0] dp;
```
(b) ファイル変数宣言の記述例

```
ファイル変数=$fopen( ファイル名 );
```
(c) ファイル生成の書式

```
fd=$fopen( "data.hex" );
```
(d) ファイル生成の記述例

```
$fdisplay( ファイル変数, "任意の文字列と表示フォーマット", 信号名, 信号名,… );
```
(e) $fdisplayの書式

```
$fdisplay( fd, "A=%b", A );
```
(f) $fdisplayの記述例

```
$fclose( ファイル変数 );
```
(g) ファイル・クローズの書式

```
$fclose( fd );
```
(h) ファイル・クローズの記述例

図6.4
ファイル生成の書式と記述例
（Verilog HDL）
ファイル出力の記述は，第5章で解説した標準出力の記述に非常に似ている．ファイル変数が使用される点が異なる．ファイル変数の宣言，ファイルの生成，ファイルへの書き込み，ファイルのクローズという手順でファイルを生成する．

第6章　ファイル入出力の記述方法

システム・タスク$fdisplayなどはこの変数を介してファイルに文字を書き込んでいきます〔図6.4(e)，図6.4(f)〕．$fopenによって開かれたファイルは，この変数とシステム・タスク$fcloseによって閉じられます〔図6.4(g)，図6.4(h)〕．

● ファイルの生成

シミュレーション結果を出力するためのファイルは，$fopenによって生成されます．

$fopenはファイル名を引き数として持ち，ファイル変数に代入される書式で使用されます〔図6.4(c)，図6.4(d)〕．$fopen(…)がinitial文の中などで，ファイル変数に代入された時点でファイルは生成されます．

● ファイルへの書き込み

生成したファイルへの書き込みは，$fdisplayによって行います（コラム「$fdisplay以外のファイル出力の文法」を参照）．

$fdisplayは，標準出力への表示で使うシステム・タスク$diplayと同様に，initial文の中など

コラム　$fdisplay以外のファイル出力の文法

ここでは本文で説明しなかったファイル出力の文法に関して解説します．

Verilog HDL

● システム・タスク **$fwrite**

標準出力の$writeと同一形式（行末に改行なし）でファイルに出力します〔図6.A(a)，図6.A(b)〕．

$fdisplayとの差は，出力文字列の行末に改行があるかどうかです．出力形式の調整などで，同一行に複数回，同一信号を出力したいときなどに便利です．

● システム・タスク **$fmonitor**

標準出力の$monitorと同一形式でファイルに出力します〔図6.A(c)〕．

$fdisplayなどと異なり，シミュレーション実行中にただ一度だけ呼び出せば，$fopenでファイルを開いた時点から$fcloseでファイルを閉じるまでの間有効となります．指定した信号に変化があれば，これをファイルに書き込みます．

● システム・タスク **$fstrobe**

標準出力の$strobeと同一形式でファイルに出力します〔図6.A(d)〕．信号の値を参照するタイミングも$strobeと同一です（第5章の図5.12を参照）．

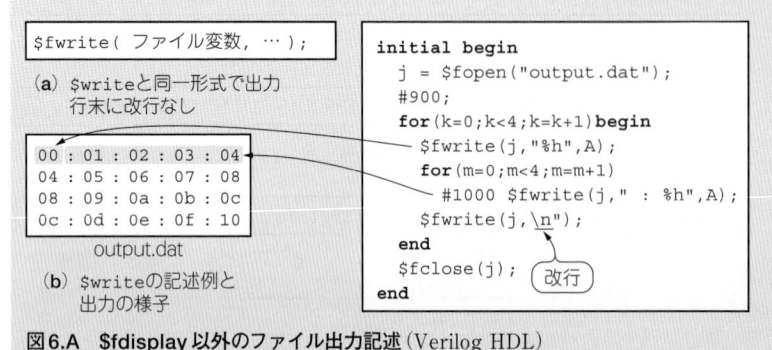

```
$fwrite( ファイル変数, … );
```
(a) $writeと同一形式で出力
　　行末に改行なし

```
00:01:02:03:04
04:05:06:07:08
08:09:0a:0b:0c
0c:0d:0e:0f:10
```
output.dat

(b) $writeの記述例と出力の様子

```
initial begin
  j = $fopen("output.dat");
  #900;
  for(k=0;k<4;k=k+1) begin
    $fwrite(j,"%h",A);
    for(m=0;m<4;m=m+1)
      #1000 $fwrite(j," : %h",A);
    $fwrite(j,"\n");     ← 改行
  end
  $fclose(j);
end
```

```
$fmonitor( ファイル変数, … );
```
(c) $fmonitorと同一形式で出力
　　指定した信号に変化があれば出力する．一度呼び出されると継続的に実行する

```
$fstrobe( ファイル変数, … );
```
(d) $strobeと同一形式で出力
　　すべてのイベント処理が終了してから表示

図6.A　$fdisplay以外のファイル出力記述（Verilog HDL）

で呼び出された時点の信号の値をファイルに書き込みます．

$fdisplayの一つ目の引き数はファイル変数となります．二つ目以降の引き数は，$diplayの引き数とまったく同じ形式をとります〔図6.4(e)，図6.4(f)〕．

● ファイルのクローズ

生成したファイルは，書き込み終了後に閉じる必要があります．ファイルを閉じるには，$fcloseを使います．

コラム

$fopenと$fclose使用上の注意

$fdisplayなどでファイルに出力する場合には，$fopenと$fcloseの間で行います〔図6.B(a)〕．

もし，シミュレーション時間中の一部の時間においてだけ，ファイルに出力したい場合には，$fopenと$fcloseで範囲を制限するのではなく，はじめからファイルに出力する必要のない範囲では，ファイル出力のシステム・タスクが実行されないようにします．もし，$fopen～$fclose間以外でファイル出力のシステム・タスクが実行されると，ワーニングが発生するなど，思わぬ動きをすることがあります〔図6.B(b)～(e)〕．

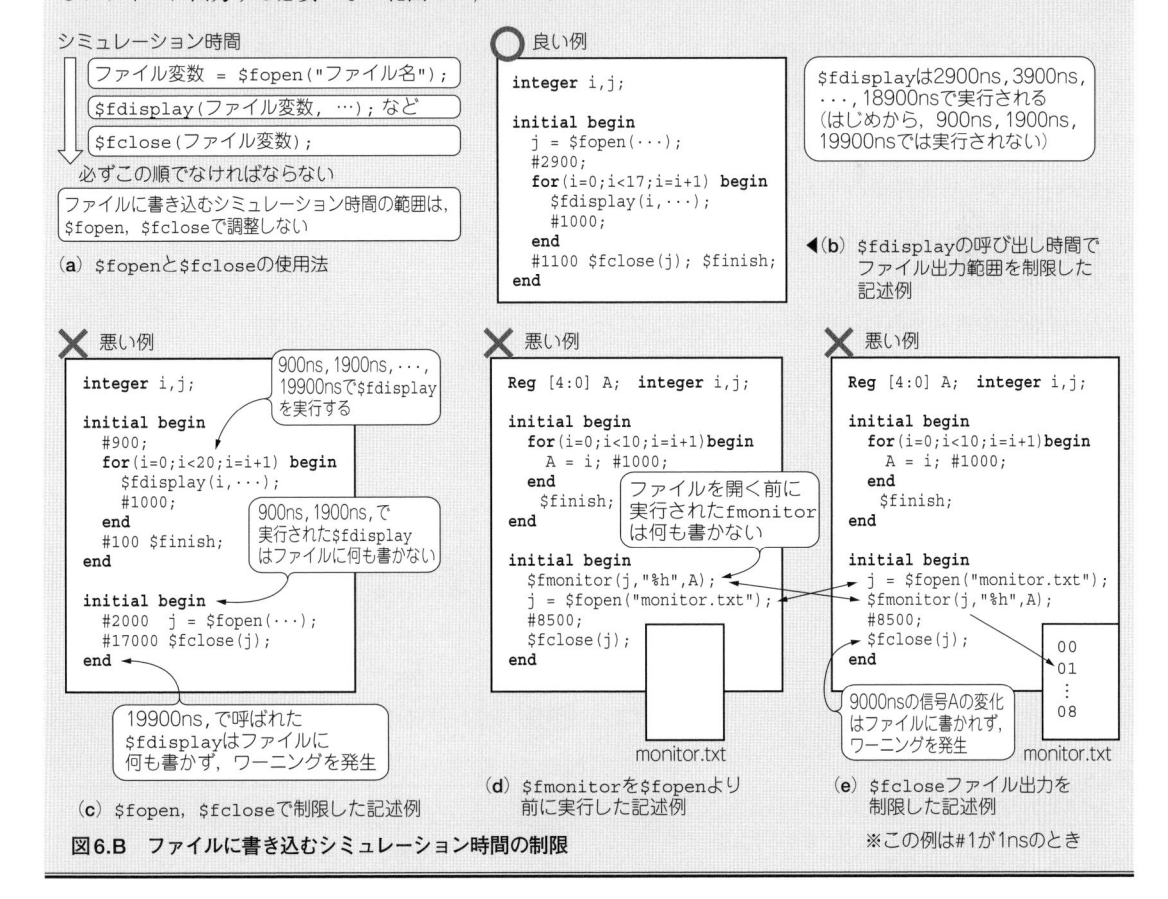

シミュレーション時間

```
ファイル変数 = $fopen("ファイル名");
$fdisplay(ファイル変数，…); など
$fclose(ファイル変数);
```
必ずこの順でなければならない

ファイルに書き込むシミュレーション時間の範囲は，$fopen，$fcloseで調整しない

(a) $fopenと$fcloseの使用法

○ 良い例
```
integer i,j;
initial begin
  j = $fopen(…);
  #2900;
  for(i=0;i<17;i=i+1) begin
    $fdisplay(i,…);
    #1000;
  end
  #1100 $fclose(j); $finish;
end
```

$fdisplayは2900ns，3900ns，…，18900nsで実行される（はじめから，900ns，1900ns，19900nsでは実行されない）

◀(b) $fdisplayの呼び出し時間でファイル出力範囲を制限した記述例

✕ 悪い例
```
integer i,j;
initial begin
  #900;
  for(i=0;i<20;i=i+1) begin
    $fdisplay(i,…);
    #1000;
  end
  #100 $finish;
end
initial begin
  #2000 j = $fopen(…);
  #17000 $fclose(j);
end
```
900ns，1900ns，…，19900nsで$fdisplayを実行する

900ns，1900nsで実行された$fdisplayはファイルに何も書かない

19900nsで呼ばれた$fdisplayはファイルに何も書かず，ワーニングを発生

(c) $fopen，$fcloseで制限した記述例

✕ 悪い例
```
Reg [4:0] A; integer i,j;
initial begin
  for(i=0;i<10;i=i+1)begin
    A = i; #1000;
  end
  $finish;
end
initial begin
  $fmonitor(j,"%h",A);
  j = $fopen("monitor.txt");
  #8500;
  $fclose(j);
end
```
ファイルを開く前に実行された$fmonitorは何も書かない

monitor.txt

(d) $fmonitorを$fopenより前に実行した記述例

✕ 悪い例
```
Reg [4:0] A; integer i,j;
initial begin
  for(i=0;i<10;i=i+1)begin
    A = i; #1000;
  end
  $finish;
end
initial begin
  j = $fopen("monitor.txt");
  $fmonitor(j,"%h",A);
  #8500;
  $fclose(j);
end
```
9000nsの信号Aの変化はファイルに書かれず，ワーニングを発生

```
00
01
…
08
```
monitor.txt

(e) $fcloseファイル出力を制限した記述例

※この例は#1が1nsのとき

図6.B　ファイルに書き込むシミュレーション時間の制限

第6章 ファイル入出力の記述方法

$fcloseは，ファイル変数のみを引き数に持ちます〔図6.4(g)，図6.4(h)〕．initial文の中などで呼び出された時点でファイルを閉じます（コラム「$fopenと$fclose使用の注意」を参照）．

● **ファイル出力のためのコード記述**

図6.5はファイル出力の方法です．コードで記述されているdata.hexは，シミュレーション結果が書き込まれるファイル名，fdはファイル変数です．ここでは書かれていませんが，信号Aは検証対象の回路の出力につながっていると考えてください．

このテストベンチではシミュレーション開始後，1000単位時間（1単位時間がnsなら1000ns）ごとに信号Aの値がファイルdata.hexに書き込まれ，256回目の書き込みが終わるとファイルを閉じています．

▮ VHDL

● **ファイル変数**

VHDLでは，ファイルにシミュレーション結果を出力するために，ファイル変数を宣言する必要があります．

残念なことに，VHDL-87とVHDL-93，VHDL-2002で宣言の仕方が異なります．そしてツールによっては，それぞれに互換性がない場合があります．つまりVHDL-93，VHDL-2002で書かれたコードはVHDL-87では文法エラーになり，VHDL-87で書かれたコードはVHDL-93，VHDL-2002で文法エラー（上位互換ではない）になる可能性があります〔図6.6(a)～図6.6(d)〕．

ファイル宣言は，architectureの宣言部分か，process文の宣言部分で行うことができます．

● **ファイルへの書き込み**

ファイルへの書き込みは，標準出力と同様にプロシージャwritelineを使います．

標準出力のときにはプロシージャwritelineの最初の引き数はoutputでした．ファイルに出力する際には，ファイル変数になります〔図6.6(e)，図6.6(f)〕．

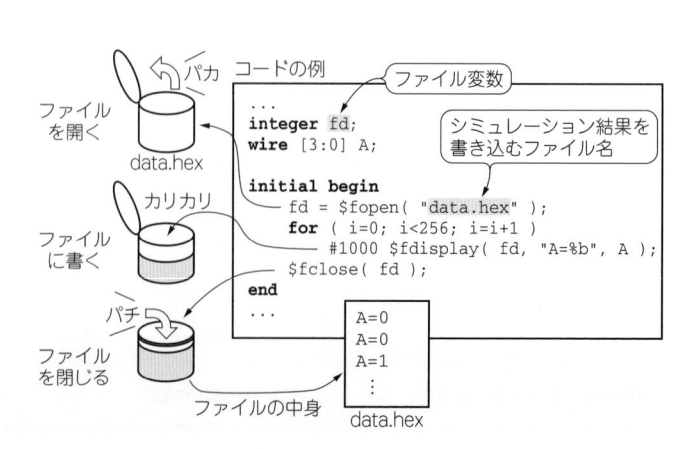

図6.5
ファイル出力の方法（Verilog HDL）
data.hexは，シミュレーション結果が書き込まれるファイル名，fdはファイル変数．

```
integer fd;
wire [3:0] A;
...
initial begin
    fd = $fopen( "data.hex" );
    for ( i=0; i<256; i=i+1 )
        #1000 $fdisplay( fd, "A=%b", A );
    $fclose( fd );
end
...
```

ファイルの中身 data.hex:
```
A=0
A=0
A=1
 :
```

6.1 ファイルによる検証結果の確認の方法

● **ライブラリとパッケージの宣言**

ファイルへの出力を行う際には，標準出力と同じように line 変数を使うので，STD ライブラリの TEXTIO パッケージが必要になります．またプロシージャ write で std_logic や std_logic_vector の値を出力するには，std_logic_textio パッケージが必要になります．

● **ファイル出力のためのコード記述**

図 6.7 はファイル出力の方法です．コード例で記述されている data.hex は出力が書き込まれるファイル名，FO はファイル変数となっています．ここでは書かれていませんが，信号 SA は検証対象の回路の出力につながっていると考えてください．

このテストベンチではシミュレーション開始後，1000ns ごとに信号 SA の値がファイル data.hex に書き込まれ，この処理を 256 回繰り返します．

```
file ファイル変数名 : text is out ファイル名;
```
（a）VHDL-87 のファイル変数宣言書式（出力ファイルの場合）

```
file ファイル変数名 : open write_mode is ファイル名;
```
（b）VHDL-93，VHDL-2002 のファイル変数宣言書式（出力ファイルの場合）

```
file    FO: text is out "RESULT.TXT";
```
（c）VHDL-87 のファイル変数宣言の記述例（出力ファイルの場合）

```
file    FO: open write_mode is "RESULT.TXT";
```
（d）VHDL-93，VHDL-2002 のファイル変数宣言の記述例（出力ファイルの場合）

```
writeline( ファイル変数, ライン変数 );
```
（e）ファイルへの書き込みの書式

```
writeline( FO, LO );
```
（f）ファイルへの書き込みの記述例

```
library IEEE,STD;
use STD.TEXTIO.all;
use IEEE.std_logic_textio.all;
```
（g）IEEE，STD ライブラリの宣言と TEXTIO，std_logic_textio パッケージの呼び出し

図 6.6
ファイル生成の書式と記述例（VHDL）
VHDL-87 と VHDL-93，VHDL-2002 で宣言の仕方が異なるので注意．

```
...
process
    file     FO : text is out "data.hex";
    variable LO : line;
    variable S2 : string(1 to 2);
begin
    S2 := "A=";
    for I in 0 to 255 loop
        wait for 1000 ns;
        write(LO,S2); write(LO,SA);
        writeline(FO,LO);
    end loop;
    wait;
end process;
...
```

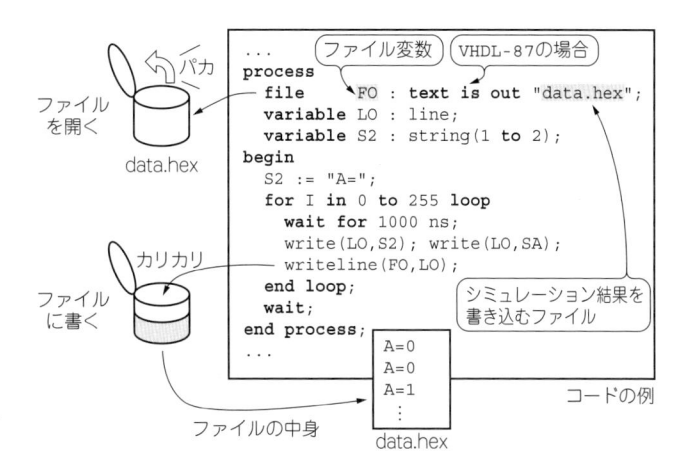

図 6.7
ファイル出力の方法（VHDL）
data.hex は出力が書き込まれるファイル名，FO はファイル変数．

第6章 ファイル入出力の記述方法

▶▶ 6.2 パターン・ファイルによるテスト入力の生成

実際の開発では検証対象の回路が複雑になります．一つのテスト入力だけですべての機能を検証できることはほとんどありません．複数のテスト入力を与えながら検証を進めます．

● パターンごとにテストベンチを作ると大変

同じ回路のテスト・パターンとして**図6.8**のような3種類のテスト入力を作るとき，**リスト6.1**や**リスト6.2**のようにテスト入力ごとに別のテストベンチを作ると大変です．テストベンチの一部はまったく同じ記述になるにもかかわらず，パターンと同じ数だけ書かなくてはなりません．

開発中には，検証対象回路の信号に増減があったり，信号名が変わったり，途中でテストベンチ自体にバグが入っていることが発見されることがあります．この場合，すべてのテストベンチを書き直さなければならなくなります．

例えば**図6.9**のように，**図6.8**のテスト・パターンに，信号Dを加えるとします．この場合，信号Dの波形がどのパターンも同じだとしても，**リスト6.3**や**リスト6.4**のように三つのテストベンチに同じ修正をしなければなりません．

(a) テスト・パターン1　(b) テスト・パターン2　(c) テスト・パターン3

図6.8 3種類のテスト・パターンを作る

(a) テスト・パターン1　(b) テスト・パターン2　(c) テスト・パターン3

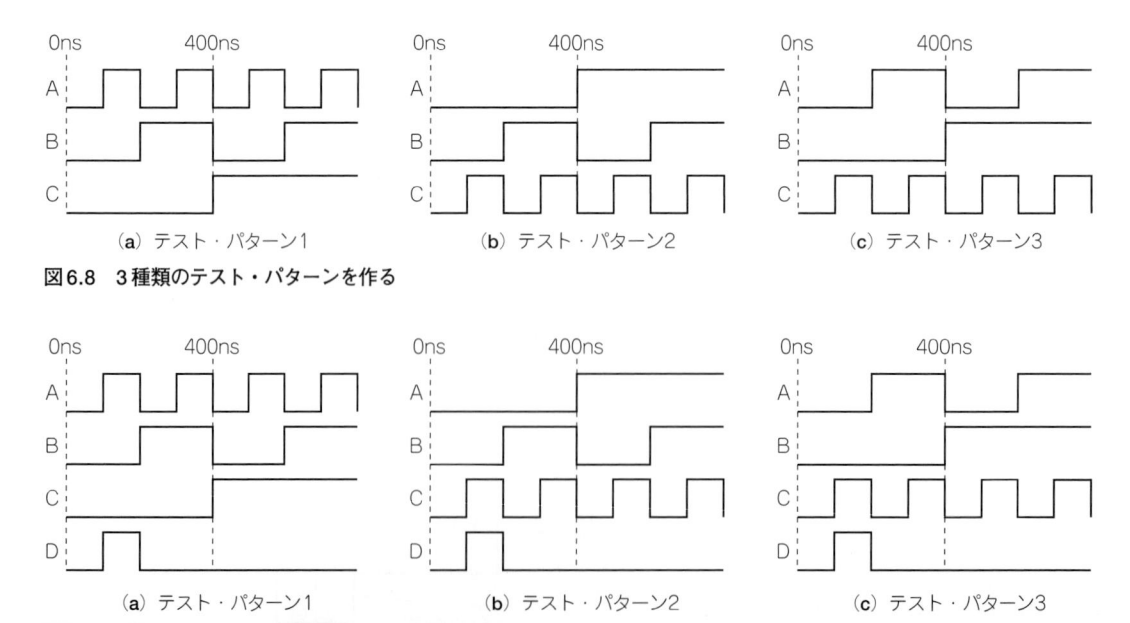

図6.9 信号を追加した3種類のテスト・パターン

6.2 パターン・ファイルによるテスト入力の生成

リスト6.1 パターンごとにテストベンチを作成するのは大変(Verilog HDL)

(a) テスト・パターン1のテストベンチ
```
...
reg       A,B,C;
initial begin
  {A,B,C} = 3,b000; #100;
  {A,B,C} = 3,b100; #100;
  {A,B,C} = 3,b010; #100;
  {A,B,C} = 3,b110; #100;
  {A,B,C} = 3,b001; #100;
  {A,B,C} = 3,b101; #100;
  {A,B,C} = 3,b011; #100;
  {A,B,C} = 3,b111; #100;
  $finish;
end
...
```

(b) テスト・パターン2のテストベンチ
```
...
reg       A,B,C;
initial begin
  {A,B,C} = 3,b000; #100;
  {A,B,C} = 3,b001; #100;
  {A,B,C} = 3,b010; #100;
  {A,B,C} = 3,b011; #100;
  {A,B,C} = 3,b100; #100;
  {A,B,C} = 3,b101; #100;
  {A,B,C} = 3,b110; #100;
  {A,B,C} = 3,b111; #100;
  $finish;
end
...
```

(c) テスト・パターン3のテストベンチ
```
...
reg       A,B,C;
initial begin
  {A,B,C} = 3,b000; #100;
  {A,B,C} = 3,b001; #100;
  {A,B,C} = 3,b101; #100;
  {A,B,C} = 3,b010; #100;
  {A,B,C} = 3,b011; #100;
  {A,B,C} = 3,b110; #100;
  {A,B,C} = 3,b111; #100;
  $finish;
end
...
```

リスト6.2 パターンごとにテストベンチを作成するのは大変(VHDL)

(a) テスト・パターン1のテストベンチ
```
...
signal A,B,C : std_logic;
signal TEMP
  : std_logic_vector(2 downto 0);
...
process begin
              TEMP <= "000";
  wait for 100 ns; TEMP <= "100";
  wait for 100 ns; TEMP <= "010";
  wait for 100 ns; TEMP <= "110";
  wait for 100 ns; TEMP <= "001";
  wait for 100 ns; TEMP <= "101";
  wait for 100 ns; TEMP <= "011";
  wait for 100 ns; TEMP <= "111";
  wait for 100 ns; assert false;
end process;

process (TEMP) begin
  A<=TEMP(2); B<=TEMP(1);
  C<=TEMP(0);
end process;
...
```

(b) テスト・パターン2のテストベンチ
```
...
signal A,B,C : std_logic;
signal TEMP
  : std_logic_vector(2 downto 0);
...
process begin
              TEMP <= "000";
  wait for 100 ns; TEMP <= "001";
  wait for 100 ns; TEMP <= "010";
  wait for 100 ns; TEMP <= "011";
  wait for 100 ns; TEMP <= "100";
  wait for 100 ns; TEMP <= "101";
  wait for 100 ns; TEMP <= "110";
  wait for 100 ns; TEMP <= "111";
  wait for 100 ns; assert false;
end process;

process (TEMP) begin
  A<=TEMP(2); B<=TEMP(1);
  C<=TEMP(0);
end process;
...
```

(c) テスト・パターン3のテストベンチ
```
...
signal A,B,C : std_logic;
signal TEMP
  : std_logic_vector(2 downto 0);
...
process begin
              TEMP <= "000";
  wait for 100 ns; TEMP <= "001";
  wait for 100 ns; TEMP <= "100";
  wait for 100 ns; TEMP <= "101";
  wait for 100 ns; TEMP <= "010";
  wait for 100 ns; TEMP <= "011";
  wait for 100 ns; TEMP <= "110";
  wait for 100 ns; TEMP <= "111";
  wait for 100 ns; assert false;
end process;

process (TEMP) begin
  A<=TEMP(2); B<=TEMP(1);
  C<=TEMP(0);
end process;
...
```

リスト6.3 すべてのテストベンチに対して信号を追加(Verilog HDL)

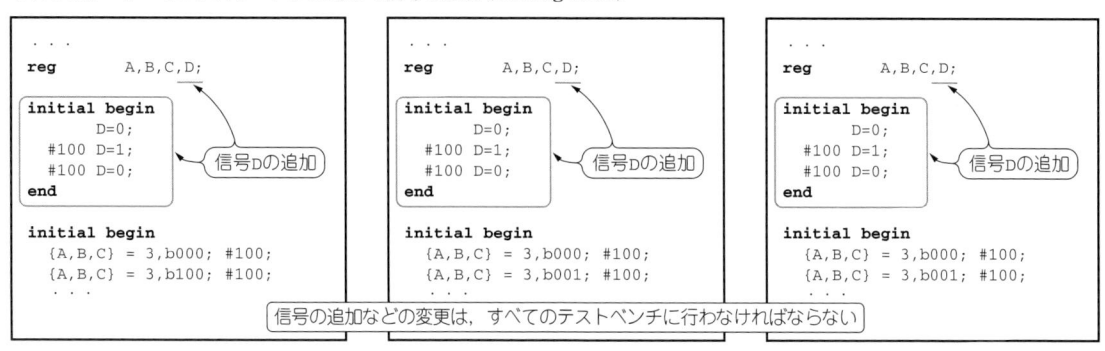

(a) 修正されたテスト・パターン1のテストベンチ
```
...
reg       A,B,C,D;
initial begin       ← 信号Dの追加
  D=0;
  #100 D=1;
  #100 D=0;
end
initial begin
  {A,B,C} = 3,b000; #100;
  {A,B,C} = 3,b100; #100;
  ...
```

(b) 修正されたテスト・パターン2のテストベンチ
```
...
reg       A,B,C,D;
initial begin       ← 信号Dの追加
  D=0;
  #100 D=1;
  #100 D=0;
end
initial begin
  {A,B,C} = 3,b000; #100;
  {A,B,C} = 3,b001; #100;
  ...
```

(c) 修正されたテスト・パターン3のテストベンチ
```
...
reg       A,B,C,D;
initial begin       ← 信号Dの追加
  D=0;
  #100 D=1;
  #100 D=0;
end
initial begin
  {A,B,C} = 3,b000; #100;
  {A,B,C} = 3,b001; #100;
  ...
```

信号の追加などの変更は，すべてのテストベンチに行わなければならない

第6章 ファイル入出力の記述方法

● テスト入力と共通部分を分けて記述

　パターンごとにテストベンチを作る場合に比べて，図6.10のようにテスト入力部分のファイル（パターン・ファイル，ベクタ・ファイルと呼ばれることもある）と共通部分のテストベンチに分けて記述することができれば，作成も修正も簡単になります．

リスト6.4　すべてのテストベンチに対して信号を追加（VHDL）

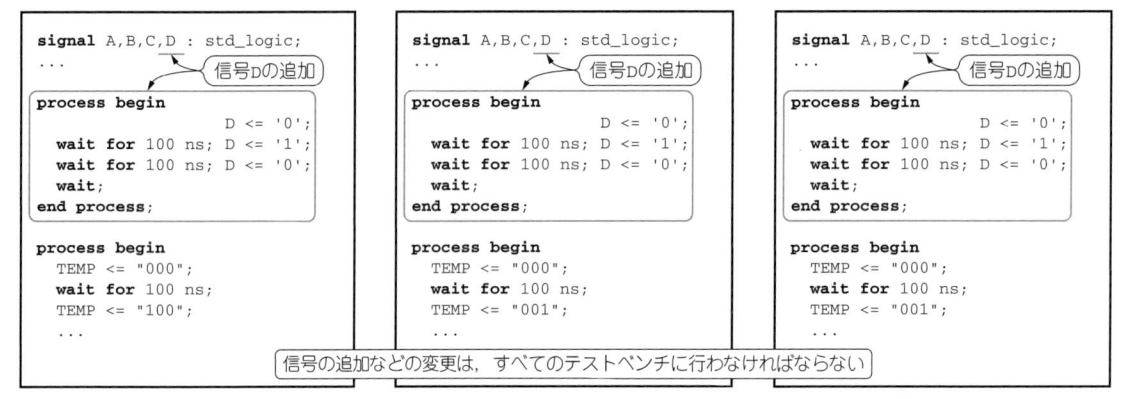

```
signal A,B,C,D : std_logic;    ← 信号Dの追加
...
process begin
                    D <= '0';
  wait for 100 ns;  D <= '1';
  wait for 100 ns;  D <= '0';
  wait;
end process;
process begin
  TEMP <= "000";
  wait for 100 ns;
  TEMP <= "100";
  ...
```
（a）修正されたテスト・パターン1のテストベンチ

```
signal A,B,C,D : std_logic;    ← 信号Dの追加
...
process begin
                    D <= '0';
  wait for 100 ns;  D <= '1';
  wait for 100 ns;  D <= '0';
  wait;
end process;
process begin
  TEMP <= "000";
  wait for 100 ns;
  TEMP <= "001";
  ...
```
（b）修正されたテスト・パターン2のテストベンチ

```
signal A,B,C,D : std_logic;    ← 信号Dの追加
...
process begin
                    D <= '0';
  wait for 100 ns;  D <= '1';
  wait for 100 ns;  D <= '0';
  wait;
end process;
process begin
  TEMP <= "000";
  wait for 100 ns;
  TEMP <= "001";
  ...
```
（c）修正されたテスト・パターン3のテストベンチ

信号の追加などの変更は，すべてのテストベンチに行わなければならない

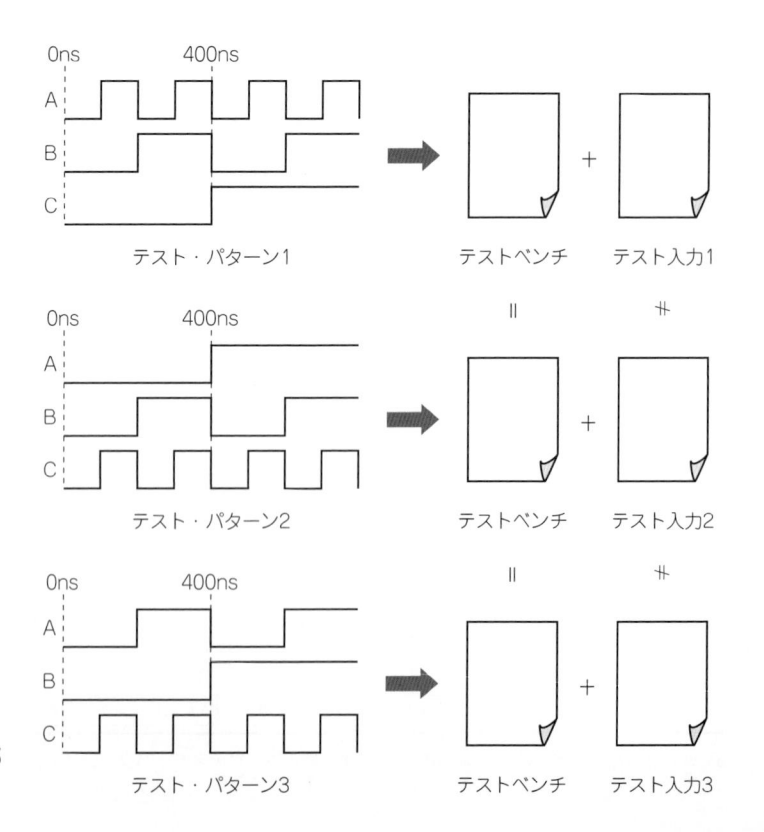

図6.10　テスト入力部分のファイルと共通部分のテストベンチに分けて記述する

6.2 パターン・ファイルによるテスト入力の生成

実はこの方法は，HDLにおけるテストベンチではとても一般的な方法です．この方法なら，先ほどの信号Dのような追加があったとしても，共通部分のファイルだけを修正すれば済みます．

● **ファイルを読み込む文法**

パターン・ファイルを利用するためには，ファイルの中身を読み出す文法が必要になってきます．

📄 **Verilog HDL**
● システム・タスク $readmemh

$readmemhは，指定したファイルの中身をレジスタ型の配列に読み出すシステム・タスクです〔図6.11(a)，図6.11(b)〕．

$readmemhで読み出される数値は，ファイルの中に0からFまでの16進数表現で書かれていなくてはなりません．

図6.11(c)は図6.11(b)の記述例と1対1になっています．$readmemhは引き数が二つだけのときは，一つ目の引き数で指定されたファイルの中身のすべてを，二つ目の引き数で指定されたレジスタ型の配列に読み出します．このとき，ファイルの先頭行の値を配列のいちばん若い番地に，2行目の値を2番目に若い番地に，という具合に書き込みます．ファイルの1行の値と配列のビット幅は一致するように揃えます．同様にファイルの行数と配列の番地の数も揃えるようにします．ビット幅やファイルの行数と配列の番地数が一致していないと，シミュレータによって意図しない動作やエラー，ワーニングを引き起こすことがあります．

$readmemhの引き数が四つのときには，三つ目が配列に読み出す際の開始番地，四つ目が終了番地になります．

配列は宣言された時点では，すべての番地に不定値(X)が入っています．そのため，ほかの文からの代入がない限り，開始番地から終了番地以外の番地の値は不定値(X)のままになります．この場合も，ファイルの中身と配列のビット幅，行数と番地数は揃えるようにします．開始番地から終了番地の数よりファイルの行数が多い場合，シミュレータによっては終了番地を無視してファイルに書かれているだけ，配列に書き込んでしまう場合があります．

● システム・タスク $readmemb

$readmembは$readmemhとほぼ同じ動きをするシステム・タスクです．読み出される数値は，ファイルの中に'0'か'1'の2進数表現で書かれていなくてはなりません〔図6.11(d)，図6.11(e)〕．

図6.11(f)は，図6.11(e)が読むファイルの中身となっています．図6.11(f)にあるように，ファイルの中にはコメントを書くことができます．これは配列を読み出す際には無視されます．また，ファイルの文字を見やすくするために文字を"_"（アンダ・バー）で分けることができます．これも配列に読み出す際には無視されます．コメントや"_"は$readmemhでも使うことができます．

第6章 ファイル入出力の記述方法

```
$readmemh(ファイル名, レジスタ配列名)
$readmemh(ファイル名, レジスタ配列名, 開始番地, 終了番地)
```
（a）$readmemhの書式

```
$readmemb(ファイル名, レジスタ配列名)
$readmemb(ファイル名, レジスタ配列名, 開始番地, 終了番地)
```
（d）$readmembの書式

```
reg [3:0] mem1,mem2 [0:7];
initial $readmemh("input0.txt",mem1);
initial $readmemh("input1.txt",mem2,2,5);
```
（b）$readmemhの記述例

```
reg [3:0] mem1,mem2 [0:7];
initial $readmemb("input2.txt",mem1);
initial $readmemb("input2.txt",mem2,2,5);
```
（e）$readmembの記述例

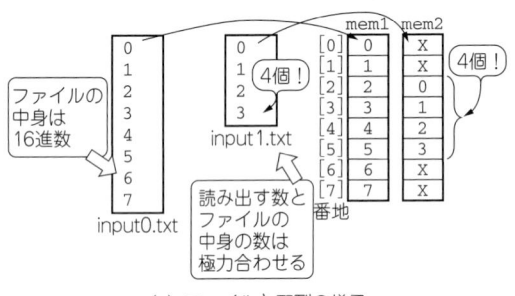

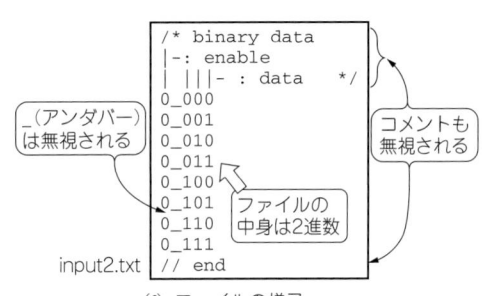

（c）ファイルと配列の様子

（f）ファイルの様子

図6.11 ファイルを読み出す文法
パターン・ファイルの中身を読み出すために使用する．$readmemhは，16進表現で書かれたファイルの中身をレジスタ型の配列に読み出すシステム・タスク．$readmembは，'0'か'1'の2進数表現で書かれたファイルの中身をレジスタ型の配列に読み出すシステム・タスク．

● **ファイル読み出しを使ったテスト入力の生成例**

図6.12は，ファイルを使ったテスト入力の生成例を示しています．ファイルの中身は$readmemh，$readmembなどで読み出された後，for文などを用いて順次信号に代入します．このような方法で，テストベンチを変更することなく，パターン・ファイルを変更するだけで異なるテスト入力を生成することができます．

図6.12のようにテストベンチを一つにまとめると，図6.9の信号Dの追加のような修正も，リスト6.5のように一つのファイルを修正するだけで済みます．

📘 VHDL
● **ファイル変数**

図6.13は，ファイルの中身を読み出す際のファイル変数宣言の書式と記述例です．ファイルを書き込む際とほぼ同じです．VHDL-87では`out`が`in`に，VHDL-93とVHDL-2002では`write_mode`が`read_mode`に代わっているので注意してください．

● **プロシージャ `readline`**

`readline`は，ファイル変数によって指定されたファイルから行単位で値を読み出し，ライン変数に書

6.2 パターン・ファイルによるテスト入力の生成

```
...
reg        A,B,C;
reg [2:0]  mem [0:7];
integer    i;

initial begin
  $readmemb("input.txt",mem);
  for(i=0; i<8; i=i+1) begin
    {A,B,C} = mem[i]; #100;
  end
  $finish;
end
...
```
(a) ファイル読み込みを使ったテストベンチ

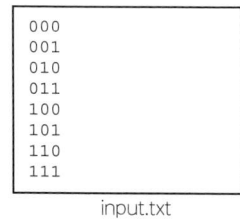

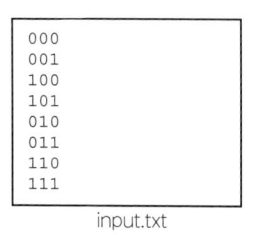

```
000
100
010
110
001
101
011
111
```
input.txt

(b) テスト・パターン1の
テスト入力ファイル

リスト6.5　ファイル読み込みを使ったテストベンチへの信号の追加（Verilog HDL）

```
...
reg        A,B,C,D;
...
initial begin
  D=0;
  #100 D=1;
  #100 D=0;
end

initial begin
  $readmemb("input.txt",mem);
  ...
```
信号Dの追加
修正されたテストベンチ

```
000
001
010
011
100
101
110
111
```
input.txt

(c) テスト・パターン2の
テスト入力ファイル

```
000
001
100
101
010
011
110
111
```
input.txt

(d) テスト・パターン3の
テスト入力ファイル

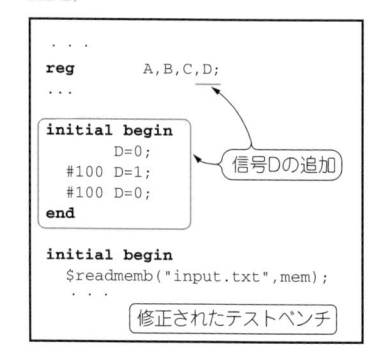

図6.12　ファイル読み込みを使ったテストベンチとテスト入力ファイル（Verilog HDL）
同じテストベンチでも，テスト入力ファイルを変えるだけで異なるテスト入力を作ることができる．

```
file ファイル変数名 : text is in ファイル名;
```
(a) VHDL-87のファイル変数宣言書式（入力ファイルの場合）

```
file FI: text is in "input.txt";
```
(c) VHDL-87のファイル変数宣言の記述例（入力ファイルの場合）

```
file ファイル変数名 : text open read_mode is ファイル名;
```
(b) VHDL-93, VHDL-2002のファイル変数宣言書式（入力ファイルの場合）

```
file FI: text open read_mode is "input.txt";
```
(d) VHDL-93, VHDL-2002のファイル変数宣言の記述例（入力ファイルの場合）

図6.13　ファイルの中身を読み出す際のファイル変数宣言の書式と記述例
ファイルを書き込む際とほぼ同じだが，VHDL-87では`out`が`in`に，VHDL-93とVHDL-2002では`write_mode`が`read_mode`に代わっている．

き込むプロシージャです（図6.14）．

　readlineを呼び出すごとに，読み出されるファイルの行は1行下に移ります．

● プロシージャread

　図6.15（a）はプロシージャreadの書式，図6.15（b）は記述例です．

　プロシージャreadは指定されたライン変数から，変数名1で指定されたビット幅の値を読み出し，その変数に書き込みます．2番目の引き数に信号名を書くことはできません．

　読み出される順番は，ファイルに入っていたときに，左にあったものからになります．readで読み出させ

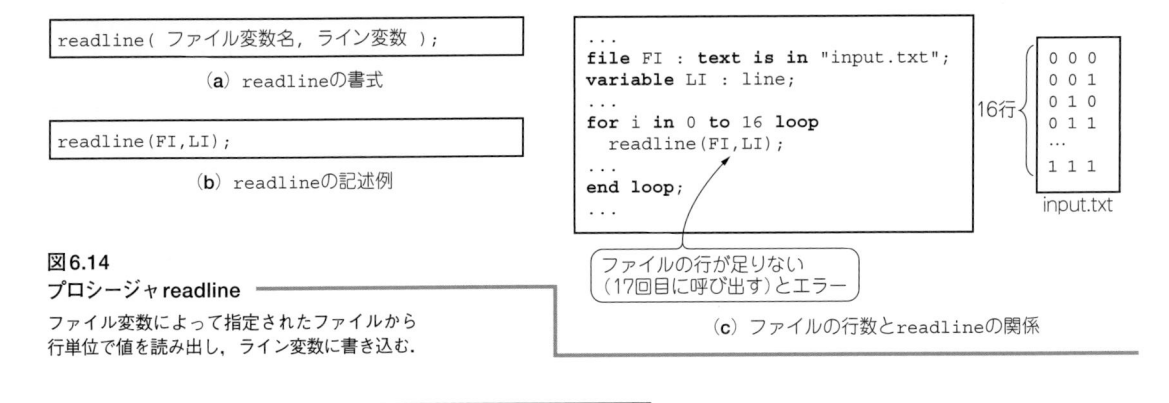

第6章　ファイル入出力の記述方法

```
readline( ファイル変数名, ライン変数 );
```
(a) readlineの書式

```
readline(FI,LI);
```
(b) readlineの記述例

```
...
file FI : text is in "input.txt";
variable LI : line;
...
for i in 0 to 16 loop
  readline(FI,LI);
...
end loop;
...
```

```
0 0 0
0 0 1
0 1 0
0 1 1
...
1 1 1
```
input.txt（16行）

ファイルの行が足りない（17回目に呼び出す）とエラー

(c) ファイルの行数とreadlineの関係

図6.14
プロシージャreadline
ファイル変数によって指定されたファイルから行単位で値を読み出し，ライン変数に書き込む．

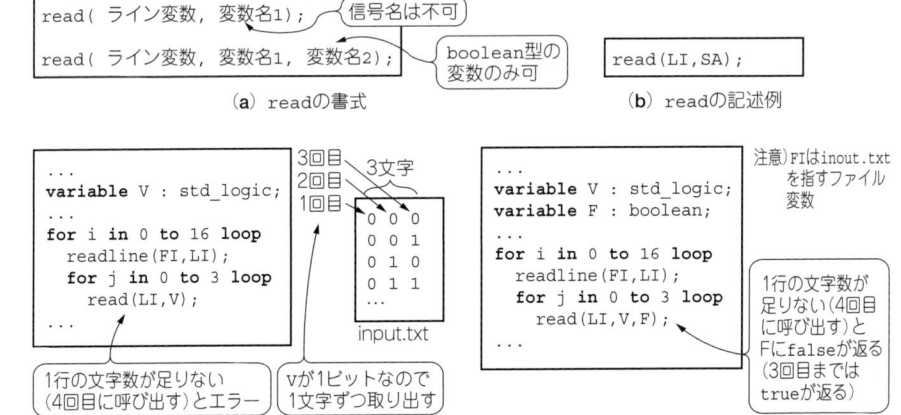

```
read( ライン変数, 変数名1 );
read( ライン変数, 変数名1, 変数名2 );
```
信号名は不可
boolean型の変数のみ可

(a) readの書式

```
read(LI,SA);
```
(b) readの記述例

```
...
variable V : std_logic;
...
for i in 0 to 16 loop
  readline(FI,LI);
  for j in 0 to 3 loop
    read(LI,V);
...
```

3回目
2回目
1回目
3文字

```
0 0 0
0 0 1
0 1 0
0 1 1
...
```
input.txt

1行の文字数が足りない（4回目に呼び出す）とエラー
Vが1ビットなので1文字ずつ取り出す

(c) ファイルの行数とreadlineの関係

```
...
variable V : std_logic;
variable F : boolean;
...
for i in 0 to 16 loop
  readline(FI,LI);
  for j in 0 to 3 loop
    read(LI,V,F);
...
```
注意）FIはinout.txtを指すファイル変数

1行の文字数が足りない（4回目に呼び出す）とFにfalseが返る（3回目まではtrueが返る）

(d) 引き数が三つあるreadの記述例

図6.15
プロシージャread
指定されたライン変数から，変数名1で指定されたビット幅の値を読み出し，その変数に書き込む．

る数値は，ファイルの中に2進数表現で書かれていなくてはなりません．

readでライン変数から値を読み出そうとしたときに，すでに値がない場合にはエラーとなります〔図6.15(c)〕．

引き数が三つあるとき，三つ目の引き数で指定された変数にはプロシージャ実行の可否がtrue，falseで返されます．二つ目の引き数で指定した値がライン変数にある場合にtrueが返り，ない場合にfalseが返ります．三つ目の引き数となる変数はboolean型でなければなりません〔図6.15(d)〕．

● プロシージャoread

oreadは，readとほとんど同じ動きをするプロシージャです．

読み出させる数値はファイルの中に8進数表現で書かれていなくてはなりません．また，2番目の引き数となる変数のビット幅は3の倍数でなければなりません（図6.16）．

● プロシージャhread

hreadは，readとほとんど同じ動きをするプロシージャです．

読み出させる数値はファイルの中に16進数表現で書かれていなくてはなりません．また，2番目の引き

6.2 パターン・ファイルによるテスト入力の生成

図6.16 プロシージャoreadとプロシージャhread
oreadとhreadは，readとほとんど同じ動きをするが，読み出すファイルの内容や引数に制約がある．

(a) oread, hreadの書式

```
oread( ライン変数, 変数名 );
hread( ライン変数, 変数名 );
```
ビット幅は3の倍数のみ / ビット幅は4の倍数のみ

(b) oread, hreadの記述例

```
...
file FI : text is in "input2.txt";
variable LI : line;
variable V3 : std_logic_vector(2 downto 0);
variable V4 : std_logic_vector(3 downto 0);
begin
  for i in 0 to 7 loop
    readline(FI,LI);
    oread(LI,V3); SIG3 <= V3;     -- 8進数
    hread(LI,V4); SIG4 <= V4;     -- 16進数
    wait for 100 ns;
...
```

input2.txt:
```
0 8
1 9
2 A
3 B
...
7 F
```

図6.17 ファイル読み込みを使ったテストベンチとテスト入力ファイル（VHDL）
同じテストベンチでも，テスト入力ファイルを変えるだけで異なるテスト入力を作ることができる．

(a) ファイル読み込みを使ったテストベンチ

```
...
signal A,B,C : std_logic;
...
process
  file     FI : text is in "input.txt";     -- VHDL-87の文法
  variable LI : line;
  variable V  : std_logic;
begin
  for i in 0 to 7 loop
    readline(FI,LI);    -- ファイルから1行読み出す
    read(LI,V);         -- LIから1文字だけVに読み出す
    A<=V;
    read(LI,V);         -- LIから1文字だけVに読み出す
    B<=V;
    read(LI,V);         -- LIから1文字だけVに読み出す
    C<=V;
    wait for 100 ns;
  end loop;
  assert false;
end process;
...
```

```
architecture SIM of test is
  file     FI : text is in "input.txt";
```
file変数の宣言場所はarchitectureの下でもよい

(b) テスト・パターン1のテスト入力ファイル

input.txt:
```
000
100
010
110
001
101
011
111
```

(c) テスト・パターン2のテスト入力ファイル

input.txt:
```
000
001
010
011
100
101
110
111
```

(d) テスト・パターン3のテスト入力ファイル

input.txt:
```
000
001
100
101
010
011
110
111
```

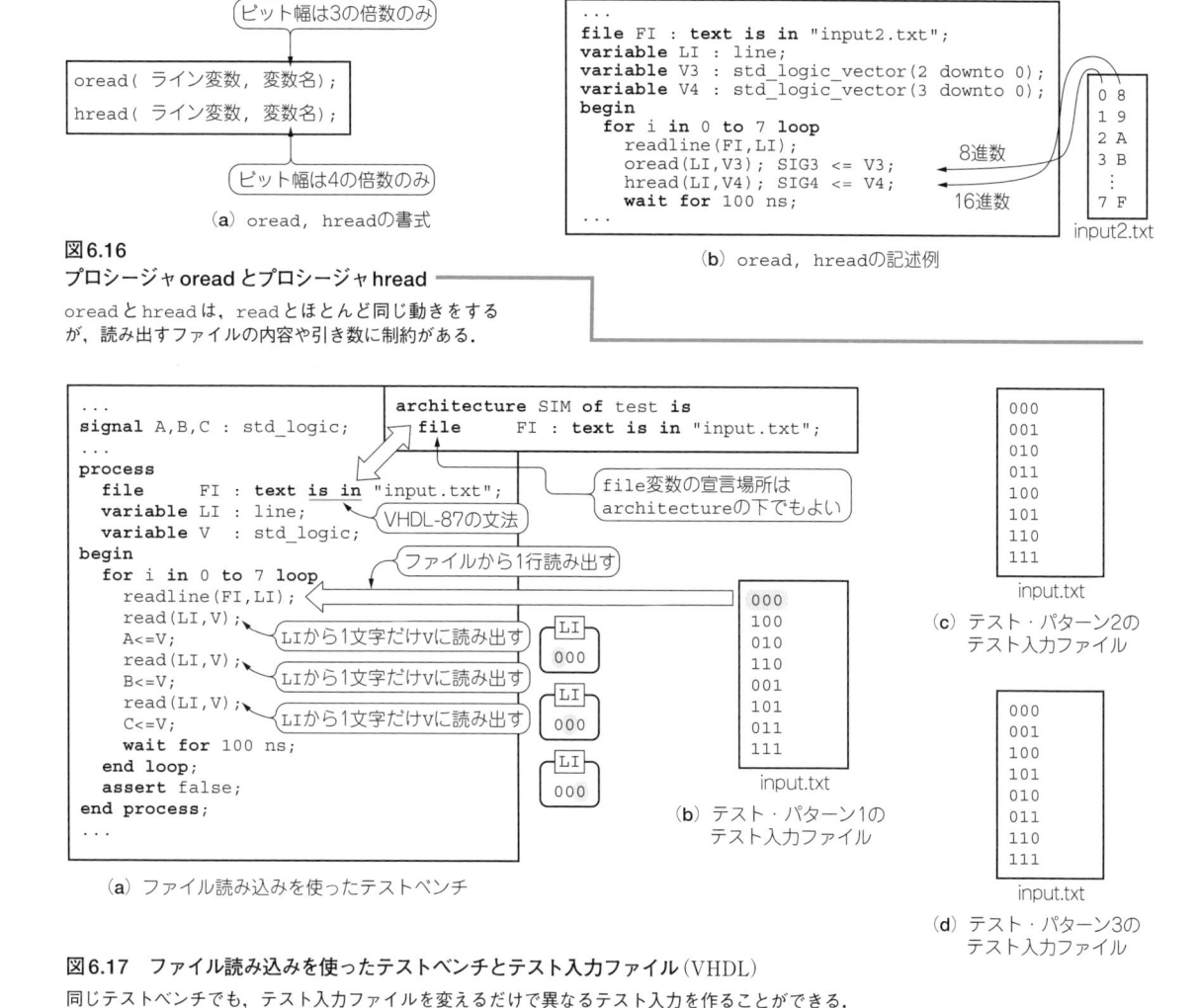

数となる変数のビット幅は4の倍数でなければなりません（**図6.16**）．

● ファイル読み出しを使ったテスト入力の生成例

図6.17はファイル読み出しを使ったテスト入力の生成例です．

ファイル読み出しを使ったテストベンチでは，for文などを用い，ファイルからの読み出しを繰り返します．このような方法で，テストベンチを変更することなく，パターン・ファイルを変更するだけで異なるテスト入力を生成することができます．

図6.17のようにテストベンチを一つにまとめると，**図6.9**の信号Dの追加のような修正も，**リスト6.6**のように一つのファイルを修正するだけで済みます．

第6章　ファイル入出力の記述方法

リスト6.6
ファイル読み込みを使ったテストベンチへの信号の追加（VHDL）

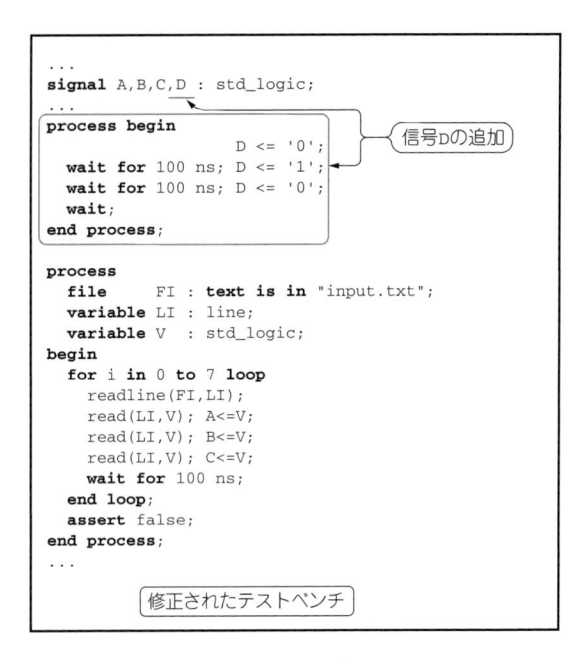

```
...
signal A,B,C,D : std_logic;
...
process begin
                D <= '0';
  wait for 100 ns; D <= '1';
  wait for 100 ns; D <= '0';
  wait;
end process;
```
← 信号Dの追加

```
process
  file     FI : text is in "input.txt";
  variable LI : line;
  variable V  : std_logic;
begin
  for i in 0 to 7 loop
    readline(FI,LI);
    read(LI,V); A<=V;
    read(LI,V); B<=V;
    read(LI,V); C<=V;
    wait for 100 ns;
  end loop;
  assert false;
end process;
...
```
修正されたテストベンチ

コラム

不具合は人間の想定の外にある

　筆者がHDLを使う仕事を始めて2年目ぐらいの話です．そのプロジェクトでは画像フィルタを作っていました．バグは人間の想定の外で発生するという考え方から，論理シミュレーションだけではなく，実機に近い環境をFPGAで作って実際に画像をモニタに映して最終確認をするという手法で検証を行っていました．

　筆者は画像の拡大・縮小部分を担当していました．シミュレーションではまったく問題なく動いているのに，実機で確認するとスルー・モード（拡大も縮小もしないで入ってきたデータをそのまま出す）以外では，モニタに画像が全然映らなくなってしまいました．

　検証用のFPGAボードを作っていたのは，筆者よりも数倍の経験を持つベテランでした．スルー・モードでは画像が映っているので，ボードには問題はなく，RTLコードの問題だと主張していました．

　ところが，いくらシミュレーションをしても，またRTLコードの構造を考えてみても，バグを含む可能性ある部分は見つかりませんでした．

　そこでボードを設計したベテランに，「RTLコードは絶対に間違っていないから，ボードの不具合を再度確認してほしい」と頼みました．

　いくらか相手を怒らせてしまいましたが，結局はボードの不具合だと分かりました．理由は，拡大・縮小の機能が動いているときは，スルー・モードに比べて演算器などが激しく動作し，消費電力が上がってボードの電圧降下を招き，結果正常に動かなくなるというものでした．

　一般的にベテランほど，自分の担当する部分には不具合はないと考えます．特に立場が弱い場合などは，余程自分の検証に自信を持っていないと，相手の担当部分に不具合があるとは言えない場合があります．

　自分の検証に自信がないと，こういう場合に自分の担当部分に不具合がないのに，いつまでもぐるぐると確認を続けたり，パターンを追加していかなくてはいけなくなります．そうならないためにも，日頃から自分の担当する部分には不具合はないと言い切るだけの，水も漏らさぬ検証環境を用意したいものです．

第2部　テストベンチの文法

第7章

タスク/プロシージャの記述方法

本章では，タスクとプロシージャを使用したテストベンチの構造を解説します．
タスク/プロシージャを使ったテストベンチの効果として，次の三つがあります．
- 記述量が減る
- ミスが減り，修正が容易になる
- テストベンチの見通しが良くなる

タスク/プロシージャを習得すると，皆さんの設計効率は格段に上がります．誤記や写し間違いを探すのに消費されるような無駄な時間を減らすことができるはずです．

初めて見ると，きっととっつきにくい文法で，その難しさに逃げ出したくなると思います．それでも，後で楽をするためにこれを習得し，エンジニアとして意義のある仕事により多くの時間を使っていただきたいと思います．

▶▶ 7.1　テストベンチの構造化

テストに必要な機能の記述，特にテスト入力をただ一つの順次処理文（initial文，process文）に書こうとすると，大変な行数になります．行が多くなればなるほど，書くのが大変になるだけではありません．一目でそのテストが何をしているのかが分からなくなり，思わぬ動きをしたときに不具合の原因を突き止めるのも大変になります．

そこで，テストの規模が大きくなると，テストベンチを構造化することが必須になってきます．テストベンチを構造化するには，Verilog HDLであればタスク，VHDLであればプロシージャを使用します．これらは，メインのルーチン（テスト入力）に対するサブルーチン（サブプログラム）の役割を果たします．記述量や間違いを減少させ，読解性やデバッグの効率を高めます（図7.1）．

第7章 タスク/プロシージャの記述方法

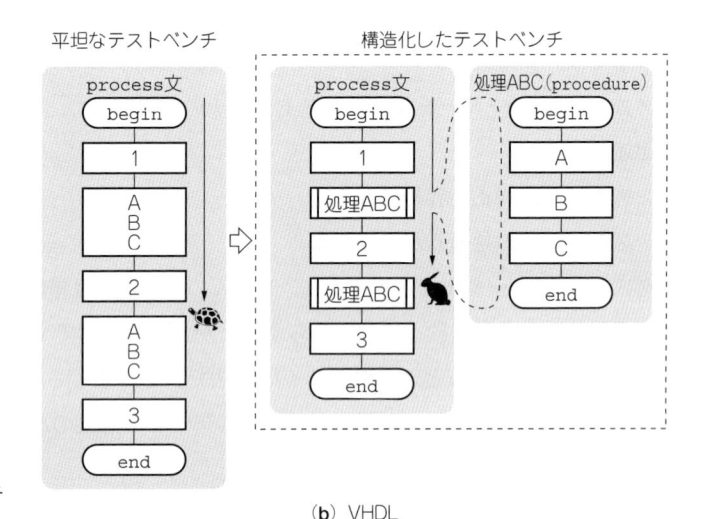

図7.1
テストベンチの構造化
テストの規模が大きくなってくると，テストベンチの構造化が必須になる．

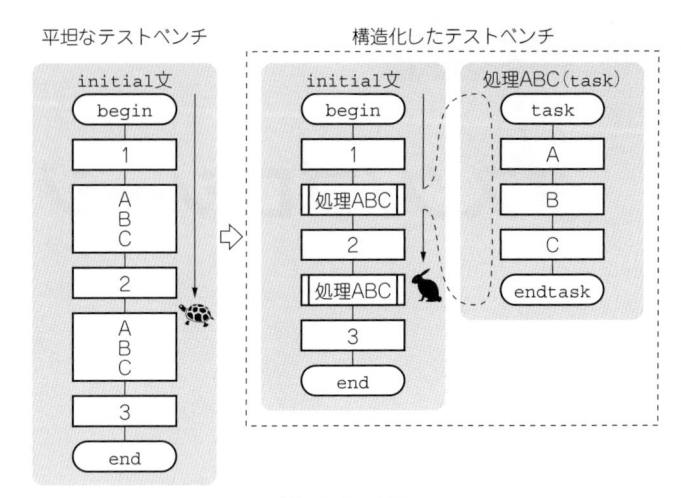

(a) Verilog HDL

(b) VHDL

● **タスクの文法**

Verilog HDL

図7.2(a)はタスク定義の書式です．内部信号宣言は，タスクの内部だけで使用する信号を宣言します．処理の記述には，図7.1(a)のA，B，Cの処理のように，構造化したい（まとめたい）処理を記述します．引き数宣言は後述します．

図7.2(b)にタスク定義の記述例を示します．仮引き数dirはタスクの中にしか現れない引き数です．タスクの呼び出し時には，与えられた引き数と置き換えられます．

処理の記述内にある信号UPは，タスクを呼び出しているテストベンチの階層に存在する信号です．タスクが呼び出されたのと同じ階層に存在する信号を参照したり，その信号に代入するのに，その信号を引き

7.1 テストベンチの構造化

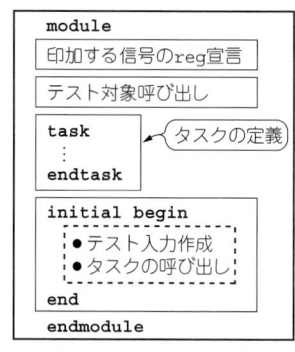

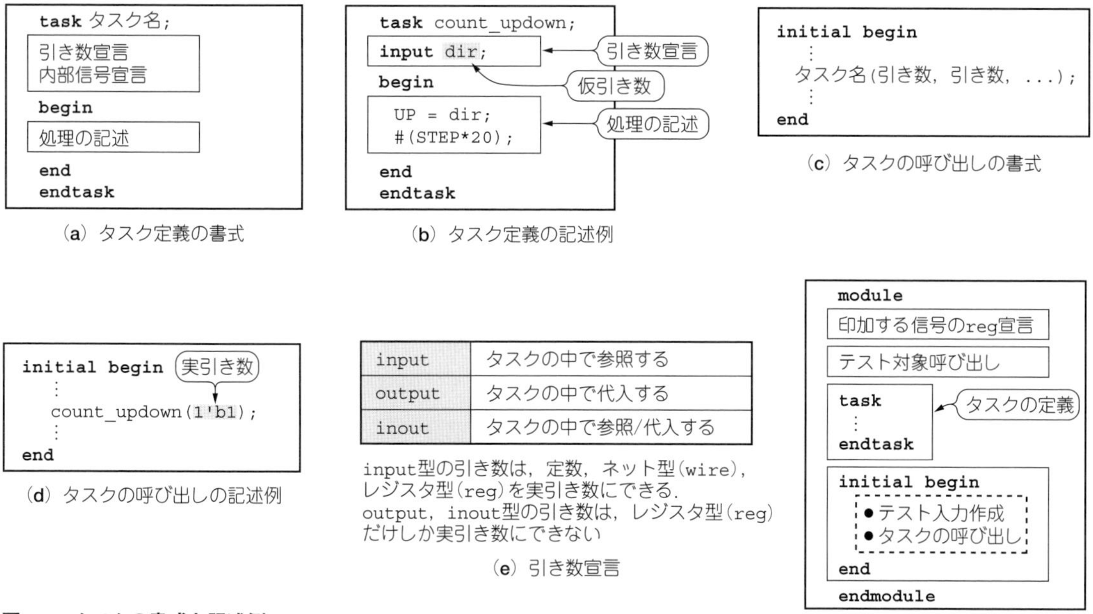

図7.2 タスクの書式と記述例

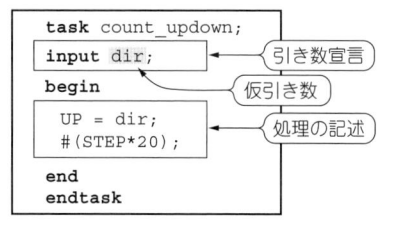

(a) タスク定義の書式
(b) タスク定義の記述例
(c) タスクの呼び出しの書式
(d) タスクの呼び出しの記述例
(e) 引き数宣言
(f) テストベンチの構成

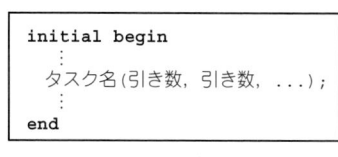

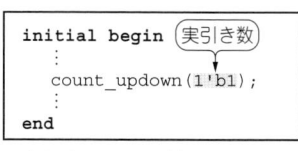

テストベンチを構造化するには，Verilog HDLであればタスクを使う．

数として宣言する必要はありません．また，タスクの中には遅延などのタイミング記述を行うことができます．

図7.2(c)はテスト入力を生成するinitial文の中で，タスクを呼び出す書式を示しています．引き数が複数ある場合，定義部分で引き数として宣言する順番と，呼び出しの際に与えられる引き数の順番が一致するものが参照・代入されます．

図7.2(d)で与えられた実引き数1'b1は，図7.2(b)のタスクの中ではdirと置き換えられるので，UPには1'b1が代入されます．

図7.2(e)は，引き数が取り得る型(方向)を表しています．input型で宣言される引き数には，呼び出し時の引き数としてテストベンチの中の定数，ネット型(wire)，レジスタ型(reg)のどれが与えられても構いません．output，inout型で宣言される引き数には，呼び出し時の引き数として，レジスタ型の信号しか与えてはなりません．

図7.2(f)は，テストベンチの構成を示しています．タスクの定義は，タスク内で印可する信号のreg宣言よりも下，タスクを呼び出すinitial文よりも上に書きます．

● プロシージャの文法

VHDL

図7.3(a)に，プロシージャ定義の書式を示します．引き数には，引き数名と方向，データ・タイプが必

第7章 タスク/プロシージャの記述方法

要です．クラスは省略することもできます．その場合，入力であれば`constant`，出力か入出力（双方向）であれば`variable`として扱われます．呼び出し側で`signal`となっている出力，入出力の引き数は，クラスを`signal`で宣言する必要があります．入力についても，呼び出し側で`signal`となっていて，プロシージャの外の信号の変化をプロシージャ内に反映させたい場合は，`signal`で宣言しなければなりません．

図7.3(b)は，プロシージャ定義の記述例です．引き数`DIR`はクラスが省略された入力なので`constant`（定数）となります．順次処理文の記述内にある信号`UP`は，プロシージャを呼び出しているテストベンチの階層に存在する信号と接続されます．また，プロシージャの中では遅延などのタイミングを記述できます．

図7.3(c)はプロシージャの宣言を`architecture`の宣言部分で行った場合のテストベンチの構成です．このプロシージャは，複数のプロセス文の中で使うことができ，同時処理文としても呼び出せます．

図7.3(d)はプロシージャの宣言を特定のプロセス文の宣言部分で行った場合のテストベンチの構成です．このプロシージャは，別のプロセス文の中では使えません．また，同時処理文としても呼び出すことはできません．

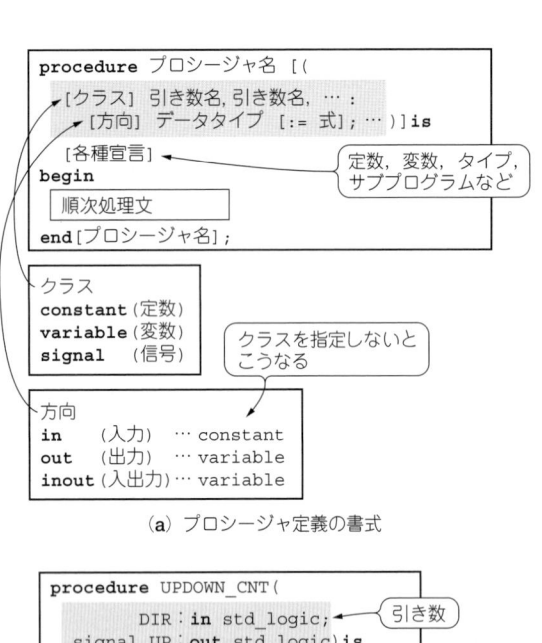

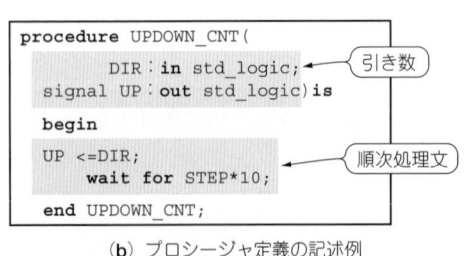

(a) プロシージャ定義の書式

(b) プロシージャ定義の記述例

(c) アーキテクチャ内で宣言

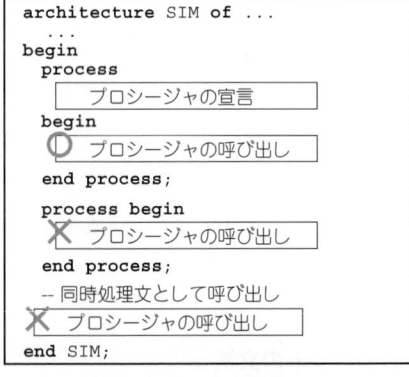

(d) プロセス文内で宣言

図7.3　プロシージャの書式と記述例
テストベンチを構造化するには，VHDLであればプロシージャを使う．

7.2 構造化の実例

図7.4のアップ・ダウン・カウンタを例に，テストベンチの構造化について具体的に解説します．

この回路は4ビット・カウンタなので0～15の値を取ります．一方向のアップ・カウンタと違い，ダウン・カウントの機能もあるため，この回路のテストをするためには，最低限アップとダウンの両方を1周以上確認しなくてはなりません．

以下に示されるテストベンチでは，リセットしてアップ・カウントを1周 + α，リセットしてダウン・カウントを1周 + α 確認して，シミュレーションを終了しています．

Verilog HDL

リスト7.1(a)の左に示す平坦なテストベンチの中では，RES信号を '0' → '1' → '0' に変化させる，まったく同じ処理が2回記述されています．右の構造化したテストベンチは，この処理をタスクreset_counterとしてまとめ，initial文の中ではこれを呼び出しているだけです．このタスクには入力引き数がありません．

リスト7.1(b)の構造化したテストベンチでは，さらに信号UPを変化させた後，20サイクルの時間を経過させるタスクcount_updownを定義しています．このタスクは引き数dirを使って，呼び出すときに信号UPを '0' にするか '1' にするか選択できるようにしています．

VHDL

リスト7.2(a)の左に示す平坦なテストベンチの中では，RES信号を '0' → '1' → '0' に変化させる，まったく同じ処理が2回記述されています．右の構造化したテストベンチでは，この処理をプロシージャreset_cntとしてまとめ，process文の中ではこれを呼び出しているだけです．このプロシージャには引き数がありません．

リスト7.2(b)の右の図では，さらに信号UPを変化させた後，20サイクルの時間を経過させるプロシージャupdown_cntを宣言しています．このプロシージャは引き数DIRを使って，呼び出すときに信号UPを '0' にするか '1' にするか選択できるようにしています．

図7.4
アップ・ダウン・カウンタの仕様
4ビット・カウンタなので0～15の値を取る．

```
CK  … 立ち上がりでアップ/ダウン
RES … '1' で，非同期リセット
UP  … '1' のときカウント・アップ
      '0' のときカウント・ダウン
Q   … カウント出力
```

第7章 タスク/プロシージャの記述方法

リスト7.1 構造化の実例（Verilog HDL）

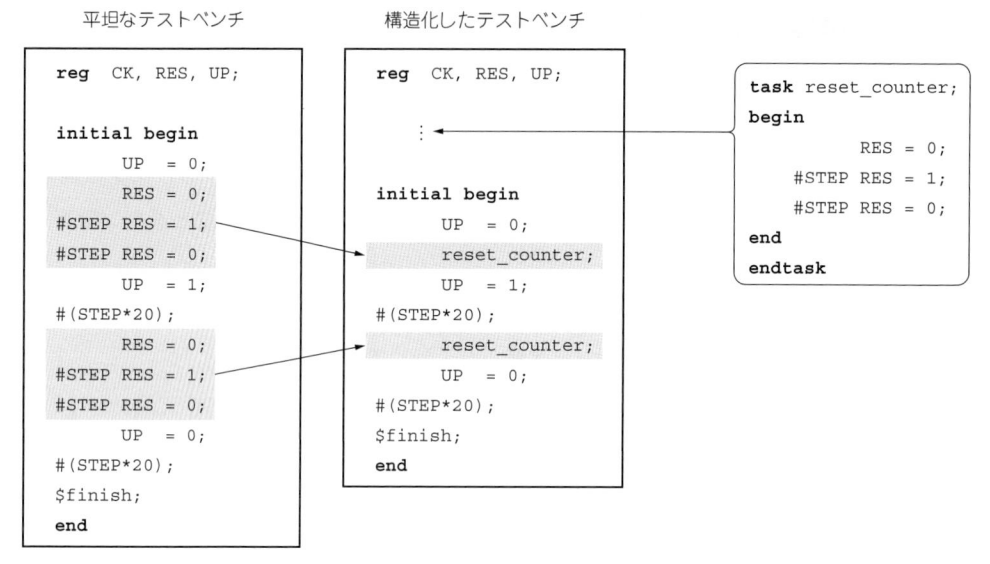

(a) 平坦なテストベンチ

```
reg  CK, RES, UP;

initial begin
        UP  = 0;
        RES = 0;
#STEP RES = 1;
#STEP RES = 0;
        UP  = 1;
#(STEP*20);
        RES = 0;
#STEP RES = 1;
#STEP RES = 0;
        UP  = 0;
#(STEP*20);
$finish;
end
```

構造化したテストベンチ

```
reg  CK, RES, UP;
        :
initial begin
        UP  = 0;
        reset_counter;
        UP  = 1;
#(STEP*20);
        reset_counter;
        UP  = 0;
#(STEP*20);
$finish;
end
```

```
task reset_counter;
begin
        RES = 0;
#STEP RES = 1;
#STEP RES = 0;
end
endtask
```

(a) RES信号を変化させる処理をタスクにまとめる

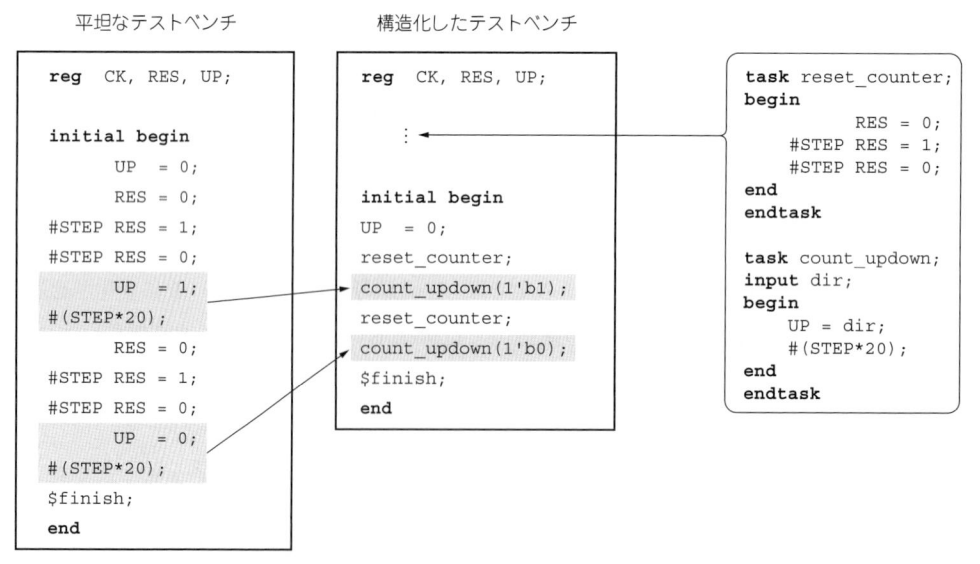

(b) 平坦なテストベンチ

```
reg  CK, RES, UP;

initial begin
        UP  = 0;
        RES = 0;
#STEP RES = 1;
#STEP RES = 0;
        UP  = 1;
#(STEP*20);
        RES = 0;
#STEP RES = 1;
#STEP RES = 0;
        UP  = 0;
#(STEP*20);
$finish;
end
```

構造化したテストベンチ

```
reg  CK, RES, UP;
        :
initial begin
UP  = 0;
reset_counter;
count_updown(1'b1);
reset_counter;
count_updown(1'b0);
$finish;
end
```

```
task reset_counter;
begin
        RES = 0;
#STEP RES = 1;
#STEP RES = 0;
end
endtask

task count_updown;
input dir;
begin
        UP = dir;
        #(STEP*20);
end
endtask
```

(b) 20サイクルの時間を経過させる処理をタスクにまとめる

📖 **Verilog HDL・VHDL 共通**

どちらの場合も平坦なテストベンチのテスト入力が12行にわたるのに比べて，二つのタスク/プロシージャを使って構造化したテストベンチでは，たった6行となっています．この傾向はテスト入力の記述行数が，多くなるほど顕著に現れます．

7.3 構造化の利点

リスト7.2 構造化の実例（VHDL）

平坦なテストベンチ
```
process begin
  UP <= '0';
  RES <= '0';  wait for STEP;
  RES <= '1';  wait for STEP;
  RES <= '0';
  UP <= '1';
  wait for STEP*20;
  RES <= '0';  wait for STEP;
  RES <= '1';  wait for STEP;
  RES <= '0';
  UP <= '0';
  wait for STEP*20;
  wait;
end process;
```

構造化したテストベンチ
```
process
  :
begin
  UP <= '0';
  RESET_CNT;
  UP <= '1';
  wait for STEP*20;
  RESET_CNT;
  UP <= '0';
  wait for STEP*20;
  wait;
end process;
```

```
procedure RESET_CNT(
  signal RES : out std_logic) is
begin
  RES <= '0';  wait for STEP;
  RES <= '1';  wait for STEP;
  RES <= '0';
end RESET_CNT;
```

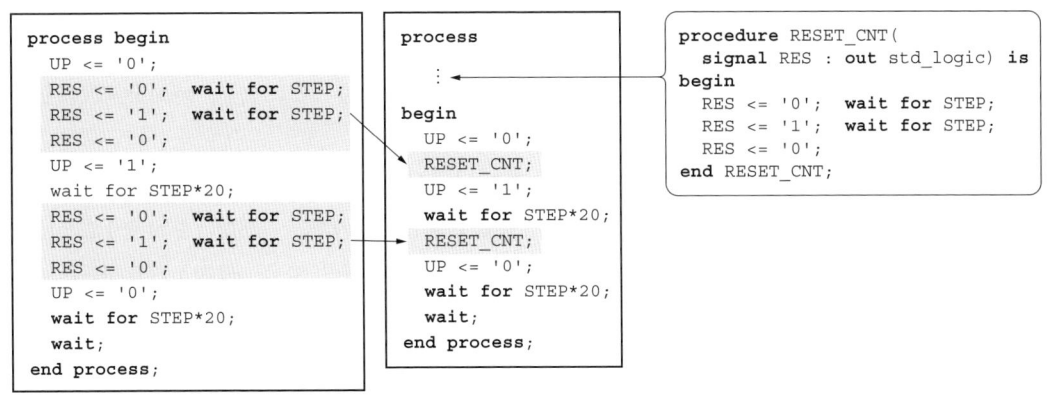

(a) RES信号を変化させる処理をプロシージャにまとめる

平坦なテストベンチ
```
process begin
  UP <= '0';
  RES <= '0';  wait for STEP;
  RES <= '1';  wait for STEP;
  RES <= '0';
  UP <= '1';
  wait for STEP*20;
  RES <= '0';  wait for STEP;
  RES <= '1';  wait for STEP;
  RES <= '0';
  UP <= '0';
  wait for STEP*20;
  wait;
end process;
```

構造化したテストベンチ
```
process
  :
begin
  UP <= '0';
  RESET_CNT;
  UPDOWN_CNT('1');
  RESET_CNT;
  UPDOWN_CNT('0');
  wait;
end process;
```

```
procedure RESET_CNT (
  signal RES : out std_logic) is
begin
  RES <= '0';  wait for STEP;
  RES <= '1';  wait for STEP;
  RES <= '0';
end RESET_CNT;

procedure UPDOWN_CNT(
  DIR: in std_logic;
  signal UP : out std_logic) is
begin
  UP <= DIR;
  wait for STEP*20;
end UPDOWN_CNT;
```

(b) 20サイクルの時間を経過させる処理をプロシージャにまとめる

▶▶ 7.3 構造化の利点

Verilog HDL・VHDL 共通

● 記述量の減少

先の例でも分かる通り，テストベンチの構造化は記述量を減らす効果があることは明白です．

● 間違いの減少，デバッグ効率を高める

リスト7.3(a)とリスト7.3(b)では，リセットの記述を4回，平坦に書いています．こういった記述をすべて手書きする場合はもちろんコピー&ペーストで書いたとしても，3回目のような書き間違いや写し間

第7章　タスク/プロシージャの記述方法

違いを100％防ぐことは難しいものです．もし，このようなミスがテストベンチに混入したらどうなるでしょうか．この場合，リセットが4回目のリセット記述に至るまで，アクティブになりっぱなしになります．すぐにリセット信号を確認すれば簡単に発見できます．しかし，回路の出力にばかり目が行っていると，なぜ出力が変わらないのかと頭をひねりながら，しばらく回路を追うことになり，時間を無駄にしてしまいます．

　リスト7.3（c）とリスト7.3（d）では，それぞれリスト7.3（a），リスト7.3（b）をタスク/プロシージャで書き直しています．この場合，同じタスク/プロシージャを繰り返し使うので，一部だけを間違うことは決してありません．万一，タスクの定義/プロシージャの宣言自体を誤ったとしても，最初から意図しない動きを見せるので発見しやすくなります．1カ所だけ直せばすべて直るので，修正も容易です．

● 読解性の向上

　リスト7.1（b）とリスト7.2（b）の構造化したテストベンチをもう一度見てみてください．一目見てこのテストの内容が，リセット，アップ・カウント，リセット，ダウン・カウントとなっていると分かるのではないでしょうか．

　このようにタスク/プロシージャに処理を容易に連想させる名前を付けることで，読解性を向上させられます．

　これに対し，平坦なテスト入力の記述は，1個1個の信号をすべて追わないと，そのテストの全容が分かりません．読解性は低いと言わざるを得ません．

リスト7.3　構造化のメリット

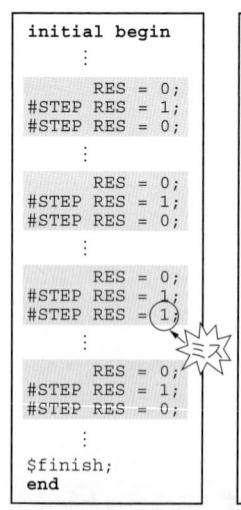

```
initial begin
    ⋮
           RES = 0;
#STEP RES = 1;
#STEP RES = 0;
    ⋮
           RES = 0;
#STEP RES = 1;
#STEP RES = 0;
    ⋮
           RES = 0;
#STEP RES = 1;
#STEP RES = ①1;   ←ミス
    ⋮
           RES = 0;
#STEP RES = 1;
#STEP RES = 0;
    ⋮
$finish;
end
```
（a）ミスを含む記述
　　（Verilog HDL）

```
process begin
    ⋮
RES <= '0';  wait for STEP;
RES <= '1';  wait for STEP;
RES <= '0';
    ⋮
RES <= '0';  wait for STEP;
RES <= '1';  wait for STEP;
RES <= '0';
    ⋮
RES <= '0';  wait for STEP;
RES <= '1';  wait for STEP;
RES <= ①1';   ←ミス
    ⋮
RES <= '0';  wait for STEP;
RES <= '1';  wait for STEP;
RES <= '0';
    ⋮
wait;
end process;
```
（b）ミスを含む記述
　　（VHDL）

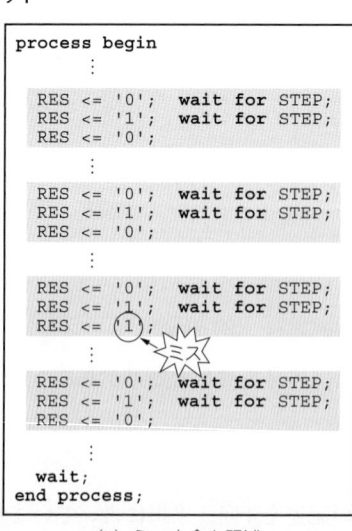

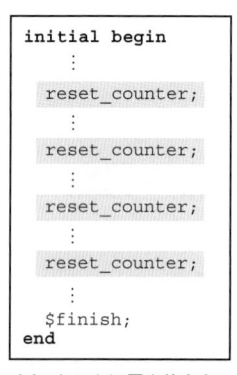

```
initial begin
    ⋮
    reset_counter;
    ⋮
    reset_counter;
    ⋮
    reset_counter;
    ⋮
    reset_counter;
    ⋮
    $finish;
end
```
（c）タスクに置き換えた
　　記述（Verilog HDL）

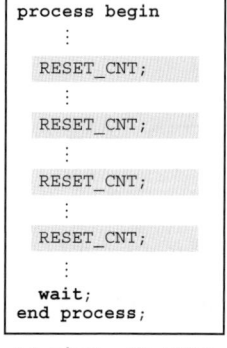

```
process begin
    ⋮
    RESET_CNT;
    ⋮
    RESET_CNT;
    ⋮
    RESET_CNT;
    ⋮
    RESET_CNT;
    ⋮
    wait;
end process;
```
（d）プロシージャに置き
　　換えた記述（VHDL）

7.4 クロック・エッジ・ベースのタイミング制御

ここではイベントによるタイミング制御の文法を解説します．これはタスク/プロシージャ専用の文法ではありませんが，タスク/プロシージャを使ったテストベンチの記述では欠かせません．

Verilog HDL

図7.5(a)は，イベントによるタイミング制御の書式です．イベント式には，信号名か信号名とエッジを記述します．エッジが記述された場合には，ステートメントの実行は，指定された信号のエッジまで待たされます（遅延する）．エッジが記述されていない場合には，信号が変化するまでステートメントの実行が待たされます．

図7.5(b)はイベントによるタイミング制御の記述例です．この記述は，CLKの立ち上がりを待って，さらにSTBだけ遅延させた後，RST_Xに'0'を代入します．

図7.5(c)はrepeat文の書式です．この文はステートメントを指定した回数だけ繰り返します．この文法は，遅延を#ではなく，クロック・エッジの回数で制御するときによく使います．

図7.5(d)はrepeat文の記述例です．この記述はCLKの立ち上がりを300回待ちます．

リスト7.4(a)は第3回までに説明した遅延値ベースのテストベンチです．リスト7.4(b)は，クロック・エッジ・ベースでリスト7.4(a)と同等の記述を行ったものです．

リスト7.4(a)では信号の変化をクロック・エッジからずらすために，最初に1回だけ遅延STBを付けています．

これに対してリスト7.4(b)では，クロック・エッジ・ベースで遅延を付けているので，毎回遅延STBを付加しないと信号の変化がクロック・エッジと同タイミングになってしまいます．また，リスト7.4(b)で最初の遅延STBが抜けてしまうと，次の行の@()がシミュレーション時間0のクロックの立ち上がりを拾ってしまう可能性があるので，注意してください．

VHDL

図7.6(a)は，遅延値以外のタイミング制御の書式です．

`wait until`は続く条件が成立するまで以降の処理を待つ文法記述です．

`@(イベント式)ステートメント`	`repeat(回数)ステートメント`
(a) イベントによるタイミング制御の書式	(c) repeat文の書式
`@(posedge CLK)#STB RST_X = 1'b0;`	`repeat(300) @(posedge CLK );`
(b) イベントによるタイミング制御の記述例	(d) repeat文の記述例

図7.5 クロック・エッジ・ベースのタイミング制御のための書式と記述例(Verilog HDL)

第7章 タスク/プロシージャの記述方法

リスト7.4 遅延値ベースとクロック・エッジ・ベースの比較（Verilog HDL）

```
....
parameter CYCLE     = 1000;
parameter HALF_CYCLE =  500;
parameter STB       =  100;

always begin
            CLK = 1'b1;
  #HALF_CYCLE CLK = 1'b0;
  #HALF_CYCLE;
end

initial begin
  RST_X =1'b1; COUNTON=1'b0;
  #STB;
  #CYCLE    RST_X   = 1'b0;
  #CYCLE    RST_X   = 1'b1;
  #CYCLE    COUNTON = 1'b1;
  #(CYCLE*300);
  #CYCLE    COUNTON = 1'b0;
  ....
end
```

（a） 遅延値ベースのテストベンチ

```
....
parameter CYCLE     = 1000;
parameter HALF_CYCLE =  500;
parameter STB       =  100;

always begin
            CLK = 1'b1;
  #HALF_CYCLE CLK = 1'b0;
  #HALF_CYCLE;
end

initial begin
  RST_X =1'b1; COUNTON=1'b0;
  #STB;
  @(posedge CLK ) #STB RST_X   = 1'b0;
  @(posedge CLK ) #STB RST_X   = 1'b1;
  @(posedge CLK ) #STB COUNTON = 1'b1;
  repeat(300) @(posedge CLK );
  @(posedge CLK ) #STB COUNTON = 1'b0;
  ....
end
```

> これがないと
> シミュレーション開始時の
> エッジを拾う可能性あり

> クロック・エッジから
> 信号変化をずらす仕組み

（b） クロック・エッジ・ベースのテストベンチ

```
...
parameter CYCLE     = 1000;
parameter HALF_CYCLE =  500;
parameter STB       =  100;

always begin
            CLK = 1'b1;
  #HALF_CYCLE CLK = 1'b0;
  #HALF_CYCLE;
end

initial begin
  RST_X =1'b1; COUNTON=1'b0;
  #STB;
  #CYCLE    RST_X   = 1'b0;

  #STB;
  #CYCLE    RST_X   = 1'b1;
  #CYCLE    COUNTON = 1'b1;
  #(CYCLE*300);
  #CYCLE    COUNTON = 1'b0;
  ...
end
```

> ミスで入ってしまった遅延

> ミスで遅延が入ってしまうと，以降
> のすべての信号でクロックのエッジ
> からの遅延（位相）がずれてしまう

（c） 遅延の混入（遅延値ベース）

```
...
parameter CYCLE     = 1000;
parameter HALF_CYCLE =  500;
parameter STB       =  100;

always begin
            CLK = 1'b1;
  #HALF_CYCLE CLK = 1'b0;
  #HALF_CYCLE;
end

initial begin
  RST_X =1'b1; COUNTON=1'b0;
  #STB;
  @(posedge CLK ) #STB RST_X   = 1'b0;

  #STB;
  @(posedge CLK ) #STB RST_X   = 1'b1;
  @(posedge CLK ) #STB COUNTON = 1'b1;
  repeat(300) @(posedge CLK );
  @(posedge CLK ) #STB COUNTON = 1'b0;
  ...
end
```

> ミスで入ってしまった遅延

> ミスで遅延が入っても，クロック
> のエッジからの遅延（位相）は変わ
> らない

（d） 遅延の混入（クロック・エッジ・ベース）

```
wait until 条件
wait on 信号名, 信号名, …
```

（a） 遅延値以外のタイミング制御の書式

```
wait until CLK'event and CLK='1';
wait on A, B;
```

（b） 遅延値以外のタイミング制御の記述例

図7.6 クロック・エッジ・ベースのタイミング制御のための書式と記述例（VHDL）

7.4 クロック・エッジ・ベースのタイミング制御

wait onは続く信号名の信号の値が変化するのを待つ文法記述です．

図7.6(b)は，遅延値以外のタイミング制御の記述例です．wait untilの文は，信号CLKが'1'に変化するまで待ちます．wait onの文は，信号A，またはBの変化を待ちます．

リスト7.5(a)は，遅延値ベースのテストベンチです．リスト7.5(b)はこれと同等の記述をクロック・エッジ・ベースで行ったものです．

リスト7.5(a)では信号の変化をクロック・エッジからずらすために，最初に1回だけ遅延STBを付けています．これに対してリスト7.5(b)では，クロック・エッジ・ベースで遅延を付けているので，毎回遅延STBを付加しないと，信号の変化がクロック・エッジと同タイミングになってしまいます．また，リスト7.5(b)で最初の遅延STBが抜けてしまうと，次の行のwait文がシミュレーション時間0のクロックの立ち上がりを拾ってしまう可能性があるので，注意してください．

■ Verilog HDL・VHDL共通

遅延値ベースのテスト入力の記述は，記述量が少ないというメリットもありますが，クロック・エッジと信号の変化の関連性が薄くなっています．このため，思い違いや書き間違いなどによって意図しない遅延がテスト入力の記述に混入した場合，それ以降のクロック・エッジと信号の変化のタイミングがずれてしまうという危険性があります．

図7.7(a)を見てください．これはリスト7.4(a)，(b)，リスト7.5(a)，(b)の記述のタイミングチャートを途中まで描いたものです．

これに対して，リスト7.4(a)，リスト7.5(a)の記述に誤って遅延の記述が入ってしまったのが，リスト7.4(c)，リスト7.5(c)です．この場合，図7.7(b)のように遅延が混入した位置以降の信号の変化とクロックの立ち上がりとの遅延量(位相)がずれてしまいます．しかし，リスト7.4(b)，リスト7.5(b)のようにクロック・エッジ・ベースで記述しておけば，万が一，リスト7.4(d)，リスト7.5(d)のように遅延が混入しても，そのミスは以降の信号とクロックの立ち上がりとの遅延量(位相)をずらすことはありません．

(a) リスト7.4(a)，(b)，(d)の波形

(b) リスト7.4(c)の波形

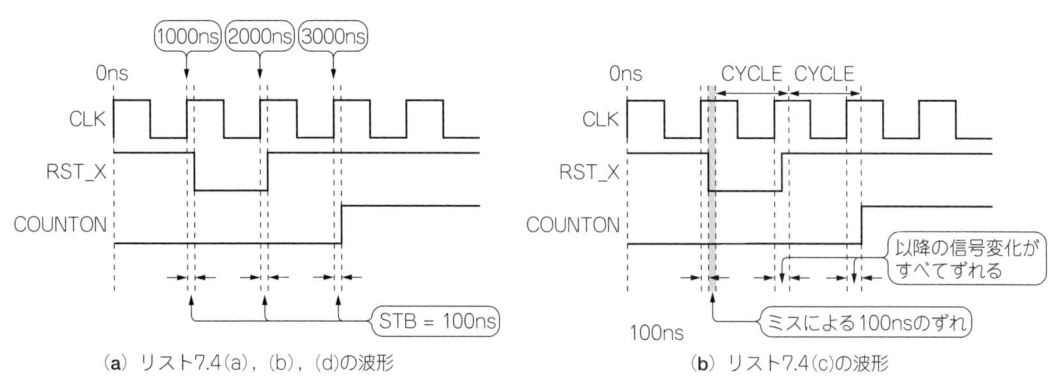

図7.7 遅延の混入によるタイミングの変化

第7章 タスク/プロシージャの記述方法

リスト7.5 遅延値ベースとクロック・エッジ・ベースの比較（VHDL）

```
...
constant CYCLE      : Time := 1000 ns;
constant HALF_CYCLE : Time :=  500 ns;
constant STB        : Time :=  100 ns;
...
process begin
  CLK<='1'; wait for HALF_CYCLE;
  CLK<='0'; wait for HALF_CYCLE;
end process;

process begin
  RST_X <= '1'; COUNTON <= '0';
  wait for STB;
  wait for CYCLE; RST_X   <= '0';
  wait for CYCLE; RST_X   <= '1';
  wait for CYCLE; COUNTON <= '1';
  wait for (CYCLE*300);
  wait for CYCLE; COUNTON <= '0';
  ...
end process;
```

(a) 遅延値ベースのテストベンチ

```
...
constant CYCLE      : Time := 1000 ns;
constant HALF_CYCLE : Time :=  500 ns;
constant STB        : Time :=  100 ns;
...
process begin
  CLK<='1'; wait for HALF_CYCLE;
  CLK<='0'; wait for HALF_CYCLE;
end process;

process begin
  RST_X <= '1'; COUNTON <= '0';
  wait for STB;
  wait until CLK'event and CLK='1';
  RST_X   <= '0' after STB;
  wait until CLK'event and CLK='1';
  RST_X   <= '1' after STB;
  wait until CLK'event and CLK='1';
  COUNTON <= '1' after STB;
  for I in 1 to 300 loop
    wait until CLK'event and CLK='1';
  end loop;
  wait until CLK'event and CLK='1';
  COUNTON <= '0' after STB;
  ...
end process;
```

※これがないと0nsのクロックの立ち上がりで次の行が実行される可能性がある

※クロックの立ち上がりから信号変化をずらす仕組み

(b) クロック・エッジ・ベースのテストベンチ

```
...
constant CYCLE      : Time := 1000 ns;
constant HALF_CYCLE : Time :=  500 ns;
constant STB        : Time :=  100 ns;
...
process begin
  CLK<='1'; wait for HALF_CYCLE;
  CLK<='0'; wait for HALF_CYCLE;
end process;

process begin
  RST_X <= '1'; COUNTON <= '0';
  wait for STB;
  wait for CYCLE; RST_X   <= '0';

  wait for STB;

  wait for CYCLE; RST_X   <= '1';
  wait for CYCLE; COUNTON <= '1';
  wait for (CYCLE*300);
  wait for CYCLE; COUNTON <= '0';
  ...
end process;
```

※ミスで入ってしまった遅延

※ミスで遅延が入ってしまうと，以降のすべての信号でクロックのエッジからの遅延（位相）がずれてしまう

(c) 遅延の混入（遅延値ベース）

```
...
constant CYCLE      : Time := 1000 ns;
constant HALF_CYCLE : Time :=  500 ns;
constant STB        : Time :=  100 ns;
...
process begin
  CLK<='1'; wait for HALF_CYCLE;
  CLK<='0'; wait for HALF_CYCLE;
end process;

process begin
  RST_X <= '1'; COUNTON <= '0';
  wait for STB;
  wait until CLK'event and CLK='1';
  RST_X   <= '0' after STB;

  wait for STB;

  wait until CLK'event and CLK='1';
  RST_X   <= '1' after STB;
  wait until CLK'event and CLK='1';
  COUNTON <= '1' after STB;
  for I in 1 to 300 loop
    wait until CLK'event and CLK='1';
  end loop;
  wait until CLK'event and CLK='1';
  COUNTON <= '0' after STB;
  ...
end process;
```

※ミスで入ってしまった遅延

※ミスで遅延が入っても，クロックのエッジからの遅延（位相）は変わらない

(d) 遅延の混入（クロック・エッジ・ベース）

クロック・エッジ・ベースのテストベンチは，一見，記述量が増えてしまい面倒に思うかもしれません．しかし，クロック・エッジと信号の変化のタイミングが固定されるため，万が一，遅延が混入しても，その関係が崩されず安全です．

テスト入力の記述が長くなったり，テストベンチを構造化したりすると，遅延の関係が一目で把握できなくなってきます．安全を期するためにもタイミング制御はクロック・エッジ・ベースで行うべきです．

▶▶ 7.5 タスク/プロシージャの文法上の注意

タスク/プロシージャにはいくつか注意しなければいけない，間違いを引き起こしやすい文法があります．

📄 Verilog HDL
● 入力引き数

リスト7.6（a）はタスク内で参照される信号をすべて入力引き数として宣言した記述例です．このタスクは，クロックの立ち上がりごとにcount信号（テストベンチの階層では信号CNT）とcarry信号（信号CO）をチェックします．countが59で，かつcarryが0の状況が発生すると，"CARRY NG！"というメッセージを出します．

しかし，実はこの記述は永久にメッセージを出すことはありません．入力宣言された引き数の値はタスク呼び出し時に固定され，タスクの中では値が変化しなくなります．ですから，信号clockはタスクが呼ばれた時点から変化しなくなり，タスクの処理は@(posedge clock)の文から永久に進みません．

リスト7.6（b）はタスク内で参照される信号を入力引き数として宣言しない記述例です．この場合，タスク内のCLK，CNT，COは，テストベンチの階層で同名の信号と同じものとなり，信号の変化はタスクの中にも適用されます．結果として，この場合のタスクはクロックの立ち上がりごとにCNTとCOの値をチェックして，メッセージを出すことができます．

リスト7.6　入力引き数の記述

```
task CARRY_CHECK;
input        clock;
input        carry;
input [5:0] count;
begin
  @(posedge clock);
  #STB;
  if (count==59 && carry==0)
      $display ("CARRY NG!");
end
endtask

always CARRY_CHECK(CLK,CO,CNT);
...
```

（a）入力引き数を書いた場合

```
task CARRY_CHECK;
begin
  @(posedge CLK);
  #STB;
  if (CNT==59 && CO==0)
      $display ("CARRY NG!");
end
endtask

always CARRY_CHECK;
...
```

（b）入力引き数を書かない場合

第7章 タスク/プロシージャの記述方法

リスト7.7　出力引き数の記述

```
task      MEM_ON;
output MEM_KEY
begin
  @(posedge CLK) #STB MEM_KEY = 1'b1;
  repeat(3) @(posedge CLK); #STB MEM_KEY = 1'b0;
  @(posedge CLK);
end
endtask

initial begin
  ...
  MEM_ON(MEM);
  ...
```

（a）出力引き数を書いた場合

```
task      MEM_ON;
begin
  @(posedge CLK) #STB            MEM = 1'b1;
  repeat(3) @(posedge CLK); #STB MEM = 1'b0;
  @(posedge CLK);
end
endtask

initial begin
  ...
  MEM_ON;
  ...
```

（b）出力引き数を書かない場合

● 出力引き数

リスト7.7（a）は，タスク内で代入される信号を出力引き数として宣言した記述例です．このタスクの意図は，タスク呼び出し後，次のクロックの立ち上がりで（遅延STB経過後）MEM_KEY（テストベンチの階層の信号MEM）を '1' にした後，3クロック周期後にMEM_KEYを '0' にし，さらに1クロック周期経過させるというものです．

しかし，実はこの記述ではテストベンチの階層にある信号MEMに '1' が代入されることはありません．つまり，タスクが呼び出される前のMEMの値が '0' だった場合，MEMはタスクが呼び出されてから5クロック周期後までずっと '0' のままとなります．

タスクで出力として宣言された引き数の値は，タスク終了後にタスクの引き数として与えられた信号に反映されます．つまり，タスクの中で何度値を変化させても，最終的に代入された値しか，タスクの外には反映されません．

リスト7.6（b）はタスク内で代入される信号を出力引き数として宣言しない記述例です．この場合にはタスク内での代入は直ちにタスクの外の信号に反映され，テストベンチの階層にある信号MEMは，タスク内の信号MEMと同じ動きをします．

以上の例から分かるように，タスクの引き数としては基本的には定数しか宣言しません．

● タスクの強制終了

図7.8（a）はタスクの強制終了の書式です．タスクの処理部分の中で，

　disable　タスク名

が実行されると，タスクは残りの処理をすべて中止して終了します．

図7.8（b）はタスクの強制終了の記述例です．この記述では，タスク開始後，クロック信号TxCLKの立ち上がりを待ちます．信号SendFlagが '0' であった場合には，残りの処理は行わずにタスクが終了されます．

```
task タスク名;
  ...
begin
  ...
    disable タスク名;
  ...
end
endtask
```

(a) タスクの強制終了の書式

リスト7.8 入力方向の引き数のクラスを宣言の記述

```
procedure POSEDGE(
           CLK: in std_logic ) is
begin
  wait until CLK'event and CLK='1';
end POSEDGE;
```

signal宣言しないとエラー

(a) 入力引き数のクラスを宣言しない

```
task SendFrameTask;
begin
  @(posedge TxCLK)
    if (!SendFlag)
      disable SendFrameTask;
  @(posedge TxCLK) ...
end
endtask
```

(b) タスクの強制終了の記述例

図7.8 タスクの強制終了の書式と記述例

```
procedure POSEDGE(
  signal CLK: in std_logic ) is
begin
  wait until CLK'event and CLK='1';
end POSEDGE;
```

(b) 入力引き数のクラスをsignal宣言する

■ VHDL

　リスト7.8（a）は入力方向の引き数のクラスを宣言しない記述です．引き数CLKはクラスが宣言されていないのでプロシージャの中ではconstant（定数）として扱われます．処理の中で'eventはsignal以外の変数名に付けるとエラーになります．よって，このプロシージャはエラーとなります．これはクラスをconstant, variableと宣言しても同様です．

　リスト7.8（b）は入力方向の引き数CLKをsignalで宣言しています．プロシージャの処理の中で，イベントに使用される信号は，signalで宣言する必要があります．

　プロシージャの呼び出し側で出力，入出力にsignalが使用されている場合は，引き数のクラスにsignalを宣言する必要があります．

▶▶ 7.6　タスク/プロシージャによるバス動作の記述

　タスク/プロシージャがよく使われるポイントとして，バス動作をモデル化する例が挙げられます〔図7.9（a）〕．

　ある程度の規模の回路では，一般的にバスに接続されます．回路内部のレジスタやメモリに対してCPUからのリード，ライトなどのアクセスがあります．このリード，ライトにはそのモデルのバスに特化されたプロトコル（信号の変化の順序や手続き）が存在します．しかし，アドレスやライト・データ以外はお決まりの信号変化のパターンを繰り返す場合が多いので，タスク/プロシージャに一般化しやすくなっています．また多くの場合，1回のテストで数十から数百回のリード，ライト動作が行われます．平坦なテスト

第7章　タスク/プロシージャの記述方法

入力として作ろうとすると，記述量が爆発的に増え，誤りも発生しやすくなってしまいます．

ここでは検証対象の回路に，**図7.9(b)**のタイミング・チャートのようなプロトコルで，回路内部のレジスタにライトする場合を見ていくことにします．

◆ Verilog HDL

リスト7.9はVerilog HDLで**図7.9(b)**のタイミング・チャートの信号変化を実現しています．

`CpuWrite`というタスクは，1回分のライト動作を定義していて，テスト入力を記述している`initial`文の中ではそれを3回使い回しています．

毎回変わるアドレス，データの値は`addr`, `data`という引き数で受け取ります．タスクの中でそれぞれ信号`A`，`D`に代入されています．

ここでは，タスクの最初でクロック・エッジを待たずに，`A`，`B`，`WEB`に値を代入していることに気を付けてください．これはタスクが呼ばれるタイミングが，必ずクロック・エッジから一定の遅延後（ここではDELAY = 10ns）であることを想定しているからです．

タスクを呼んでいる`initial`文を見てください．アドレスAA番のレジスタにライトした後，アドレスCC番のレジスタにライトする前に，クロック・エッジ・ベースで遅延を付加しています．クロック・エッジ・ベースでテスト入力を作る際は，タスク間の遅延もクロック・エッジ・ベースで記述します．

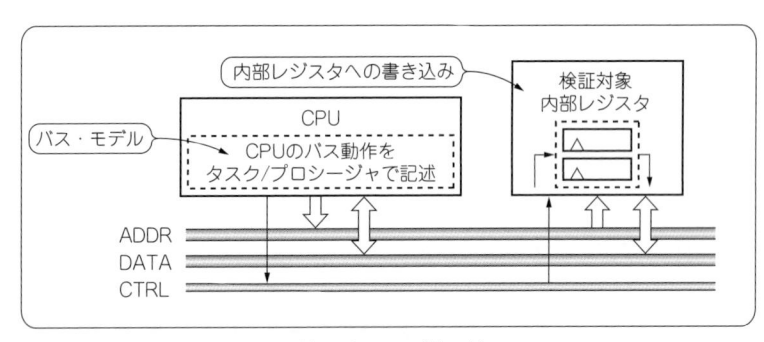

図7.9
バス動作のモデル
アドレスやライト・データ以外は決まった信号変化のパターンを繰り返す場合が多いので，タスク/プロシージャに一般化しやすい．

(a) バスのモデリング

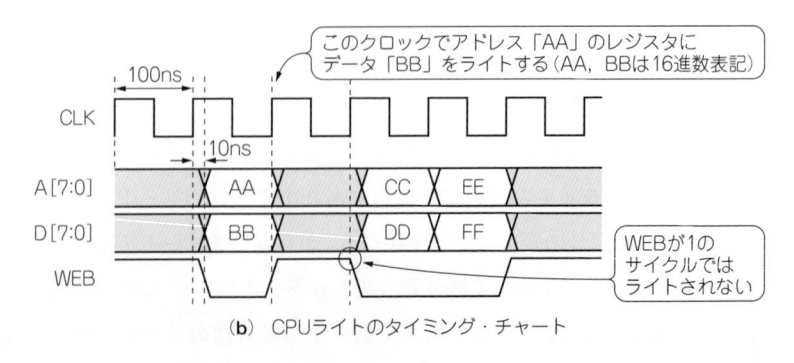

(b) CPUライトのタイミング・チャート

7.6 タスク/プロシージャによるバス動作の記述

VHDL

リスト7.10はVHDLで図7.9(b)のタイミング・チャートの信号変化を実現しています．

`CpuWrite`というプロシージャは1回分のライト動作を定義していて，テスト入力を記述している`process`文の中ではそれを3回使い回しています．

毎回変わるアドレス，データの値は`addr`，`data`という引き数で受け取り，プロシージャの中でそれぞれ信号A，Dに代入されています．

コラム

タスクの限界

Verilog HDL

Verilog HDL-95までは，処理中に同一タスクを呼び出すことができませんでした．これに対してVerilog HDL-2001，SystemVerilogでは処理中の同一タスクを呼び出せます．さらに引き数を与えてタスクの外とのリアルタイムな参照が可能となりました（図7.A）．

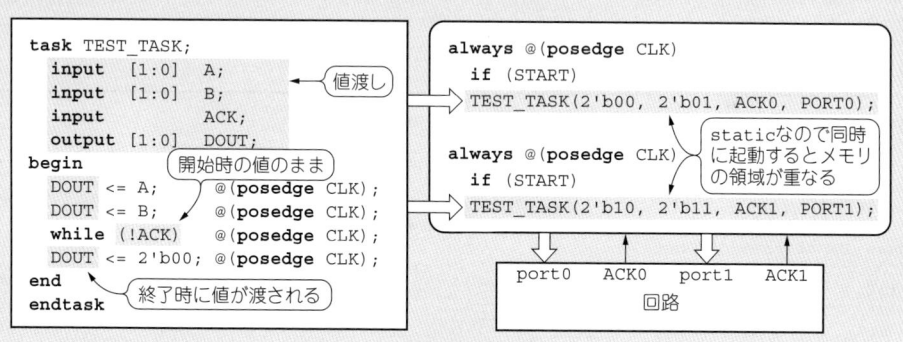

```
task TEST_TASK;
    input    [1:0]  A;       ← 値渡し
    input    [1:0]  B;
    input           ACK;
    output   [1:0]  DOUT;
begin                         開始時の値のまま
    DOUT <= A;       @(posedge CLK);
    DOUT <= B;       @(posedge CLK);
    while (!ACK)     @(posedge CLK);
    DOUT <= 2'b00;   @(posedge CLK);
end
endtask          終了時に値が渡される
```

```
always @(posedge CLK)
    if (START)
        TEST_TASK(2'b00, 2'b01, ACK0, PORT0);

always @(posedge CLK)          staticなので同時
    if (START)                  に起動するとメモリ
        TEST_TASK(2'b10, 2'b11, ACK1, PORT1);   の領域が重なる
```

port0 ACK0 port1 ACK1
回路

(a) Verilog HDL-95の文法

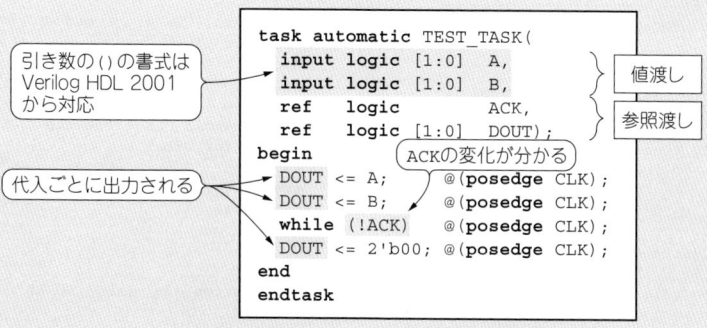

```
task automatic TEST_TASK(
    input logic  [1:0]  A,         値渡し
    input logic  [1:0]  B,
    ref   logic         ACK,       参照渡し
    ref   logic  [1:0]  DOUT);
begin            ACKの変化が分かる
    DOUT <= A;       @(posedge CLK);
    DOUT <= B;       @(posedge CLK);
    while (!ACK)     @(posedge CLK);
    DOUT <= 2'b00;   @(posedge CLK);
end
endtask
```

引き数の()の書式はVerilog HDL 2001から対応

代入ごとに出力される

(b) Verilog HDL-2001，SystemVerilogの文法

図7.A Verilog HDL-95とVerilog HDL-2001，SystemVerilogの比較

第7章 タスク/プロシージャの記述方法

　ここでは，プロシージャの最初でクロック・エッジを待たずに，A，B，WEBに値を代入していることに気を付けてください．これはプロシージャが呼ばれるタイミングが，必ずクロック・エッジから一定の遅延後（ここではDELAY = 10ns）であることを想定しているからです．

リスト7.9　タスクを使ったライト動作の記述（Verilog HDL）

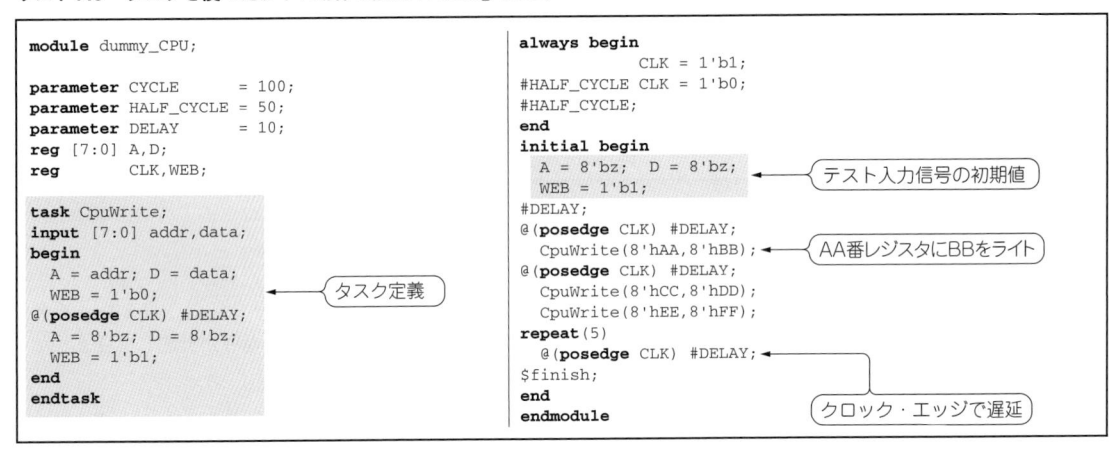

```verilog
module dummy_CPU;

parameter  CYCLE      = 100;
parameter  HALF_CYCLE = 50;
parameter  DELAY      = 10;
reg  [7:0] A,D;
reg        CLK,WEB;

task CpuWrite;
input [7:0] addr,data;
begin
  A = addr; D = data;
  WEB = 1'b0;
@(posedge CLK) #DELAY;
  A = 8'bz; D = 8'bz;
  WEB = 1'b1;
end
endtask
```
← タスク定義

```verilog
always begin
           CLK = 1'b1;
#HALF_CYCLE CLK = 1'b0;
#HALF_CYCLE;
end
initial begin
  A = 8'bz;  D = 8'bz;
  WEB = 1'b1;
#DELAY;
@(posedge CLK) #DELAY;
  CpuWrite(8'hAA,8'hBB);
@(posedge CLK) #DELAY;
  CpuWrite(8'hCC,8'hDD);
  CpuWrite(8'hEE,8'hFF);
repeat(5)
  @(posedge CLK) #DELAY;
$finish;
end
endmodule
```
← テスト入力信号の初期値
← AA番レジスタにBBをライト
← クロック・エッジで遅延

リスト7.10　プロシージャを使ったライト動作の記述（VHDL）

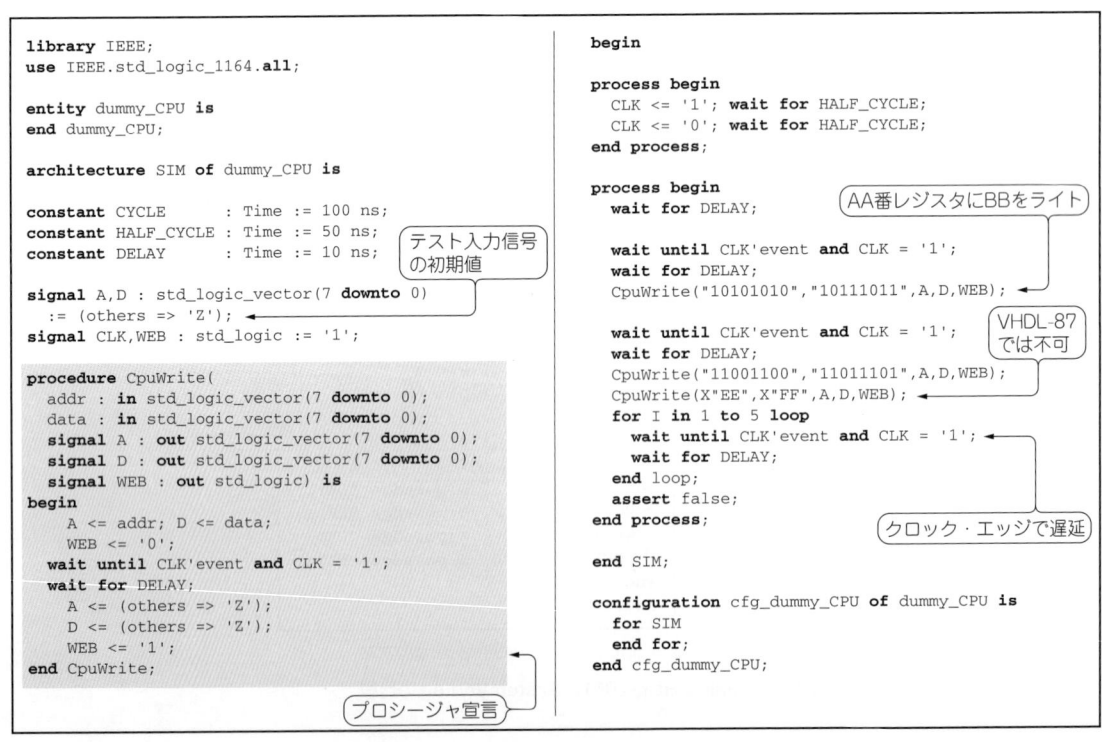

```vhdl
library IEEE;
use IEEE.std_logic_1164.all;

entity dummy_CPU is
end dummy_CPU;

architecture SIM of dummy_CPU is

constant CYCLE      : Time := 100 ns;
constant HALF_CYCLE : Time := 50 ns;
constant DELAY      : Time := 10 ns;

signal A,D : std_logic_vector(7 downto 0)
    := (others => 'Z');
signal CLK,WEB : std_logic := '1';

procedure CpuWrite(
  addr : in std_logic_vector(7 downto 0);
  data : in std_logic_vector(7 downto 0);
  signal A : out std_logic_vector(7 downto 0);
  signal D : out std_logic_vector(7 downto 0);
  signal WEB : out std_logic) is
begin
    A <= addr; D <= data;
    WEB <= '0';
  wait until CLK'event and CLK = '1';
  wait for DELAY;
    A <= (others => 'Z');
    D <= (others => 'Z');
    WEB <= '1';
end CpuWrite;
```
← テスト入力信号の初期値
← プロシージャ宣言

```vhdl
begin

process begin
  CLK <= '1'; wait for HALF_CYCLE;
  CLK <= '0'; wait for HALF_CYCLE;
end process;

process begin
  wait for DELAY;

  wait until CLK'event and CLK = '1';
  wait for DELAY;
  CpuWrite("10101010","10111011",A,D,WEB);

  wait until CLK'event and CLK = '1';
  wait for DELAY;
  CpuWrite("11001100","11011101",A,D,WEB);
  CpuWrite(X"EE",X"FF",A,D,WEB);
  for I in 1 to 5 loop
    wait until CLK'event and CLK = '1';
    wait for DELAY;
  end loop;
  assert false;
end process;

end SIM;

configuration cfg_dummy_CPU of dummy_CPU is
  for SIM
  end for;
end cfg_dummy_CPU;
```
← AA番レジスタにBBをライト
← VHDL-87では不可
← クロック・エッジで遅延

7.6 タスク/プロシージャによるバス動作の記述

プロシージャを呼んでいるprocess文を見てください．アドレスAA番のレジスタにライトした後，アドレスCC番のレジスタにライトする前に，クロック・エッジ・ベースで遅延を付けています．クロック・エッジ・ベースでテスト入力を作る際は，タスク間の遅延もクロック・エッジ・ベースで記述します．

なお，記述中のX"EE"というのはVHDLで16進表記を行う文法ですが，VHDL-87ではサポートされていないので注意してください．

コラム　タスク/プロシージャとファンクションの違い

Verilog HDL

タスクとファンクションの機能は非常に似ているので，ここで差分を掲載します．主な差は，ファンクションは戻り値が一つだけだということと，ファンクションには遅延の記述ができないことです（**表7.A**）．

表7.A　タスクとファンクションの比較

項目	task	function
(1) 引き数	入力，出力，双方向すべてOK	入力だけ
(2) 戻り値の数	output宣言すればいくつでも	ファンクション名に代入するので一つだけ
(3) 遅延の記述	記述できる	記述できない（文法エラーになる）
(4) 呼び出し側	ステートメント	式（代入文の右辺ほか）
(5) 主な用途	テストベンチ	組み合わせ回路

VHDL

プロシージャとファンクションの機能は非常に似ているので，ここで差分を掲載します．主な差は，ファンクションは戻り値があるということと，ファンクションには遅延の記述ができないことです（**表7.B**）．

表7.B　プロシージャとファンクションの比

項目	procedure	function
(1) 引き数	入力，出力，双方向すべてOK	入力だけ
(2) 戻り値	なし	あり
(3) 遅延の記述	記述できる	記述できない（文法エラーになる）
(4) 主な用途	テストベンチ	組み合わせ回路

第2部　テストベンチの文法

第8章

階層化の記述方法

　回路が複雑になってくると，画一的なテスト入力では効率的な検証ができません．そこでシミュレーション・モデルを使用すると，検証対象の回路の出力信号に合わせた信号を生成することが容易になります．シミュレーション・モデルは自作する以外にも，あなたの会社・グループで蓄積されてきた設計資産を使用することもできます．一般的なRAMやバス，CPUモデルは，EDAツール・ベンダが提供しているものを利用することもできます．

　テスト環境を構築する際，画一的なテスト入力で事足りるのか，シミュレーション・モデルを使うのか，シミュレーション・モデルを使うのであれば，それをどう入手するかを判断する必要があります．状況に合わせて最も効率的な手法で検証に挑んでください．

　また，シミュレーション・モデルを使うくらい検証対象が複雑になってくると，効率良く検証するために，各ファイルをどう配置するかもよく考えなければいけません．ファイルがよく整理されていなかったせいで，意図したテストと違うテストをして，結果に悩むようなことは大変な時間の無駄です．絶対に避けましょう．

▶▶ 8.1　RAMのシミュレーション・モデル

■ Verilog HDL・VHDL共通

　第7章までのテストベンチでは，テストベンチの記述されたモジュール（ファイル）は一つだけでした．そして，検証対象への入力データは，すべてこの中でinitial文やalways文を使って書かれていました．

　それではメモリとのインターフェースを持つ回路を検証するのに，この方法は効率的でしょうか．

　図8.1は，RAMとのインターフェースを持つ回路の接続図と，RAMへのリード（読み出し）/ライト（書き込み）のタイミングを表しています．

第8章　階層化の記述方法

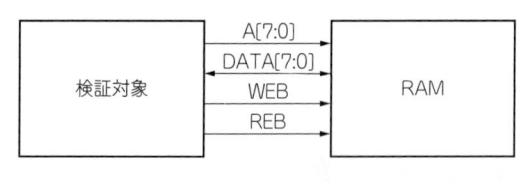

入出力信号名	概要
A	リード/ライト共用のメモリのアドレス
DATA	ライト時：RAMに書き込むデータを入力 リード時：RAMから読み出すデータを出力
WEB	この信号が'0'のときにライト
REB	この信号が'0'のときにリード

（a）実際の接続の様子と信号の仕様

（b）リード/ライトのタイミング

（AA，BBは16進数表記）

図8.1　RAMとのインターフェース

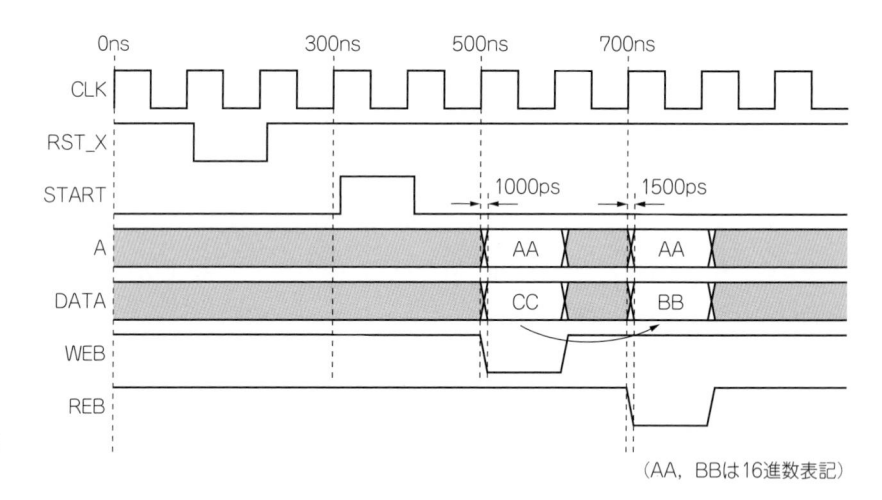

図8.2
RAMを含むテストで想定されるタイミング・チャート

（AA，BBは16進数表記）

　このような回路を検証する際，第7章までのように検証対象からの出力と関係なくテスト入力を生成するやり方は，いくつかの問題を含みます．

　例えば，次のような検証回路とテストを考えてみましょう．検証対象回路はSTART信号が'1'になると，RAMに値を書き込み，さらに読み出すものとします．検証対象回路が正しく動いていれば，図8.2のようなタイミングになります．

　これを第7章までに説明してきた方法でテストベンチに記述すると，**リスト8.1**と**リスト8.2**のようになります．しかしこれらのテストベンチでは，**図8.3(a)**のように検証対象回路からライトされる値が想定と違っていたり，**図8.3(b)**のようにライト，リードのタイミングが違っていても，テストベンチからは同じタイミングでRAMの出力に当たる信号が入力されてしまいます．これでは検証対象回路の不具合を見逃してしまう恐れがあります．

　図8.4の構成では，RAMモデルは，テスト対象と同じように一つのモジュール（Verilog HDL）/エン

8.1 RAMのシミュレーション・モデル

リスト8.1　固定的なテストベンチ（Verilog HDL）

```
parameter  CYCLE=100000;
parameter  RDELAY=1500;
parameter  DLY=1000;
reg        RST_X,START;
reg  [7:0] R_DATA;
wire       WEB,REB;
wire [7:0] DATA;
...
assign DATA = (!WEB) ? 8'hzz : R_DATA ;

initial begin
  RST_X=1'b1;START=1'b0;R_DATA=8'hxx;
  #CYCLE RST_X= #DLY 1'b0;
  #CYCLE RST_X= #DLY 1'b1;
  #CYCLE START= #DLY 1'b1;
  #CYCLE START= #DLY 1'b0;

  #(CYCLE*3)  R_DATA= #RDELAY 8'hBB;

  #CYCLE R_DATA= #RDELAY 8'hxx;
...
```

※このテストベンチでは#1 = 1psを想定している

ここでRAMからリードされるはずの値を作っている

リスト8.2　固定的なテストベンチ（VHDL）

```
constant  CYCLE   : Time := 100 ns;
constant  RDELAY  : Time := 1500 ps;
constant  DLY     : Time := 1000 ps;
signal    RST_X,START,WEB,REB : std_logic;
signal    DATA,R_DATA : std_logic_vector(7 downto 0);
...
DATA <= (others => 'Z') when WEB='0'
        else R_DATA;

process begin
  RST_X<='1';START<='0';
  R_DATA<=(others=>'x');
  wait for CYCLE; RST_X <= '0' after DLY;
  wait for CYCLE; RST_X <= '1' after DLY;
  wait for CYCLE; START <= '1' after DLY;
  wait for CYCLE; START <= '0' after DLY;
  wait for (CYCLE*3);

  R_DATA<= "10111011" after RDELAY;

  wait for CYCLE;
  R_DATA <= (others=>'x') after RDELAY;
...
```

ここでRAMからリードされるはずの値を作っている

ティティ（VHDL）として記述します．RAMモデルは，シミュレーション上，実際のRAMと同じように動作します．つまり，図8.1（b）のようなタイミングで信号を変化させなくてはリード/ライトができません．逆にこのタイミング・チャートを守ってアクセスすれば，書き込んだ値を読み出すことができます．

📝 Verilog HDL

　リスト8.3は，Verilog HDLによるRAMのシミュレーション・モデルの記述です．

　灰色の上の枠では，always文でライト機能を実現しています．信号WEB，DATA，Aのどれかが変化したとき，WEBが'0'だと，配列MEMのAで指定された番地への代入が実行されます．

　灰色の下の枠では，assign文でリード機能を実現しています．また，これは同時に3ステート・バッファの記述となっています．REBが'0'のとき，配列MEMのAで指定された番地の値がDATAに出力されます．また，REBが'1'のとき，このassign文からは'Z'（ハイ・インピーダンス状態）が代入されます．

　REBが'0'のとき（リード中）に，外部からDATAに何らかの値が代入されると，DATAの値は'X'（不定状態）となってしまいます．

📝 VHDL

　リスト8.4は，VHDLによるRAMのシミュレーション・モデルの記述です．

　灰色の上の枠では，まず8ビットのstd_logic_vector型のサブタイプRAMWORDを定義しています．そしてRAMWORD型の0～255番地の配列としてRAMARRYを定義し，最後にRAMARRAY型の信号RAMDAT

第8章　階層化の記述方法

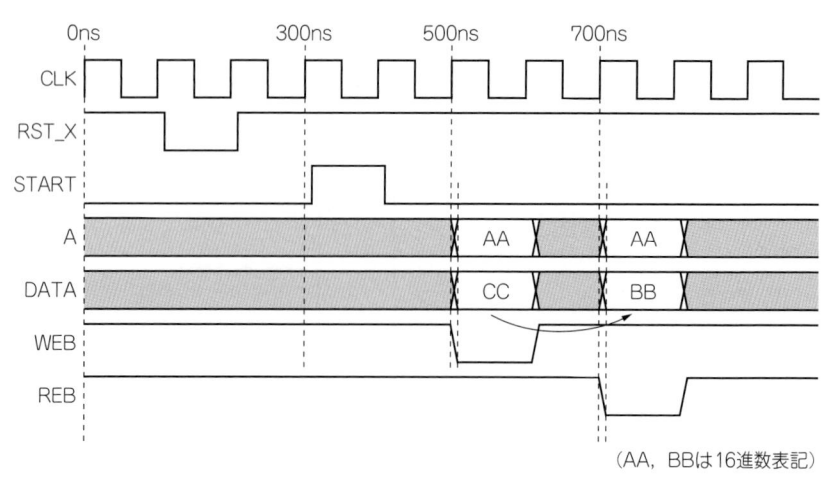

(a) 回路は不具合でCCをライトしたが，リードの際はテストベンチからBBが入力される

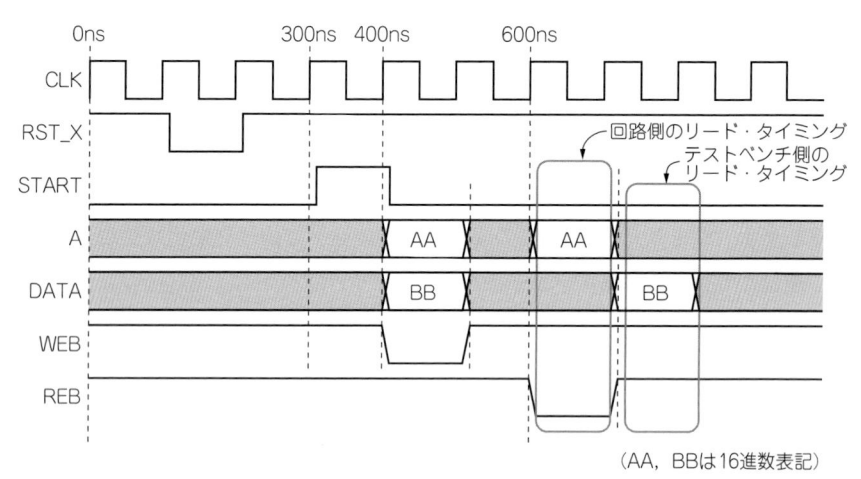

（AA，BBは16進数表記）

図8.3
固定的なテストベンチで発生する状況

(b) 想定と異なるタイミングでリードが発生したので，テストベンチとタイミングが合わない

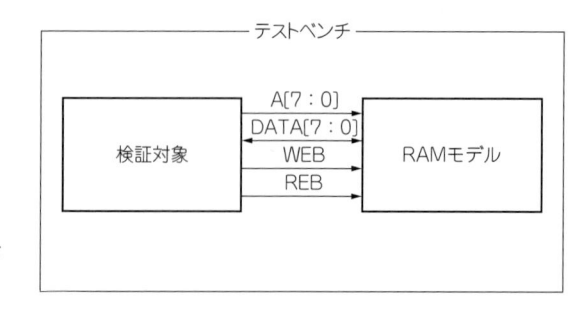

（AA，BBは16進数表記）

図8.4
シミュレーション・モデルを使ったテストベンチの構成

8.1 RAMのシミュレーション・モデル

リスト8.3　Verilog HDLによるRAMモデル

```verilog
module RAM ( A, DATA, WEB, REB );
input     [7:0]    A;
input              WEB, REB;
inout     [7:0]    DATA;   // 双方向ポート

reg       [7:0]    MEM [0:255];

// 書き込み，読み出し遅延
parameter     WDELAY = 1000, RDELAY = 1500;

always @(WEB or DATA or A)begin
    #WDELAY
    if (WEB==1'b0)
        MEM[A] <= DATA;
end

assign #RDELAY DATA
  = (!REB) ? MEM[A]: 8'hZZ;

endmodule
```

（ライト機能の記述）
（3ステート・バッファの記述）

リスト8.4　VHDLによるRAMモデル

```vhdl
library IEEE,STD;
  use IEEE.std_logic_1164.all;
  use IEEE.std_logic_unsigned.all;

entity RAM is
  Port (A       : In std_logic_vector(7 downto 0);
        WEB,REB : In std_logic;
        DATA    : InOut std_logic_vector(7 downto 0));
end RAM;

architecture SIM of RAM is

  subtype RAMWORD is std_logic_vector(7 downto 0);
  type RAMARRAY is array (0 to 255) of RAMWORD;
  signal RAMDAT : RAMARRAY;

  signal AIN : integer range 0 to 255;

begin
  AIN <= CONV_INTEGER(A);

  process(WEB,DATA,A IN)begin
    if(WEB = '0')then
        RAMDAT(AIN) <= DATA after 1000 ps;
    end if;
  end process;

  DATA <= RAMDAT(AIN) when REB = '0 '
          else (others => 'Z') after 1500 ps;

end SIM;
```

（配列の記述）
（ライト機能の記述）
（3ステート・バッファの記述）

を宣言しています．RAMDATは8ビット×256番地の配列となります．

　灰色の真ん中の枠では，process文でライト機能を実現しています．信号WEB，DATA，A INのどれかが変化したとき，WEBが'0'だと，配列RAMDATのAINで指定された番地への代入が実行されます．

　灰色の下の枠では，代入文でリード機能を実現しています．また，これは同時に3ステート・バッファの記述となっています．

　REBが'0'のとき，配列RAMDATのAINで指定された番地の値がDATAに出力されます．また，REBが'1'のとき，この文からは'Z'（ハイ・インピーダンス状態）が代入されます．

　REBが'0'のとき（リード中）に，外部からDATAに何らかの値が代入されると，DATAの値は'X'（不定状態）となってしまいます．

■ Verilog HDL・VHDL 共通

　リスト8.3のようなRAMモデルを使うことで，図8.4で発生するような不整合を防げます．これらのモデルは論理合成することはできませんが，RAMとのインターフェースを持つ検証対象の回路の動作を，シミュレーションで確認するには十分です（コラム「RAMのシミュレーション・モデルは合成しない」を参照）．

　このようにRAMやROM，CPU，そのほかの検証対象の回路とインターフェースを持つ回路の動きを，

第8章　階層化の記述方法

シミュレーション上で実現するために，それらを模倣して作られたものをシミュレーション・モデルといいます．

一定以上の規模の回路を検証する際は，画一的な入力を与えるテストベンチ（第1章〜第7章，図8.4）では効率の良い検証はできません．このような場合，検証対象回路の動きに合わせて出力の変わるシミュレーション・モデルを，テストベンチに配置して，検証環境を構築することになります．

● include文

Verilog HDL

ここでは，コンパイルの際にコードの中に別のファイルの中身を引き込む文法について解説します．

図8.5(a)はinclude文の書式です．（ファイル名）には，中身を引き込みたい別ファイルの名前が入ります．

図8.5(b)はinclude文の記述例です．ここではparam.hという名前のファイルを引き込んでいます．

図8.5(c)include文の使用例です．左側の上の記述には，include文が含まれています．左の下の記述は，ファイルparam.hの中身にパラメータ宣言が書かれていることを意味しています．右の記述は，左の記述をコンパイルしたときに実際にコンパイルされる記述です．左の記述のinclude文がパラメータ宣言に入れ替わっています．

このようにinclude文は，別ファイルの中身があたかもinclude文の書かれた行にあるかのごとく，記述をコンパイルできます．

パラメータやタスクなど，何度も使い回したい記述は，毎回ファイルの中に書くのではなく，このよう

> **コラム**
>
> ## RAMのシミュレーション・モデルは合成しない
>
> ### Verilog HDL・VHDL共通
>
> 本章で示したリスト8.3やリスト8.4のようなRAMのシミュレーション・モデルは，あくまでもシミュレーション上でRAMのように動くことが目的で作られたものであって，基本的には論理合成には使用しません．
>
> ASICを設計する場合，論理合成時にはRAMの部分はブラック・ボックスにしておいて，後で配置配線するときにRAMを配置して接続します．
>
> クロック付きのRAMのシミュレーション・モデルを，そのまま論理合成すると，論理合成ツールが自動的にRAMに置き換えてくれるようなことはなく，巨大なフリップフロップの塊に変えられてしまう可能性があるので，気をつけてください．
>
> SystemCで配列を動作合成した際，RAMのようなRTL記述に変えてくれるツールもありますが，このまま論理合成すると，先の場合のように巨大なフリップフロップの塊になってしまうので，気をつけてください．
>
> FPGAの場合には，昔はツールからRAMのシミュレーション・モデルと合成用セルを出力して，シミュレーション時はシミュレーション・モデルを，合成時は合成用セルを使うようにしていました．しかし最近では，RAMのようなRTL記述を，自動的にRAMに置き換えて（FPGA内蔵のメモリ・ブロックを使用するように）合成してくれるツールがあります．

8.1 RAMのシミュレーション・モデル

に別ファイルに書き込んでおきます．必要なときにincludeして使えば，設計工数を減らすことができます．また，いくつかのモジュールで共通して使用するパラメータなどは，一つのファイルにまとめておきます．それぞれがincludeすることで，モジュールによって同じパラメータの値が食い違ってしまうなどの，単純なミスを防げます．

　リスト8.5は，include文を使った設計工数削減の試みの一つです．リスト8.5（a）のテストベンチでは，二つのファイルをincludeしています．リスト8.5（b）のcommon_clk.hは，クロックの動作をファイルにまとめたものです．リスト8.5（c）のcounter_instance.hは，検証対象の宣言をファイルにまとめたものです．

　クロック動作の記述は，ほとんどのテストベンチで使用するので，リスト8.5（b）のように一つのファイルにしておいて，これを使い回せば毎回書く手間が省けます．このファイルにはクロックの動作だけでなく，クロック信号とクロック周期のパラメータも宣言されています．これによって，クロック関連の修正はこのファイルの中だけで完結します．ただし，このファイルをテストベンチで使用するには，クロック信号名はCLK，クロック1周期分の遅延量のパラメータはCYCLEに共通化する必要があります．

　リスト8.5（c）では，モジュールcounterのインスタンス宣言だけでなく，CLK以外のcounterの接続に必要な信号の宣言も行っています．これはモジュールの変更に伴って必要な信号が変わる可能性があるので，モジュールに関連した信号の宣言も一つのファイルにまとめてあります．ただし，このような書き方をする場合には，ほかのファイルで同じ信号を宣言しないようにしなくてはなりません．複数のモジュールをインスタンスする場合には，信号宣言の重複を防ぐために，モジュールの記述ファイルにはテストベンチから直接入力される信号とそのモジュールから出力される信号しか宣言しないなどのガイドラインが必要になります．

```
`include "（ファイル名）"
```
← セミコロン（;）がないことに注意

（a）includeの書式

```
`include "param.h"
```

（b）includeの記述例

```
module DataGenerator(
  CLK,RSTB,EN,DATA);

`include "param.h"

output         CLK,RSTB,EN;
output  [7:0]  DATA;
  ...
```
　　　　　+
```
parameter HALF_CYCLE = 50;
parameter DELAY      = 10;
parameter WIDTH      = 8;
parameter BLANK      = 2;
          param.h
```

=

```
module DataGenerator(
  CLK,RSTB,EN,DATA);

parameter HALF_CYCLE = 50;
parameter DELAY      = 10;
parameter WIDTH      = 8;
parameter BLANK      = 2;

output         CLK,RSTB,EN;
output  [7:0]  DATA;
  ...
```

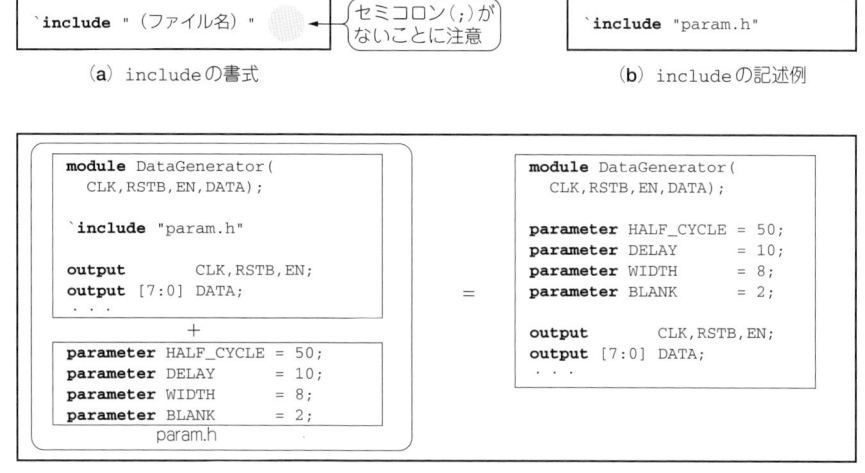

図8.5
include文の書式と記述例

（c）includeの使用イメージ

第8章 階層化の記述方法

リスト8.5　include文による設計工数削減の試み
クロック，インスタンスを別ファイルに記述することで，工数削減や管理をしやすくしている．（a）を見るとテスト入力だけが残り，テストの内容を理解しやすい．

```verilog
module counter_tb();

parameter DELAY     = 10;

`include "common_clk.h"
`include "counter_instance.h"

initial begin
  RST_X =1'b1; COUNTON = 1'b0;
  #DELAY;
  #CYCLE        RST_X    = 1'b0;
  #CYCLE        RST_X    = 1'b1;
  #CYCLE        COUNTON  = 1'b1;
  #(15*CYCLE)   RST_X    = 1'b0;
  #CYCLE        RST_X    = 1'b1;
  #(5*CYCLE)    COUNTON  = 1'b0;
  #CYCLE        COUNTON  = 1'b1;
  #(6*CYCLE)    COUNTON  = 1'b0;
  #(2*CYCLE)    RST_X    = 1'b0;
  #CYCLE        RST_X    = 1'b1;
  #CYCLE        COUNTON  = 1'b1;
  #(5*CYCLE)    $finish;
end

endmodule
```

（a）include文を使ったテストベンチの記述例

```verilog
parameter CYCLE      = 100;
parameter HALF_CYCLE = 50;
reg       CLK;

always begin
          CLK = 1'b1;
  #HALF_CYCLE CLK = 1'b0;
  #HALF_CYCLE;
end
```

（b）クロックの記述ファイル common_clk.h

```verilog
reg        RST_X,COUNTON;
wire [3:0] CNT4;

counter counter(.CLK(CLK),  .RST_X(RST_X),
                .COUNTON(COUNTON), .CNT4(CNT4));
```

（c）モジュールの記述ファイル counter_instance.h

● **package宣言**

VHDL

ここでは，あるファイルに記述した内容を，ほかのファイルでも使用できるようにする方法を解説します．

図8.6（a）はpackage宣言の書式です．パッケージ名は任意に付けることができます．「宣言文」の部分には各種の宣言文を記述できます．

図8.6（b）はpackage宣言の記述例です．ここではパッケージ名をparamとしており，「宣言文」の部分には定数としてHALF_CYCLEが定義されています．package宣言を記述するファイルにも，記述に必要な型を含むライブラリを宣言し，パッケージを指定する必要があります．

図8.6（c）はパッケージparamを指定した記述例です．workは図8.6（b）をコンパイルしたワーク・ディレクトリ（ライブラリ）が，workであることを示しています．パッケージparamに対してallを指定しているので，図8.6（c）のコード内では，図8.6（b）で宣言されたすべての宣言が使用可能となります．

図8.7（a）は，package body宣言の書式です．プロシージャをパッケージにするときは，宣言だけでなく，実体の定義が必要です．定義部分はpackage body内に記述します．

図8.7（b）は，package body宣言の記述例です．ここではプロシージャCpuWriteの宣言と定義を行っています．

8.2 テストベンチの階層化

```
package パッケージ名 is
  宣言文
end パッケージ名;
```
(a) package宣言の書式

```
library IEEE;
use IEEE.std_logic_1164.all;

package param is

  constant HALF_CYCLE : Time := 50 ns;
  ...
end param;
```
(b) package宣言の記述例

```
library IEEE;
...
use work.param.all;       ワーク・ディレクトリ
entity DataGenerator is   パッケージ名
  port (...);
end DataGenerator;
...
```
(c) packageの使用例

図8.6 package宣言の書式と記述例

```
package パッケージ名 is
  プロシージャ宣言
end パッケージ名;

package body パッケージ名 is
  プロシージャ定義
end パッケージ名;
```
(a) package body宣言の書式

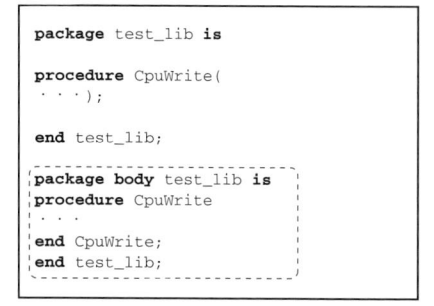

```
package test_lib is
  procedure CpuWrite(
    ...);
end test_lib;

package body test_lib is
  procedure CpuWrite
    ...
  end CpuWrite;
end test_lib;
```
(b) package body宣言の記述例

図8.7 package body宣言の書式と記述例

▶▶ 8.2 テストベンチの階層化

📄 Verilog HDL・VHDL共通

　図8.8(a)は，二つのシミュレーション・モデルを持つテストベンチの構成です．検証対象の回路は，データ生成モジュールから信号EN，DATAを受け取ると同時に，疑似CPUモデルから信号A，D，WEBで内部のレジスタに書き込みが行われます．検証対象の回路は出力として信号DOUTを持ちます．

　図8.8(b)は，検証環境を格納しているディレクトリ（フォルダ）の構造例です．検証対象のRTLはrtlフォルダの下に格納します．libの下には複数のパターンで共通して使う記述を格納します．sim1はあるテスト・パターンを実行するためのディレクトリです．この下のtbにはパターン・ファイルや疑似CPUの記述など，そのパターン特有の記述やファイルを格納します．

　この構成のメリットは，ほかの人にあるテスト・パターンが動く環境を渡したいとき，テスト環境全体を渡さなくてもよいということです．この構成の場合には，lib，rtl，sim1だけを渡せば，例えば，図8.8(b)のパターン1をほかの人に確認してもらえます．

📄 Verilog HDL

　リスト8.6(a)は，タスク定義が記述されたファイルです．これは各パターンで使い回しをしたいので，

113

第8章　階層化の記述方法

(a) 接続図

テストベンチ・トップ
疑似CPUモデル
データ生成モデル
A　D WEB
EN
DATA
00　88
検証対象
DOUT

(b) 検証環境の格納ディレクトリ/フォルダ構造例

テスト環境トップ・ディレクトリ（フォルダ）
共通ライブラリ・ディレクトリ（フォルダ）
パターン1の実行ディレクトリ（フォルダ）
lib　rtl　sim1　sim2 …
共通タスク/プロシージャなど
検証対象回路
tb
パターン特有の検証環境など
ワーク・ディレクトリ，ログなど

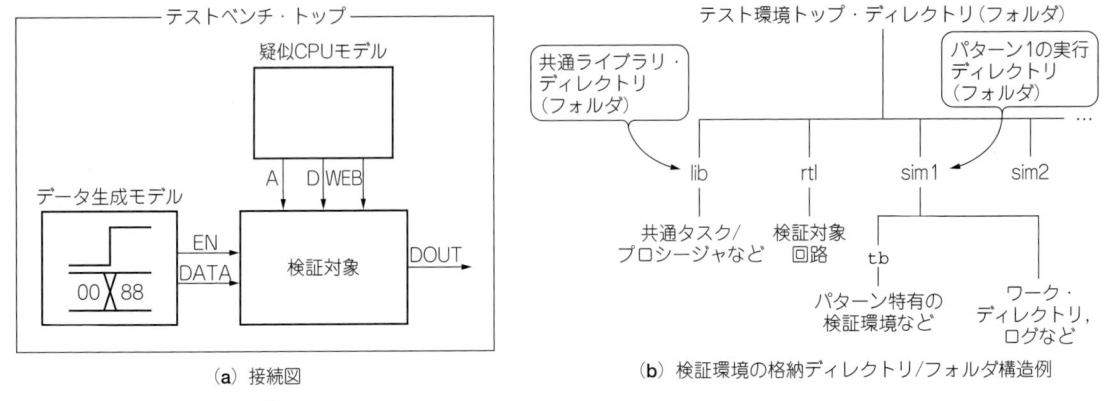

図8.8　テストベンチの階層化

---

libの下に格納しました．

リスト8.6(b) はデータ生成モデルです．このモデルはtbの下のパラメータ・ファイルparam.hを取り込んでいます．

このモデルは，クロックCLKを生成するブロック，データ信号DATAを生成するブロック，そのほかの信号を生成するブロックに分かれています．真ん中の破線枠では，信号ENが'1'になるたびに，DATAの値を変化させています．下の破線枠では，各信号の初期値を代入するとともに，リセット信号RSTBやデータ・イネーブル信号ENの波形を生成しています．この枠の中で使用されているパラメータWIDTH，BLANKは，param.hの中で設定されています．**リスト8.6(b)** の記述を変更しなくてもparam.hを取り替えるだけで，異なる波形を生成することができます．検証対象の回路をテストするパターンの多くが，このモデルを使用するのであれば，tbの下ではなく，libの下に置いてもよいかもしれません．

リスト8.6(c) は，パラメータを設定しているファイルです．このファイルを取り替えるだけで，クロック周波数やデータ信号DATAの波形を変更できます．このファイルはパターン特有なものなので，tbの下に置いてあります．

リスト8.6(d) は，疑似CPUモデルです．記述の内容は第7章までのものとほぼ同じです．ただし，param.hとdummy_CPU_tsk.hファイルを取り込んでいます．このファイルはtbの下に格納していますが，検証対象へのCPUのアクセスが画一的ならば，libの下に置いてもよいかもしれません．

タスク・ファイルの指定の中で".."という記述があります．これは実行ディレクトリの一つ上の階層を指します．つまり，このinclude文が指定しているdummy_CPU_tsk.hファイルの所在は，シミュレーション実行ディレクトリの一つ上のディレクトリの下にあるlibの中，ということになります．

リスト8.6(e) はテストベンチのトップ階層です．第7章までのテストベンチでは，この階層にすべてのテスト入力の記述がありました．階層化されたテストベンチでは，検証対象の呼び出しと，各シミュレーション・モデルの呼び出し，それらを接続するための信号の宣言しかありません．今回は，クロック信号

8.2 テストベンチの階層化

リスト8.6 階層構造を持ったテストベンチ（Verilog HDL）

```verilog
task CpuWrite;
input [1:0] addr;
input [7:0] data;
begin
  A = addr;  D = data;
  WEB = 1'b0;
  @(posedge CLK) #DELAY
  A = 8'bz;  D = 8'bz;
  WEB = 1'b1;
end
endtask
```

（a）タスク・ファイル dummy_CPU_tsk.h

```verilog
module DataGenerator(
  CLK,RSTB,EN,DATA);

`include "tb/param.h"

output      CLK,RSTB,EN;
output [7:0] DATA;

reg         CLK,RSTB,EN;
reg  [7:0]  DATA;
integer     i;

always #HALF_CYCLE CLK <= ~CLK;

always begin
  #DELAY;
  @(posedge CLK)
    if(EN)
      DATA = #DELAY DATA + 17;
end

initial begin
CLK = 1'b0; RSTB = 1'b1; EN = 1'b0;
DATA = 8'h88;
#DELAY;
@(posedge CLK) #DELAY RSTB = 1'b0;
@(posedge CLK) #DELAY RSTB = 1'b1;
repeat(4) @(posedge CLK);

for(i=0;i<5;i=i+1)begin
  @(posedge CLK) #DELAY EN = 1'b1;
  repeat(WIDTH)@(posedge CLK);
  @(posedge CLK) #DELAY EN = 1'b0;
  repeat(BLANK)@(posedge CLK);
end

repeat(4) @(posedge CLK);
$finish;
end
endmodule
```

（b）データ生成モデルの記述

```verilog
parameter HALF_CYCLE = 50;
parameter DELAY      = 10;
parameter WIDTH      = 8;
parameter BLANK      = 2;
```

（c）パラメータ・ファイル param.h

```verilog
module dummy_CPU2(CLK,WEB,A,D);

`include "tb/param.h"

input  CLK;
output WEB;
output [1:0] A;
output [7:0] D;
reg   [1:0] A;
reg   [7:0] D;
reg         WEB;
integer     fp;

`include "../lib/dummy_CPU_tsk.h"

initial begin
  A = 8'bz;  D = 8'bz;
  WEB = 1'b1;
#DELAY;
@(posedge CLK);
@(posedge CLK) #DELAY;
  CpuWrite(2'h0,8'h33);
@(posedge CLK) #DELAY;
  CpuWrite(2'h1,8'h78);
@(posedge CLK) #DELAY;
  CpuWrite(2'h2,8'h55);
end

endmodule
```

（d）疑似CPUモデルの記述

```verilog
module DataFilter_TP;

wire CLK,RSTB,EN,WEB;         ← 検証対象回路
wire [7:0] DATA,D,DOUT;
wire [1:0] A;

DataFilter DataFilter(
  .CLK(CLK),.RSTB(RSTB),.EN(EN),.DATA(DATA),
  .D(D),.A(A),.WEB(WEB),
  .DOUT(DOUT));              ← データ生成モデル

DataGenerator DataGenerator(
  .CLK(CLK),.RSTB(RSTB),.EN(EN),.DATA(DATA));

dummy_CPU2 dummy_CPU2(        ← 疑似CPUモデル
  .CLK(CLK),.WEB(WEB),.A(A),.D(D));

endmodule
```

（e）検証トップ・モジュール

第8章　階層化の記述方法

やリセット信号の生成，シミュレーションの終了をデータ生成モデルの中で行いましたが，これらの制御はこのトップ階層で行ってもよいと思います．

リスト8.6のように，機能ごとにファイルを分けることによって，各モデルの見通しが良くなり，複雑なテストを行う際も，機能の把握や保守，使い回しが良くなります．

■ VHDL

リスト8.7(a)は，プロシージャ`CpuWrite`の宣言と定義が書かれたパッケージ`test_lib`の記述です．プロシージャの内容は第7章のものとほぼ同じです．`package`宣言では，プロシージャの宣言だけが書かれ，`package body`の中にプロシージャの実体が記述されています．このファイルは`lib`の下に格納され，ほかの記述とは別に`lib`の下に`test_lib`というワーク・ディレクトリを作って，コンパイルされることを想定しています．

リスト8.7(b)はデータ生成モデルです．このモデルは`sim`の下に作成されたワーク・ディレクトリ（ライブラリ）`work`の中で，すでにコンパイル済みのパッケージ`param`を指定しています．

このモデルは，クロック`CLK`を生成するブロック，データ信号`DATA`を生成するブロック，そのほかの信号を生成するブロックに分かれています．真ん中の破線枠では，信号`EN`が '1' になるたびに，`DATA`の値を変化させています．下の破線枠では，各信号の初期値を代入するとともにリセット信号`RSTB`やデータ・イネーブル信号`EN`の波形を生成しています．この枠の中で使用されている定数`WIDTH`，`BLANK`は，

> **コラム**
>
> ## ModelSimによるライブラリの指定法
>
> ### ■ VHDL
>
> 　本文のリスト8.7の記述は，`lib`の下のワーク・ディレクトリ`test_lib`と，`sim`の下のワーク・ディレクトリ`work`が存在します．`sim`の下でコンパイルするモデルが`test_lib`の中で宣言された定数やプロシージャ，エンティティを使用する場合，何らかの方法で`test_lib`を参照する必要があります．
>
> 　例えば，米国Mentor Graphics社の論理シミュレータModelSim 6.1eの場合では，図8.Aのように，初期化ファイル`modelsim.ini`の中で，ライブラリまでのパスを追加する必要があります．なお，ModelSimを例に挙げたのは，単に筆者が使い慣れているからで，ほかのツールを使う場合には，そのツールのマニュアルを確認してください．
>
> ```
> ...
> [Library]
> others = $MODEL_TECH/../modelsim.ini
> ...
> work = work
> 
>   ライブラリ名            ワーク・ディレクトリ名
>                           シミュレーション実行
>                           ディレクトリからライ
>                           ブラリまでのパス
> test_lib = ../lib/test_lib
> [vcom]
> ; Turn on VHDL-1993 as the default. Normally is off.
> VHDL93 = 1
> ...
> ```
>
> **図8.A　modelsim.ini**

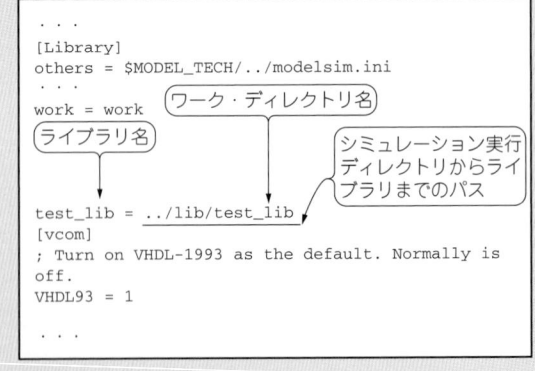

8.2 テストベンチの階層化

リスト8.7 階層構造を持ったテストベンチ（VHDL）

```vhdl
library IEEE;
use IEEE.std_logic_1164.all;

package test_lib is

procedure CpuWrite(
    addr : in std_logic_vector(1 downto 0);
    data : in std_logic_vector(7 downto 0);
    DELAY : in time;
    signal CLK : in std_logic;
    signal A : out std_logic_vector(1 downto 0);
    signal D : out std_logic_vector(7 downto 0);
    signal WEB : out std_logic);

end test_lib;

package body test_lib is
procedure CpuWrite(
    addr : in std_logic_vector(1 downto 0);
    data : in std_logic_vector(7 downto 0);
    DELAY : in time;
    signal CLK : in std_logic;
    signal A : out std_logic_vector(1 downto 0);
    signal D : out std_logic_vector(7 downto 0);
    signal WEB : out std_logic) is
begin
    A <= addr; D <= data;
    WEB <= '0';
    wait until CLK'event and CLK = '1';
    wait for DELAY;
    A <= (others => 'Z');
    D <= (others => 'Z');
    WEB <= '1';
end CpuWrite;
end test_lib;
```

(a) プロシージャのパッケージ

```vhdl
library IEEE;
use IEEE.std_logic_1164.all;
use IEEE.std_logic_unsigned.all;
use work.param.all;

entity DataGenerator is
    port (CLK,RSTB,EN : out std_logic;
          DATA        : out std_logic_vector(7 downto 0));
end DataGenerator;

architecture SIM of DataGenerator is
    signal PreCLK,PreEN : std_logic := '0';
    signal PreDATA      : std_logic_vector(7 downto 0)
       := "10001000";
begin

CLK  <= PreCLK;
process begin
  wait for HALF_CYCLE; PreCLK <= not PreCLK;
end process;

DATA <= PreDATA;
process begin
  wait for DELAY;
  wait until PreCLK'event and PreCLK = '1';
    if(preEN = '1')then
       PreDATA <= PreDATA + 17 after DELAY;
    end if;
end process;

EN   <= PreEN;
process begin
  RSTB <= '1';
  wait for DELAY;
  wait until PreCLK'event and PreCLK = '1';
  wait for DELAY; RSTB <= '0';
  wait until PreCLK'event and PreCLK = '1';
  wait for DELAY; RSTB <= '1';
  for I in 0 to 4 loop
    wait until PreCLK'event and PreCLK = '1';
  end loop;
  for I in 0 to 4 loop
    wait until PreCLK'event and PreCLK = '1';
    wait for DELAY; preEN <= '1';
    for J in 0 to WIDTH-1 loop
      wait until PreCLK'event and PreCLK = '1';
    end loop;
    wait until PreCLK'event and PreCLK = '1';
    wait for DELAY; preEN <= '0';
    for J in 0 to BLANK-1 loop
      wait until PreCLK'event and PreCLK = '1';
    end loop;
  end loop;
  for J in 0 to 3 loop
    wait until PreCLK'event and PreCLK = '1';
  end loop;
  assert false;
end process;

end SIM;
```

(b) データ生成モデル

```vhdl
library IEEE;
use IEEE.std_logic_1164.all;

package param is

constant HALF_CYCLE : Time := 50 ns;
constant DELAY      : Time := 10 ns;
constant WIDTH      : integer := 8;
constant BLANK      : integer := 2;

end param;
```

(c) 定数ファイル

第8章 階層化の記述方法

リスト8.7 階層構造を持ったテストベンチ（VHDL）つづき

```
library IEEE,test_lib;                          ← プロシージャ名
use IEEE.std_logic_1164.all;
use test_lib.test_lib.CpuWrite;
                                                ← パッケージ名
use work.param.all;                             ← ワーク・ディレクトリ

entity dummy_CPU is
  port (CLK : in std_logic;
        WEB : out std_logic := '1';
        A   : out std_logic_vector(1 downto 0)
              := (others => 'Z');
        D   : out std_logic_vector(7 downto 0)
              := (others => 'Z'));
end dummy_CPU;

architecture SIM of dummy_CPU is begin

process begin
  wait for DELAY;
  wait until CLK'event and CLK = '1';
  wait until CLK'event and CLK = '1';
  wait for DELAY;
  CpuWrite("00","00110011",DELAY,CLK,A,D,WEB);
  wait until CLK'event and CLK = '1';
  wait for DELAY;
  CpuWrite("01","01111000",DELAY,CLK,A,D,WEB);
  CpuWrite("10","01010101",DELAY,CLK,A,D,WEB);
  wait;
end process;

end SIM;
```

(d) CPU疑似モデル

```
library IEEE;
use IEEE.std_logic_1164.all;
use IEEE.std_logic_unsigned.all;

entity DataFilter_TP is
end DataFilter_TP;

architecture SIM of DataFilter_TP is
component DataFilter
  port (CLK,RSTB,WEB,EN : in std_logic;
        DATA,D : in std_logic_vector(7 downto 0);
        A      : in std_logic_vector(1 downto 0);
        DOUT   : out std_logic_vector(7 downto 0));
end component;

component DataGenerator
  port (CLK,RSTB,EN : out std_logic;
        DATA : out std_logic_vector(7 downto 0));
end component;

component dummy_CPU
  port (CLK : in std_logic;
        WEB : out std_logic := '1';
        A   : out std_logic_vector(1 downto 0)
              := (others => 'Z');
        D   : out std_logic_vector(7 downto 0)
              := (others => 'Z'));
end component;

signal CLK,RSTB,WEB,EN : std_logic;
signal DATA,D,DOUT     : std_logic_vector(7 downto 0);
signal A               : std_logic_vector(1 downto 0);
begin

U0 : DataFilter
        port map(CLK,RSTB,WEB,EN,DATA,D,A,DOUT);
U1 : DataGenerator port map(CLK,RSTB,EN,DATA);
U2 : dummy_CPU port map(CLK,WEB,A,D);

end SIM;

configuration cfg_DataFilter_TP of DataFilter_TP is
  for SIM
  end for;
end cfg_DataFilter_TP;
```

(e) 検証トップ階層

パッケージparamの中で宣言されています．この記述を変更しなくてもパッケージparamを取り替えるだけで，異なる波形を生成することができます．検証対象の回路をテストするパターンの多くが，このモデルを使用するのであれば，tbの下ではなく，libの下に置いてもよいかもしれません．

リスト8.7(c)は定数が宣言されたパッケージです．このファイルを取り替えるだけで，クロック周波数やデータ信号DATAの波形を変更することができます．このファイルはパターン特有なものなので，tbの下に置いてあります．

リスト8.7(d)は，疑似CPUモデルです．記述の内容は第7章までのものとほぼ同じです．ただし，プロシージャCpuWriteは，ワーク・ディレクトリtest_libの中のパッケージtest_libの中で宣言されて

います．また，定数についてはデータ生成モデルと同様です．このファイルはtbの下に格納していますが，検証対象へのCPUのアクセスが画一的ならば，libの下に置いてもよいかもしれません．

リスト8.7（e）はテストベンチのトップ階層です．第7章までのテストベンチでは，この階層にすべてのテスト入力の記述がありました．階層化されたテストベンチでは，検証対象の呼び出しと，各シミュレーション・モデルの呼び出し，それらを接続するための信号宣言しかありません．今回は，クロック信号やリセット信号の生成，シミュレーションの終了をデータ生成モデルの中で行いましたが，これらの制御はこのトップ階層で行ってもよいと思います．

リスト8.7のように，機能ごとにファイルを分けることによって，各モデルの見通しが良くなり，複雑なテストを行う際も，機能の把握や保守，使い回しが良くなります．

▶▶ 8.3　上位階層からの定数の引き渡し

📄 Verilog HDL・VHDL 共通

図8.9と図8.10は下位階層のモジュール/エンティティで定義したパラメータ/定数を上位階層で変更する方法を示します．これを使えばパラメータ/定数は，下位階層を修正することなく，上位階層だけで変更できます．この文法を使うことで，より設計資産の再利用性は高まるでしょう．図中の記述例では，前出のDataGeneraterにこの文法を適用しています．ここではEN信号の"H"，"L"期間に加え，DATAの初期値も上位階層から修正できるようにしています．

パラメータに順番による接続をした場合は図8.9（e）のような注意が必要です．

第8章 階層化の記述方法

```
モジュール名 #(パラメータ値1,パラメータ値2,…) インスタンス名 (…);
```
（a）パラメータ引き渡しの書式

#()は遅延ではない．順番によるポートの接続と同様に，下位階層でのパラメータの宣言の順番と#()内の数値の順番は合わせなければいけない．下位階層のパラメータの数より#()内の数値の数が少ない場合，足りない分のパラメータは書き換えられないだけで，文法エラーにはならない．

```
モジュール名
 #(.パラメータ1(パラメータ値1) , .パラメータ2(パラメータ値2) ,…)
 インスタンス名(…);
```
（b）パラメータ引き渡しの書式（Verilog HDL-95では不可）

Verilog HDL 2001から導入された文法で，パラメータの名前による接続．ポートの名前による接続と同様，順番は入れ替わってもよい．すべてのパラメータを接続しなくてもよい．

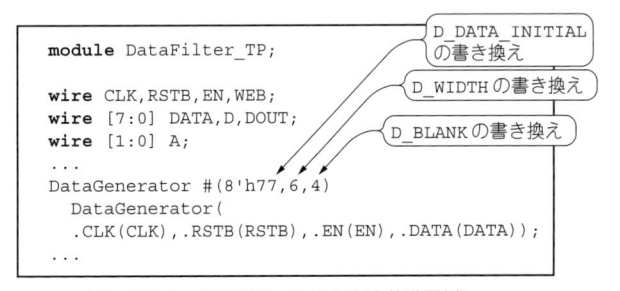

```
module DataFilter_TP;

wire CLK,RSTB,EN,WEB;
wire [7:0] DATA,D,DOUT;
wire [1:0] A;
...
DataGenerator #(8'h77,6,4)
  DataGenerator(
  .CLK(CLK),.RSTB(RSTB),.EN(EN),.DATA(DATA) );
...
```
（D_DATA_INITIALの書き換え）
（D_WIDTHの書き換え）
（D_BLANKの書き換え）

（d）パラメータ引き渡しの記述例（上位階層側）

この階層で下位階層のモジュールのパラメータを書き換えられる．
#()内の順番は，下位階層でのパラメータの宣言の順番．

```
module DataGenerator(
  CLK,RSTB,EN,DATA);

parameter D_DATA_INITIAL= 8'h88;
parameter D_WIDTH        = 8;
parameter D_BLANK        = 2;

`include "tb/param.h"
...
initial begin
CLK = 1'b0; RSTB = 1'b1; EN = 1'b0;
DATA = D_DATA_INITIAL;
...
for(i=0;i<5;i=i+1)begin
  @(posedge CLK) #DELAY EN = 1'b1;
  repeat(D_WIDTH)@(posedge CLK);
  @(posedge CLK) #DELAY EN = 1'b0;
  repeat(D_BLANK)@(posedge CLK);
end
...
```
（c）パラメータ引き渡しの記述例（下位階層側）

DATAの初期値をパラメータD_DATA_INITIALで，設定．ENが'1'の期間をD_WIDTH，'0'の期間をD_BLANKで設定．

```
parameter HALF_CYCLE = 50;
parameter DELAY      = 10;
parameter WIDTH      = 8;
parameter BLANK      = 2;
```
param.h

```
module DataGenerator(
  CLK,RSTB,EN,DATA);

`include "tb/param.h"

parameter D_DATA_INITIAL= 8'h88;
parameter D_WIDTH        = 8;
parameter D_BLANK        = 2;
...
initial begin
CLK = 1'b0; RSTB = 1'b1; EN = 1'b0;
DATA = D_DATA_INITIAL;
...
for(i=0;i<5;i=i+1)begin
  @(posedge CLK) #DELAY EN = 1'b1;
  repeat(D_WIDTH)@(posedge CLK);
  @(posedge CLK) #DELAY EN = 1'b0;
  repeat(D_BLANK)@(posedge CLK);
end
...
```
（e）パラメータ引き渡しの記述例（下位階層側）

パラメータの宣言の順番はinclude文の中も含む．(d)と(e)の組み合わせでは，書き換えられるパラメータはHALF_CYCLE, DELAY, WIDTHになってしまう．

図8.9
上位階層からのパラメータの引き渡し（Verilog HDL）

8.3 上位階層からの定数の引き渡し

```
entity エンティティ名 is
 generic ( 定数名 : データ型 := 初期値 ;
              ・・・
          定数名 : データ型 := 初期値 );
 port( ・・・ );
end エンティティ名 ;
```

（a）generic文の書式（下位階層側）

```
インスタンス名 : エンティティ名
 generic map( 定数名 => 定数値 ,
              ・・・
          定数名 => 定数値 );
 port( ・・・ );
```

（b）generic文の書式（上位階層側）

```
...
entity DataGenerator is
  generic (D_DATA_INITIAL :
              std_logic_vector(7 downto 0)
                           := "10001000";
           D_WIDTH : integer := 8;
           D_BLANK : integer := 2);
  port (CLK,RSTB,EN : out std_logic;
        DATA        : out std_logic_vector(7 downto 0));
end DataGenerator;

architecture SIM of DataGenerator is
  signal PreCLK,PreEN : std_logic := '0';
  signal PreDATA      :
    std_logic_vector(7 downto 0) := D_DATA_INITIAL;
begin
  ...
  process begin
    ...
    for I in 0 to 4 loop
      ...
      for J in 0 to D_WIDTH-1 loop
        wait until PreCLK'event and PreCLK = '1';
      end loop;
      wait until PreCLK'event and PreCLK = '1';
      wait for DELAY; preEN <= '0';
      for J in 0 to D_BLANK-1 loop
        wait until PreCLK'event and PreCLK = '1';
      end loop;
    end loop;
  ...
```

（c）generic文の記述例（下位階層側）

PreDATAの初期値をパラメータD_DATA_INITIALで設定．
ENが'1'の期間をD_WIDTH，'0'の期間をD_BLANKで設定．

```
...
entity DataFilter_TP is
end DataFilter_TP;
...
component DataGenerator
  generic (D_DATA_INITIAL :
              std_logic_vector(7 downto 0)
                           := "10001000";
           D_WIDTH : integer := 8;
           D_BLANK : integer := 2);
  port (CLK,RSTB,EN : out std_logic;
        DATA        : out std_logic_vector(7 downto 0));
end component;
...
begin
...
U1 : DataGenerator
  generic map(D_DATA_INITIAL => "01110111",
              D_WIDTH => 6,
              D_BLANK => 4);
  port map(CLK,RSTB,EN,DATA);
...
```

（D_DATA_INITIALの書き換え）
（D_WIDTHの書き換え）
（D_BLANKの書き換え）

（d）generic文の記述例（上位階層側）

インスタンス宣言時，generic mapを追加することで，定数を書き換えられる．下位階層の初期値はそのままでよい．

図8.10　上位階層からの定数の引き渡し（VHDL）

第2部 テストベンチの文法

第9章

期待値比較の記述方法

▶▶ 9.1 期待値の比較を自動化する

📄 Verilog HDL・VHDL 共通

　第6章では，期待値ファイルとシミュレーションの結果ファイルを，diffコマンドなどで比較する方法を紹介しました．しかし，テスト・パターン数が増えてくると，すべてのパターンを手動で期待値チェックすることも非常に煩わしくなります．また，人手が入ることでケアレス・ミスを生みやすくなります(図9.1)．

　Verilog HDLやVHDLでは，期待値ファイルさえあれば，テストベンチの中で比較することができます．ここでは，期待値の比較を自動化する方法を説明します．

　図9.2は，クリップ機能付きの加算回路です．この回路は入力A, Bの加算結果をQに出力します．た

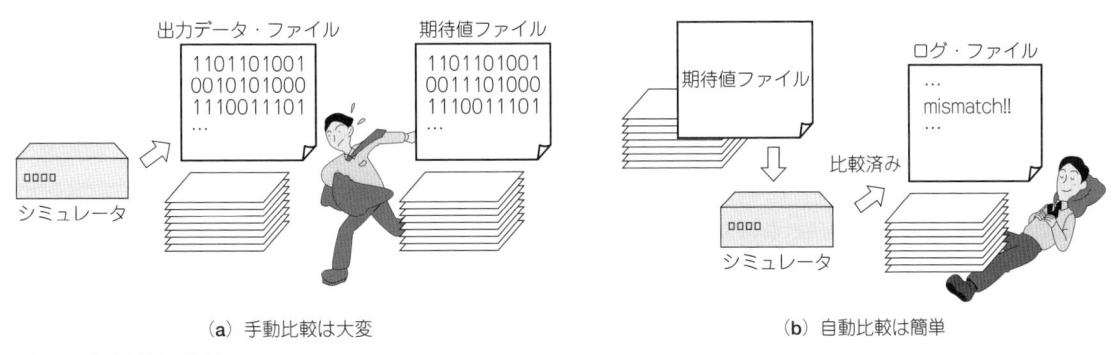

(a) 手動比較は大変　　　　　　　　　　　(b) 自動比較は簡単

図9.1　出力結果の比較

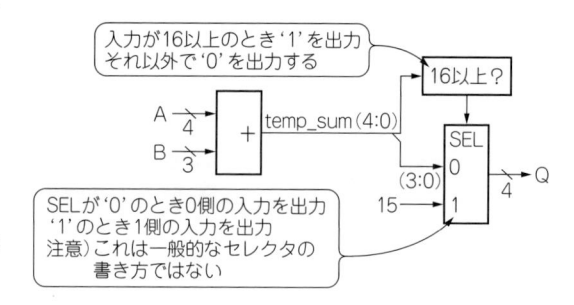

第9章　期待値比較の記述方法

図9.2 クリップ機能付き加算回路
addexの回路構造を示す.

リスト9.1　自動比較機能付きテストベンチ（Verilog HDL）

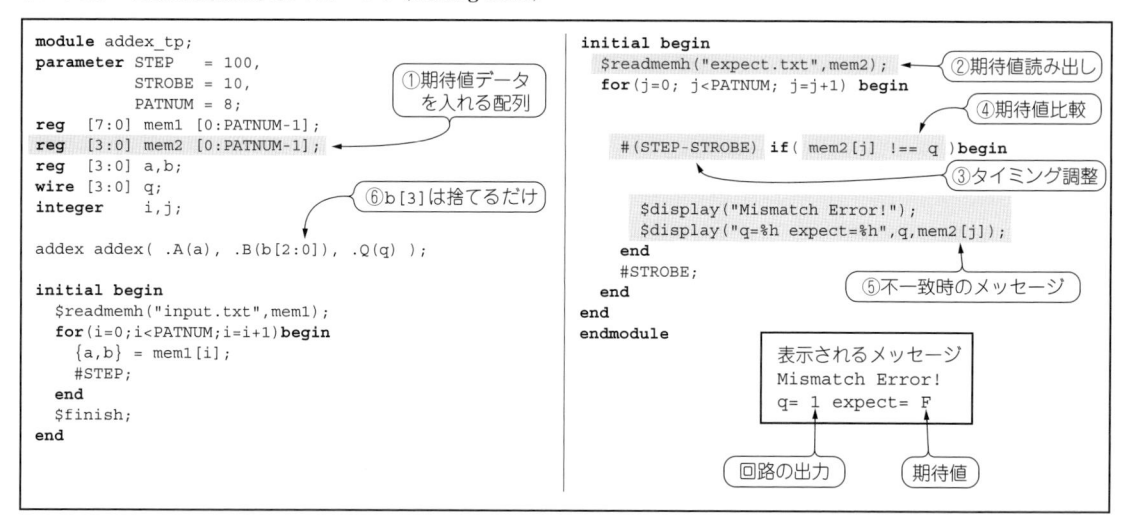

```verilog
module addex_tp;
parameter STEP    = 100,
          STROBE  = 10,
          PATNUM  = 8;
reg [7:0] mem1 [0:PATNUM-1];
reg [3:0] mem2 [0:PATNUM-1];
reg [3:0] a,b;
wire [3:0] q;
integer  i,j;

addex addex( .A(a), .B(b[2:0]), .Q(q) );

initial begin
  $readmemh("input.txt",mem1);
  for(i=0;i<PATNUM;i=i+1)begin
    {a,b} = mem1[i];
    #STEP;
  end
  $finish;
end

initial begin
  $readmemh("expect.txt",mem2);
  for(j=0; j<PATNUM; j=j+1) begin
    #(STEP-STROBE) if( mem2[j] !== q )begin
      $display("Mismatch Error!");
      $display("q=%h expect=%h",q,mem2[j]);
    end
    #STROBE;
  end
end
endmodule
```

①期待値データを入れる配列
②期待値読み出し
③タイミング調整
④期待値比較
⑤不一致時のメッセージ
⑥b[3]は捨てるだけ

表示されるメッセージ
Mismatch Error!
q= 1 expect= F

回路の出力　期待値

だし，加算した結果が16以上になった場合には，15を出力します．この回路の名前はaddexとします．

最初にこの回路を検証するテストベンチについて解説します．なお，今回のテストベンチでは期待値不一致のメッセージを標準出力に出しています．ツール側でログ・ファイルを出力する場合はこのままで構いませんが，そうでない場合には標準出力ではなくファイルにメッセージを残すようにしてください．

📄 Verilog HDL

リスト9.1は，自動比較機能付きのテストベンチです．

リスト9.1の①は，期待値ファイルを読み出すための配列を宣言しています．出力qは4ビットの信号なので，配列のビット幅は4ビットです．期待値データの数は，テスト入力のデータ数と同じでPATNUM（=8）としているので，配列の番地の数は8個（0番地～7番地）です．

リスト9.1の②は，期待値ファイルexpect.txtを配列mem2に読み出しています．

リスト9.1の③は，期待値を比較するタイミングを調整しています．入力信号は，0，100，200，…，700ns（#1=1nsのとき）で切り替わるようになっていますが，期待値比較は90，190，290，…，790ns

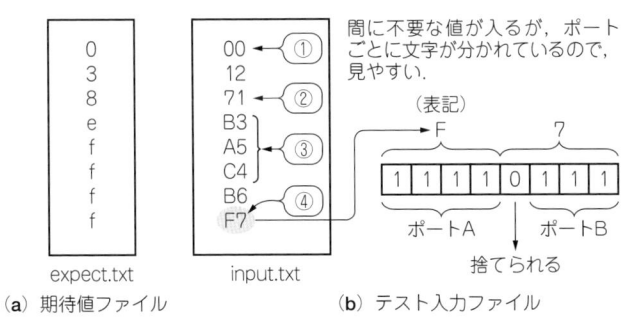

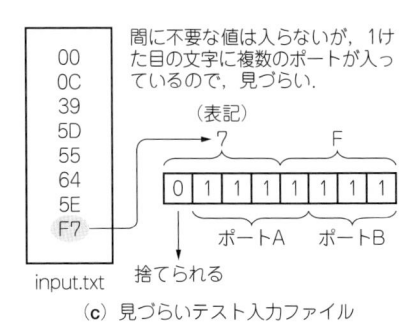

9.1 期待値の比較を自動化する

図9.3 期待値ファイルとテスト入力ファイル
テスト入力ファイルは，見やすい記述を心がける．

(a) 期待値ファイル：expect.txt に `0 3 8 e f f f f`

(b) テスト入力ファイル：input.txt に `00 12 71 B3 A5 C4 B6 F7`（間に不要な値が入るが，ポートごとに文字が分かれているので，見やすい）
①②③④ の注記．（表記）F 7 → `1 1 1 1 0 1 1 1`，ポートA／ポートB，捨てられる．

(c) 見づらいテスト入力ファイル：input.txt に `00 0C 39 5D 55 64 5E F7`（間に不要な値は入らないが，1けた目の文字に複数のポートが入っているので，見づらい）．（表記）7 F → `0 1 1 1 1 1 1 1`，ポートA／ポートB，捨てられる．

(#1=1nsのとき)で行うように調整されています．

　リスト9.1の④は出力信号qと期待値を比較しています．ここで注意すべきことは，比較が!=ではなく，!==だということです（コラム「等号演算子」を参照）．

　リスト9.1の⑤は，出力信号qと期待値が一致しなかった場合にメッセージを出力します．「Mismatch Error!」の文字とともに，現在のqの値とそれに対する期待値を表示します．2行に分けているのは，単純に見やすさのためです．1行で書いてしまっても問題ありません．

　リスト9.1の⑥のように，b[3]は捨てられています．テスト入力ファイルinput.txtには，**図9.3(b)** のように，1行2文字でテスト入力が書かれています．この2文字の区切り方として，**図9.3(c)** のようにポートA，Bに与えるデータを詰めて書いてしまうと，それぞれに与えられるデータが何か，人の目でファイルを見たときに，見にくくなってしまいます．そこで**図9.3(b)** では，ポートBに与えるデータを4ビットで表記し，実際に与えるときに1ビット切り捨てています．

■ VHDL

　リスト9.2は，自動比較機能付きのテストベンチです．

　リスト9.2の①は，自作したパッケージtest_lib（リスト9.3）からファンクションvector2character を呼び出しています．標準的なVHDLのライブラリにはstd_logic_vector型をcharacter型に変換する関数が用意されていないので，ここでは自作して使用しています．パッケージtest_libのコンパイルは，ワーク・ディレクトリworkで，テストベンチをコンパイルする前に行います．

　リスト9.2の②は，期待値ファイルexpect.txtを読み出しています．

　リスト9.2の③は，期待値比較するタイミングを調整しています．入力信号は，0，100，200，…，700nsで切り替わるようになっていますが，期待値比較は90，190，290，…，790nsで行うように調整されています．

　リスト9.2の④は，期待値ファイルexpect.txtのファイル変数FIから，期待値データを4ビットの変数

第9章 期待値比較の記述方法

コラム

等号演算子

📖 **Verilog HDL**

ここでは非常に紛らわしい等号演算子 == と ===，不等号演算子 != と !== の違いについて解説します．

図9.A(a) では，== で A と B を比較し，一致していたらメッセージ「good !」を出力するように記述しています．

この記述では A, B に含まれる値が '0' と '1' だけで，A と B が一致していた場合，「good !」が表示されます．しかし，どちらかに X (不定値) を含むような場合，A と B の値がまったく同じであったとしても (A=B=4'b000x のような場合)，「good !」は表示されません．

== で値を比較した場合，どちらかに X (不定値) が含まれると，比較の結果は直ちに「不成立」と見なされます．

図9.A(b) では，=== で A と B を比較し，一致していたらメッセージ「good !」を出力するように記述しています．この記述では A, B に含まれる値が '0' と '1' だけでなく，X (不定値) を含んだとしても，A と B が一致していた場合，「good !」が表示されます．

=== で値を比較した場合，どちらかに X (不定値) が含まれていても，演算子の両側の値が一致していれば，「成立」と見なされます．

図9.A(c) では，!= で A と B を比較し，一致していなかったらメッセージ「bad !」を出力するように記述しています．

この記述では A, B に含まれる値が '0' と '1' だけで，A と B が一致していなかった場合，「bad !」が表示されます．しかし，A と B のどちらかに X (不定値) が含まれると，この式は直ちに「不成立」と見なされ，「bad !」は表示されません．

図9.A(a) の場合に A と B のどちらかに X (不定値) が含まれると，「一致」が「不成立」と見なされるので，図9.A(c) の場合には「不一致」が「成立」と見なされるような気がします．しかし，実際には図9.A(c) の場合には，「不一致」が「不成立」と見なされるのです．

ここで思い違いをすると大変です．図9.A(c) のような記述を，A が検証対象の回路の出力，B が期待値として比較し，不一致ならエラー・メッセージを出す，というような用途で使った場合を考えてください．検証対象の回路の出力 A が X (不定値) となったとしても，エラー・メッセージは出力されず，回路の不具合 (X の出力は不具合の可能性が高い) が見逃されてしまいます．これでは期待値比較をする意味がなくなってしまいます．

本文の図9.4(d) では，!== で A と B を比較し，一致していなかったらメッセージ「bad !」を出力するように記述しています．この場合には X (不定値) も含めて，「不一致」が「成立」するかどうか判定されるので，上記のような場合に B (期待値) が X (不定値) でなく，A (回路出力) が X (不定値) ならば，エラー・メッセージは出力されます．

このような理由から，期待値比較には ===，!== を使うべきです．

```
if(A == B) $display("good !");
```
(a) A, B どちらかが x (不定値) だと，if は不成立と見なされる．
　　A, B どちらかが x (不定値) だと，"good !" は表示されない．
　　A=X, B=X でも，"good !" は表示されない．

```
if(A === B) $display("good !");
```
(b) A=X, B=X なら，"good !" は表示される．

```
if(A != B) $display("bad !");
```
(c) A, B どちらかが x (不定値) だと，if は不成立と見なされる．
　　A, B どちらかが x (不定値) だと，"bad !" は表示されない．
　　A≠X, B=X でも，"bad !" は表示されない．
　　回路出力が x (不定値) でも気付かない！！

```
if(A !== B) $display("bad !");
```
(d) A≠X, B=X なら，"bad !" は表示される．

図9.A 等号演算

9.1 期待値の比較を自動化する

リスト9.2　自動比較機能付きテストベンチ（VHDL）

```vhdl
library IEEE,STD;
use IEEE.std_logic_1164.all;
use STD.TEXTIO.all;
use IEEE.std_logic_textio.all;
use work.test_lib.vector2character;   -- ① 自作のライブラリ

entity addex_tb is
end addex_tb;

architecture SIM of addex_tb is

component addex
   port (A : in  std_logic_vector(3 downto 0);
         B : in  std_logic_vector(2 downto 0);
         Q : out std_logic_vector(3 downto 0));
end component;
constant STEP   : time    := 100 ns;
constant STROBE : time    := 10 ns;
constant PATNUM : integer := 8;
signal SA,SQ : std_logic_vector(3 downto 0);
signal SB    : std_logic_vector(2 downto 0);

begin

uaddex : addex port map (
   A => SA, B => SB, Q => SQ);

process
   file FI : text is in "input.txt";
   variable LI : line;
   variable PAT : std_logic_vector(7 downto 0);
begin
   for i in 1 to PATNUM loop
      readline(FI,LI);
      hread(LI,PAT);                  -- ⑦ PAT(3)は捨てるだけ
      SA <= PAT(7 downto 4);
      SB <= PAT(2 downto 0);
      wait for STEP;
   end loop;
   assert false;
end process;
process
   file FI : text is in "expect.txt" ;  -- ② 期待値ファイル
   variable LI : line;
   variable PAT : std_logic_vector(3 downto 0);
   variable S28 : string(1 to 28);
begin
   for i in 1 to PATNUM loop
      wait for (STEP - STROBE);          -- ③ タイミング調整
      readline(FI,LI);                   -- ④ 期待値読み出し
      hread(LI,PAT);
                                          -- ⑤ メッセージ準備
      S28(1 to 18)  := "Mismatch Error! q=";
      S28(19)       := vector2character(SQ);
      S28(20 to 27) := " expect=";
      S28(28)       := vector2character(PAT);

      assert (SQ = PAT) report S28
         severity WARNING;               -- ⑥ 不一致時のメッセージ出力

      wait for STROBE;
   end loop;
   wait;
end process;

end SIM;

configuration cfg_addex_tb of addex_tb is
   for SIM
   end for;
end cfg_addex_tb;
```

表示されるメッセージ
Mismatch Error! q= 1 expect= F

（回路の出力）（期待値）

PATに呼び出しています（コラム「プロシージャreadとhreadの差」を参照）．

リスト9.2の⑤は，28文字の文字列型の変数S28に，メッセージを格納しています．エラー・メッセージである「Mismatch Error! q=」と「expect=」は毎回同じものが代入されますが，SQの現在の値と期待値は毎回変わります．なお，std_logic_vector型であるSQ，PATの値は文字列型の変数に直接代入できないので，自作した関数vector2characterで文字列型に変換しています．

リスト9.2の⑥は，assert文を使って，SQとPATが一致していないとき，S28に格納された文字列を標準出力に出力しています（コラム「assert文の本来の使い方」を参照）．

リスト9.2の⑦では，PAT(3)は捨てられています．テスト入力ファイルinput.txtには，図9.3(b)のように，1行2文字でテスト入力が書かれています．この2文字の区切り方として，図9.3(c)のようにポートA，Bに与えるデータを詰めて書いてしまうと，それぞれに与えられるデータが何か，人の目でファイルを見たときに，見にくくなってしまいます．そこで図9.3(b)では，ポートBに与えるデータを4ビットで表記し，実際に与えるときに1ビット切り捨てています．

リスト9.3は，パッケージtest_libの記述です．このパッケージは，4ビットのstd_logic_vector

127

第9章 期待値比較の記述方法

リスト9.3 文字変換のファンクション（VHDL）

```vhdl
library IEEE;
use IEEE.std_logic_1164.all;

package test_lib is

function vector2character(
  A : std_logic_vector(3 downto 0))
return character;

end test_lib;

package body test_lib is
function vector2character(
  A : std_logic_vector(3 downto 0))
return character is
  variable B : character;
begin
  case A is
    when "0000" => B := '0';
    when "0001" => B := '1';
    when "0010" => B := '2';
    when "0011" => B := '3';
    when "0100" => B := '4';
    when "0101" => B := '5';
    when "0110" => B := '6';
    when "0111" => B := '7';
    when "1000" => B := '8';
    when "1001" => B := '9';
    when "1010" => B := 'A';
    when "1011" => B := 'B';
    when "1100" => B := 'C';
    when "1101" => B := 'D';
    when "1110" => B := 'E';
    when "1111" => B := 'F';
    when others => B := 'X';
  end case;
  return B;
end;
end test_lib;
```

（引き数は4ビットの論理値 / 戻り値はcharacter型）

コラム

プロシージャ read と hread の差

Verilog HDL

図9.Bはreadとhreadの記述例を示しています．ほとんどの場合，非同期リセットがかかる前のフリップフロップの値は，U（未定値）となりますが，この時点から期待値比較を始める場合には注意が必要です．

なぜなら，readはファイルに書かれたU（未定値）を読むことができますが，hreadはツールによっては0からFまでの16進数の数値しか読めない場合があるからです．

```vhdl
process
  file FI : text is in "expect.txt";
  variable LI : line;
  variable PAT
    : std_logic_vector(3 downto 0);
  ...
begin
  ...
  readline(FI,LI);
  read(LI,PAT);
  assert (CNT4 = PAT) report ...
  ...
```
（readはU（未定値）もOK）
（CNT4，PAT共にUならレポートは出ない）

expect.txt:
```
UUUU
0000
0000
...
```

(a) readの記述例

```vhdl
process
  file FI : text is in "expect.txt";
  variable LI : line;
  variable PAT
    : std_logic_vector(3 downto 0);
  ...
begin
  ...
  readline(FI,LI);
  hread(LI,PAT);
  assert (CNT4 = PAT) report ...
  ...
```
（hreadはU（未定値）はツールによってはダメ！）

expect.txt:
```
U
0
0
...
```

(b) hreadの記述例

図9.B　readとhread

9.1 期待値の比較を自動化する

型の信号の値を，character型のデータに変換する関数vector2characterを含んでいます．この関数は4ビットのstd_logic_vector型の引き数をただ一つ持ち，character型のデータを返します．

変換方法は非常に簡単で4ビットを"0000"から"1111"までcase文で分岐させ，それぞれに対応している1文字"0"から"F"をcharacter型の一時変数Bに代入し，最後にBを関数の戻り値として，返しています．

コラム

assert文の本来の使い方

VHDL

第8章までシミュレーション停止のための記述として使ってきたassert文ですが，ここで本来の使い方を解説します．

図9.C(a)は，assert文の書式です．assert文は，実行された時点で条件式が成立していないと，なんらかのメッセージを出力します．

メッセージとは，reportが書かれていた場合には，それに続く文字列となり，reportが省略されていた場合には，「Assertion violation」などのメッセージとなります．

文字列とは，character型かstring型の変数か信号，もしくは""で囲まれた文字列でなければいけません．

第4章で，integer型をstd_logic_vector型に変換する関数conv_std_logic_vectorが登場しました．しかし残念ながらstd_logic_vector型をcharacter型などに変換する関数は標準では用意されていません．std_logic_vector型の信号をchracter型に変換するためには，本文のリスト9.3のように関数を自作するなどの工夫が必要です．

severityでは，その違反条件のレベルを指定します．シミュレータの設定により，一定以上のレベルの違反が発生した場合，シミュレーションを止める事ができます．また，違反が発生した場合には，前述のメッセージのほかにこのレベルが表示されます．

severityが省略された場合には，違反レベルはerrorとなります．

```
assert 条件式
  [report 文字列]
  [severity レベル];
```

(a) assert文の書式
　　reportとseverityは省略可能
　　reportを省略すると「Assertion violation」
　　などのメッセージが表示される
　　文字列は，character型かstring型のみ

レベル	内　容
failure	致命的エラー
error	エラー
warning	警告
note	参考

(b) assert文のレベルと内容
　　severityを省略すると，
　　errorレベルとなる

```
signal A :
 std_logic_vector(3 downto 0);
…
assert false report A;   ✗
```

(c) assert文の誤った記述例
　　std_logic_vector型の値を出力
　　したくても，そのままはダメ

```
variable A : character;
…
A := "9";
assert false report A;   ○
assert false report "Ohkina Kabu";
```

(d) assert文の正しい記述例
　　character型やstring型，または""で囲われた
　　文字列ならOK
　　VHDL-93では文字列を出すだけなら，report"…"
　　でもOK

図9.C　assert文

第9章 期待値比較の記述方法

■ Verilog HDL・VHDL 共通

リスト9.1〜リスト9.3のような方法を用いると，テスト中に期待値を比較できます．シミュレーションの実行ログなどを見ることで，テスト結果に問題がなかったか，もし問題があればどこなのかを，簡単に確認できるようになります．

なお，リスト9.1とリスト9.2の期待値ファイル例はどちらも図9.3(a)のようになります．

▶▶ 9.2 比較の待機と期待値自動生成

■ Verilog HDL・VHDL 共通

ここでは，RSA暗号器を例に，出力タイミングが固定でない回路の期待値照合の仕方と，期待値をテストベンチで生成する方法を解説します．

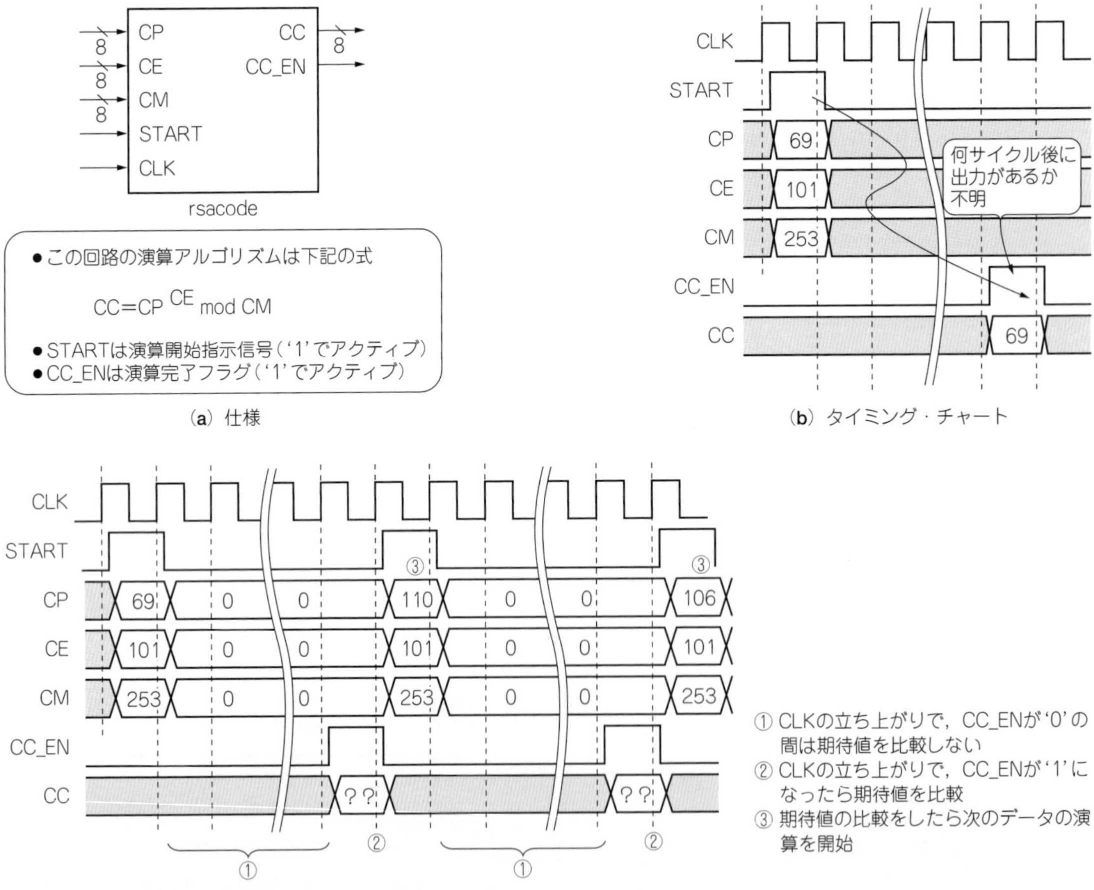

(a) 仕様

- この回路の演算アルゴリズムは下記の式

$$CC = CP^{CE} \bmod CM$$

- STARTは演算開始指示信号（'1'でアクティブ）
- CC_ENは演算完了フラグ（'1'でアクティブ）

(b) タイミング・チャート

何サイクル後に出力があるか不明

(c) テストベンチのタイミング・チャート

① CLKの立ち上がりで，CC_ENが'0'の間は期待値を比較しない
② CLKの立ち上がりで，CC_ENが'1'になったら期待値を比較
③ 期待値の比較をしたら次のデータの演算を開始

図9.4 RSA暗号器

9.2 比較の待機と期待値自動生成

図9.4(a)は上記の回路のブロック図と仕様,図9.4(b)はその入出力タイミングを示しています.なお,この回路の名前はrsacodeとしています.

図9.4(b)から分かるように,この回路の演算結果は,毎回同じサイクルで出るわけではありません.そこで,毎サイクル出力値と期待値を比べるのではなく,回路からの出力信号CC_ENが'1'のときだけ,比較するようなテストベンチにします.

図9.4(c)は,これから解説するテストベンチのタイミング・チャートです.最初にSTART信号で回路を起動した後,信号CC_ENが'1'になるのを待って,期待値を比較します.

期待値比較が完了すると,新たな入力データで再度回路を起動します.タイミング・チャートには表れていませんが,これから解説するテストベンチは,起動と期待値の比較を8回繰り返します.

Verilog HDL

リスト9.4は,rsacodeのテストベンチです.

リスト9.4の①は,期待値を入れておくための信号EXPECTを宣言しています.

リスト9.4の②は,期待値を生成するためのファンクションが書かれたファイルrsa_function.vを読み込んでいます.

リスト9.4の③はテスト入力と同じ値を,期待値を生成するファンクションrsa_calculationに与え,戻り値をEXPECTに代入しています.rsa_calculationは与えられた値に対する期待値を返すように作っているので,この時点でEXPECTには今入力した値に対する期待値が入ります.

リスト9.4の④では,while文(図9.5)を使っています.この文を図9.5(a)と見比べると,条件式がCC_EN != 1,ステートメントが@(posedge CLK);になります.この文と図9.5(c)を見比べると,条

リスト9.4 自動比較機能付きテストベンチ2(Verilog HDL)

```
module rsacode_tp;
parameter HALF_STEP = 50,
          DELAY     = 10,
          PATNUM    = 8;

reg [23:0] mem1 [0:PATNUM-1];
reg        CLK,START;            ①期待値格納用レジスタ
reg [7:0]  CP,CE,CM;
wire [7:0] CC;

integer   fp,i,j;
reg [7:0] EXPECT;                ②ファンクション
                                  rsa_calculation
`include "rsa_function.v"         を定義したファイルの
                                  読み込み
rsacode rsacode(CLK, START, CP,CE,CM,CC_EN, CC );

always #HALF_STEP CLK = ~CLK;

initial begin
  $readmemh("input.txt",mem1);
  CLK = 1; START = 0;
  CP = 0; CE = 0; CM = 0;
  #DELAY;
  for(i=0;i<PATNUM;i=i+1)begin     ③テスト入力から
    START = 1;                      期待値生成
    {CP,CE,CM} = mem1[i];
    EXPECT = rsa_calculation(CP,CE,CM);
    @(posedge CLK) #DELAY;
    START = 0;                     ④CC_ENが'1'に
    {CP,CE,CM} =24'h000000;         なるまで待機

    while(CC_EN != 1) @(posedge CLK);

    if(EXPECT !== CC)begin         ⑤期待値比較
      $display("Mismatch!");
      $display("CC=%h expect=%h",CC,EXPECT);
    end
    #DELAY;
  end
  $finish;
end

endmodule
```

第9章 期待値比較の記述方法

件式が成立する場合，つまりCC_ENが'0'のとき，ステートメントが実行されます．ステートメントは，@(posedge CLK);なのでCLKの立ち上がりを待って終わりです．

図9.5(c)のフローチャートから分かる通り，ステートメントを実行すると，再度条件式を評価します．つまり1回目の条件式の評価が成立した場合，次のCLKの立ち上がりでもう一度条件式を評価するのです．これはCLKの立ち上がりで条件が不成立になるまで，つまりCC_ENが'1'になるまで繰り返されます．

このように本テストベンチでは，START信号を'1'にして回路に演算を指示した後，リスト9.4の④の記述によって，CLKの立ち上がりごとにCC_ENの値を判定し，これが'1'になるまでリスト9.4の⑤の期待値比較を待機させます．

リスト9.5は，リスト9.4の②で読み込んでいるファイルの中身です．このファンクションrsa_

```
while (条件式) <ステートメント>
```
(a) while文の書式(Verilog HDL)

```
while 条件式 loop
  処理文
end loop;
```
(b) while文の書式(VHDL)

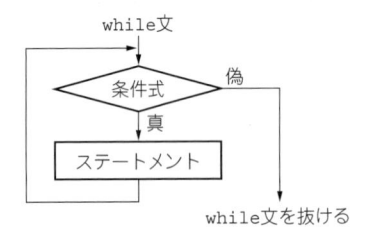

(c) while文のフローチャート

図9.5 while文の書式とフローチャート

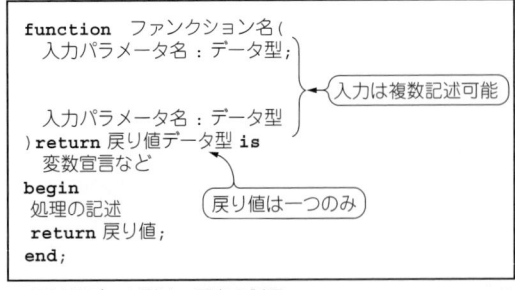

リスト9.5 期待値を生成するファンクション(Verilog HDL, rsa_function.v)

```verilog
function [7:0] rsa_calculation;      ← ファンクション名
  input [7:0] CP;
  input [7:0] CE;                    ← 入力パラメータ名宣言
  input [7:0] CM;
  integer     i;
  reg   [7:0] TEMP1,TEMP2;           ← 変数宣言
  reg   [15:0] TEMP3;
begin
  TEMP1 = CP;
  TEMP2 = 1;
  for(i=0;i<8;i=i+1)begin
    if(CE[0]) begin
      TEMP3 = TEMP1 * TEMP2;
      TEMP2 = TEMP3 % CM;            ← 処理の記述
    end
    TEMP3 = TEMP1 * TEMP1;
    TEMP1 = TEMP3 % CM;
    CE = {1'b0,CE[7:1]};
  end
  rsa_calculation = TEMP2;
end
endfunction                          ← ファンクション名
```

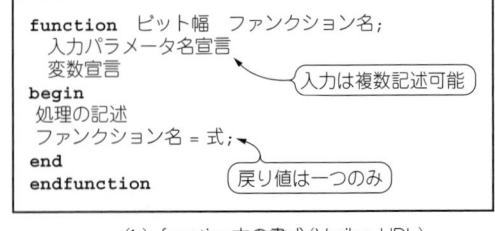

```
function ファンクション名(
    入力パラメータ名：データ型;     ← 入力は複数記述可能

    入力パラメータ名：データ型
) return 戻り値データ型 is           ← 戻り値は一つのみ
    変数宣言など
begin
    処理の記述
    return 戻り値;
end;
```
※戻り値データ型は，要素の制限((7 downto 0)など)は不可

(a) function文の書式(VHDL)

```
function ビット幅 ファンクション名;
    入力パラメータ名宣言
    変数宣言                         ← 入力は複数記述可能
begin
    処理の記述
    ファンクション名 = 式;           ← 戻り値は一つのみ
end
endfunction
```
(b) function文の書式(Verilog HDL)

図9.6 function文の書式

9.2 比較の待機と期待値自動生成

calculationは，図9.4(a)の演算を行い期待値を生成します．ファンクション文の書式を，図9.6(b)に示します．ファンクション文は時間の経過なしですべての処理を行います．このように演算方法が確定している場合は，別途C言語などで期待値を生成しなくても，Verilog HDLのテストベンチ内で期待値を作ることも可能です．

■ VHDL

リスト9.6はrsacodeのテストベンチです．

リスト9.6の①は期待値を入れておくための信号EXPECTを宣言しています．

リスト9.6　自動比較機能付きテストベンチ2（VHDL）

```vhdl
library IEEE,STD;
use IEEE.std_logic_1164.all;
use STD.TEXTIO.all;
use IEEE.std_logic_textio.all;
use work.test_lib.all;

entity rsacode_tb is
end rsacode_tb;

architecture SIM of rsacode_tb is

file FI      : text is in "input.txt";
constant HALF_STEP : time := 50 ns;
constant DELAY     : time := 10 ns;
constant PATNUM : integer := 8;
signal CLK,START,CC_EN : std_logic;
signal CP,CE,CM,CC : std_logic_vector(7 downto 0);
signal EXPECT : std_logic_vector(7 downto 0);     ――①期待値格納用の信号

component rsacode
  port (CLK,START : in  std_logic;
        CP  : in  std_logic_vector(7 downto 0);
        CE  : in  std_logic_vector(7 downto 0);
        CM  : in  std_logic_vector(7 downto 0);
        CC_EN : out std_logic;
        CC  : out std_logic_vector(7 downto 0));
end component;

begin

ursacode : rsacode port map (
  CLK   => CLK,
  START => START,
  CP    => CP,
  CE    => CE,
  CM    => CM,
  CC_EN => CC_EN,
  CC    => CC );

process begin
  CLK <= '1'; wait for HALF_STEP;
  CLK <= '0'; wait for HALF_STEP;
end process;

process
  variable LI : line;
  variable PAT : std_logic_vector(23 downto 0);
  variable S25 : string(1 to 25);
begin
  START <= '0';
  CP <= (others => '0');
  CE <= (others => '0');
  CM <= (others => '0');
  wait for DELAY;
  for i in 1 to PATNUM loop
    START <= '1';
    readline(FI,LI);
    hread(LI,PAT);
    CP <= PAT(23 downto 16);
    CE <= PAT(15 downto 8);
    CM <= PAT(7 downto 0);
    EXPECT <= rsa_calculation(       ――②テスト入力から期待値を生成
      PAT(23 downto 16), PAT(15 downto 8),
      PAT(7 downto 0));
                                      ――③ファンクションrsa_calculationはパッケージtest_libに記述してある
    wait until CLK'event and CLK='1';
    wait for DELAY;
    START <= '0';
    CP <= (others => '0');
    CE <= (others => '0');
    CM <= (others => '0');
                                      ――④CC_ENが'1'になるまで待機
    while CC_EN /= '1' loop
      wait until CLK'event and CLK='1';
    end loop;

    S25(1 to 13) := "Mismatch! CC=";
    S25(14)      := vector2charactor(CC(7 downto 4));
    S25(15)      := vector2charactor(CC(3 downto 0));
    S25(16 to 23) := " expect=";
    S25(24)
      := vector2charactor(EXPECT(7 downto 4));
    S25(25)
      := vector2charactor(EXPECT(3 downto 0));
    assert (CC = EXPECT) report S25    ――⑤期待値を比較
      severity WARNING;
    wait for DELAY;
  end loop;
  assert false;
end process;

end SIM;

configuration cfg_rsacode_tb of rsacode_tb is
  for SIM
  end for;
end cfg_rsacode_tb;
```

第9章 期待値比較の記述方法

　リスト9.6の②はテスト入力と同じ値を，期待値を生成するファンクションrsa_calculationに与え，戻り値をEXPECTに代入しています（コラム「function文の戻り値」を参照）．rsa_calculationは与えられた値に対する期待値を返すように作っているので，この時点でEXPECTには今入力した値に対する期待値が入ります．このファンクションは，ファンクションvector2characterとともに，パッケージtest_libに記述されています（リスト9.6の③）．詳細は後述します．

　リスト9.6の④では，while文を使っています．この文を図9.5(b)と見比べると，条件式がCC_EN /= 1，処理文の内容は，

```
wait until CLK'event and CLK='1';
```

になります．この文と図9.5(c)を見比べると，条件式が成立した場合，つまりCC_ENが'0'のとき，処理文が実行されます．処理文は，

```
wait until CLK'event and CLK='1';
```

なのでCLKの立ち上がりを待って終わりです．

　フローチャートにある通り，処理文を実行すると，再度条件式を評価します．つまり1回目の条件式の評価が成立しない場合，次のCLKの立ち上がりでもう一度条件式を評価するのです．これはCLKの立ち上がりで，条件が不成立になるまで，つまりCC_ENが'1'になるまで，繰り返されます．

　このように本テストベンチでは，START信号を'1'にして回路に演算を指示した後，リスト9.6の④の記述に従ってCLKの立ち上がりごとにCC_ENの値を判定し，これが'1'になるまで，リスト9.6の⑤の期待値比較を待機させます．

　リスト9.7は，リスト9.6の冒頭で使用されているパッケージtest_libの中身です．ここに書かれているファンクションrsa_calculationは，図9.4(a)の演算を行い，期待値を生成します．ファンクション文は時間の経過なしですべての処理を行います．

　リスト9.7の⑥と⑦はstd_logic_vector型，integer型間のデータ変換のファンクションを利用するために，その関数を持つパッケージの使用を宣言しています．検証対象の回路への入出力はstd_logic_vector型となりますが，期待値を計算する際は，modなどいろいろな算術演算が使える

コラム

function文の戻り値

VHDL

　本文で示した図9.6(a)はfunction文の書式です．入力値は複数取ることができ，戻り値はただ一つです．

　戻り値データ型には，(7 downto 0)といった要素を制限する記述を書くことはできません．

　処理の記述の中には，遅延記述を書くことができません．

　「戻り値」のデータ型は，「戻り値データ型」と合わせる必要があります．

リスト9.7　期待値を生成するファンクション（VHDL）

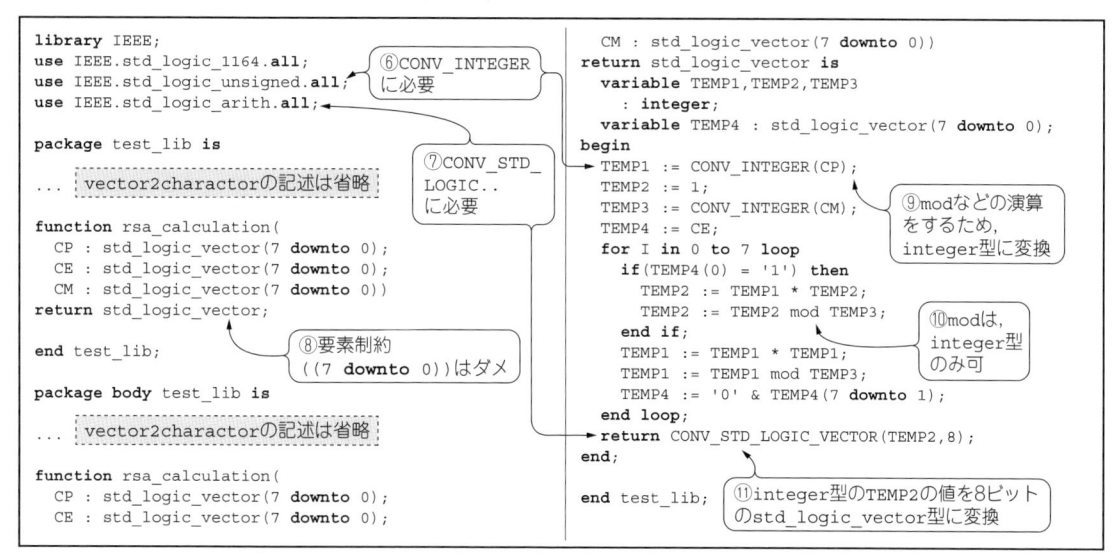

```
library IEEE;
use IEEE.std_logic_1164.all;         ⑥CONV_INTEGER
use IEEE.std_logic_unsigned.all;      に必要
use IEEE.std_logic_arith.all;

package test_lib is

...  vector2charactorの記述は省略       ⑦CONV_STD_
                                      LOGIC..
function rsa_calculation(              に必要
  CP : std_logic_vector(7 downto 0);
  CE : std_logic_vector(7 downto 0);
  CM : std_logic_vector(7 downto 0));
  return std_logic_vector;

end test_lib;                          ⑧要素制約
                                      ((7 downto 0))はダメ
package body test_lib is

...  vector2charactorの記述は省略

function rsa_calculation(
  CP : std_logic_vector(7 downto 0);
  CE : std_logic_vector(7 downto 0);
  CM : std_logic_vector(7 downto 0))
  return std_logic_vector is
  variable TEMP1,TEMP2,TEMP3
      : integer;
  variable TEMP4 : std_logic_vector(7 downto 0);
begin
  TEMP1 := CONV_INTEGER(CP);
  TEMP2 := 1;
  TEMP3 := CONV_INTEGER(CM);          ⑨modなどの演算
  TEMP4 := CE;                        をするため，
  for I in 0 to 7 loop                integer型に変換
    if(TEMP4(0) = '1') then
      TEMP2 := TEMP1 * TEMP2;
      TEMP2 := TEMP2 mod TEMP3;       ⑩modは，
    end if;                           integer型
    TEMP1 := TEMP1 * TEMP1;           のみ可
    TEMP1 := TEMP1 mod TEMP3;
    TEMP4 := '0' & TEMP4(7 downto 1);
  end loop;
  return CONV_STD_LOGIC_VECTOR(TEMP2,8);
end;

end test_lib;                         ⑪integer型のTEMP2の値を8ビット
                                      のstd_logic_vector型に変換
```

integer型に変換した方が便利なので，これらの関数を使って変換します．

リスト9.7の⑧はreturnに続くデータ型が要素制約を持たないことを示しています．今回返したいデータは，std_logic_vector型で8ビットですが，ビットの幅はここには書きません．

リスト9.7の⑨では，mod演算をするために，入力値をinteger型に変換しています．

リスト9.7の⑩では，mod演算を行っていますが，この演算子で扱えるデータ型はinteger型のみとなります．

リスト9.7の⑪では，最終的な演算結果であるTEMP2の値を，信号の型に合うように変換しています．

このように演算方法が確定している場合は，別途C言語などで期待値を生成しなくても，VHDLのテストベンチ内で期待値を作ることも可能です．

9.3　期待値比較の欠点

Verilog HDL・VHDL 共通

回路が複雑になると，addexのテストのようにシミュレーション期間全部で期待値を比較するよりも，rsacodeのテストのように有効なデータのところだけ，期待値を比較することが多くなります．それは，期待値を回路の出力信号全部に関して作るよりも，ほかのブロックやCPUなどに引き渡すデータだけの期待値を作る方が簡単だからです（コラム「テスト入力の選択」を参照）．

例えば，rsacodeの期待値では有効データの分だけ作るなら，図9.4(a)のアルゴリズムだけ理解すれば

第9章　期待値比較の記述方法

作れます．しかし，STARTやCC_ENの期待値まで作ろうとすると，処理サイクル数も含めて，回路とまったく同じ動きをするモデルを作らなくてはいけません．これでは回路を作る前に回路が必要という矛盾が発生してしまいます．

有効データのある場所だけ期待値比較をする場合，逆にいえば有効データ以外の信号はテストベンチではチェックしていないので，有効データ以外の信号を何か別の方法で確認しなければいけません．以下に二つの例を挙げます．

図9.7(a)は，回路からの正しい出力信号です．OUTENが'1'のときはDOUTが有効データとなりますが，有効なデータは必ず4個連続しなければなりません．

テストベンチでOUTENが'1'のときだけ期待値比較をした場合，回路にバグがあって図9.7(b)のような出力をしたとしても，自動的な発見は困難です．なぜなら，OUTENが'1'のところだけを見れば，期待値と完全に一致しており，ただ比較するべきデータが三つ足りないだけだからです．本章で紹介した自動比較の方法では，比較していないデータが三つあるということは発見できません．

次の例を見てみましょう．図9.7(c)が期待する回路からの正しい出力信号であるとします．この回路では，HEADという信号が連続する信号の先頭で'1'になることになっています．この回路をテストしたところ，図9.7(d)のような出力になったとします．有効なデータもその数も正しい回路とまったく変わらないので，有効なデータの比較だけでは回路のバグは発見できず，HEADを何らかの方法でチェックしなくてはなりません．

このように，期待値を比較するときには，何が確認できていないかを把握して，ほかの方法で確認するという手段，工程を考えておかなくていけません．そうでなければバグを見逃して，後の工程や製品に不具合を生じさせてしまいます．

コラム

テスト入力の選択

Verilog HDL・VHDL共通

本文の図9.2のような合計7ビットの入力ポートを持つ回路の，すべての入力の組み合わせを検証しようとすると，$2^7 = 128$通りのデータを与えなければいけません．しかし，そのすべてをテストする程の余裕がないとき，必要と思われるテスト入力の組み合わせを選択します．

この際，選択する値として，まず最大値・最小値は必ず入れてください．また，機能の境界となるような値の両側（16以上で，というような境界では16と15）も選択してください．なぜなら回路の不具合は，機能の境界など条件が複雑になって，人間の頭の中だけでは追いにくくなる箇所に発生しやすいからです．

本文の図9.3(b)に示したテスト入力ファイルでは次のような値が与えられています．

①，④はそれぞれ最小値，最大値を与えています．
③はこの回路の動作の境界である，出力が16となるような入力の前後を重点的にテストしています．
②は最下位ビットで発生するけた上がりが，最上位ビットまで正しく伝わるかを見ています．
また，ポートBに与えられる値は，0から7までのすべての値が取られています．

9.3 期待値比較の欠点

OUTENはDOUTの有効データ位置を表す．
有効なデータは必ず四つ連続で出力される

（a）正しい回路出力のタイミング・チャート

有効データの値の順番は
正しい出力と同じ

有効なデータが三つしか連続しない

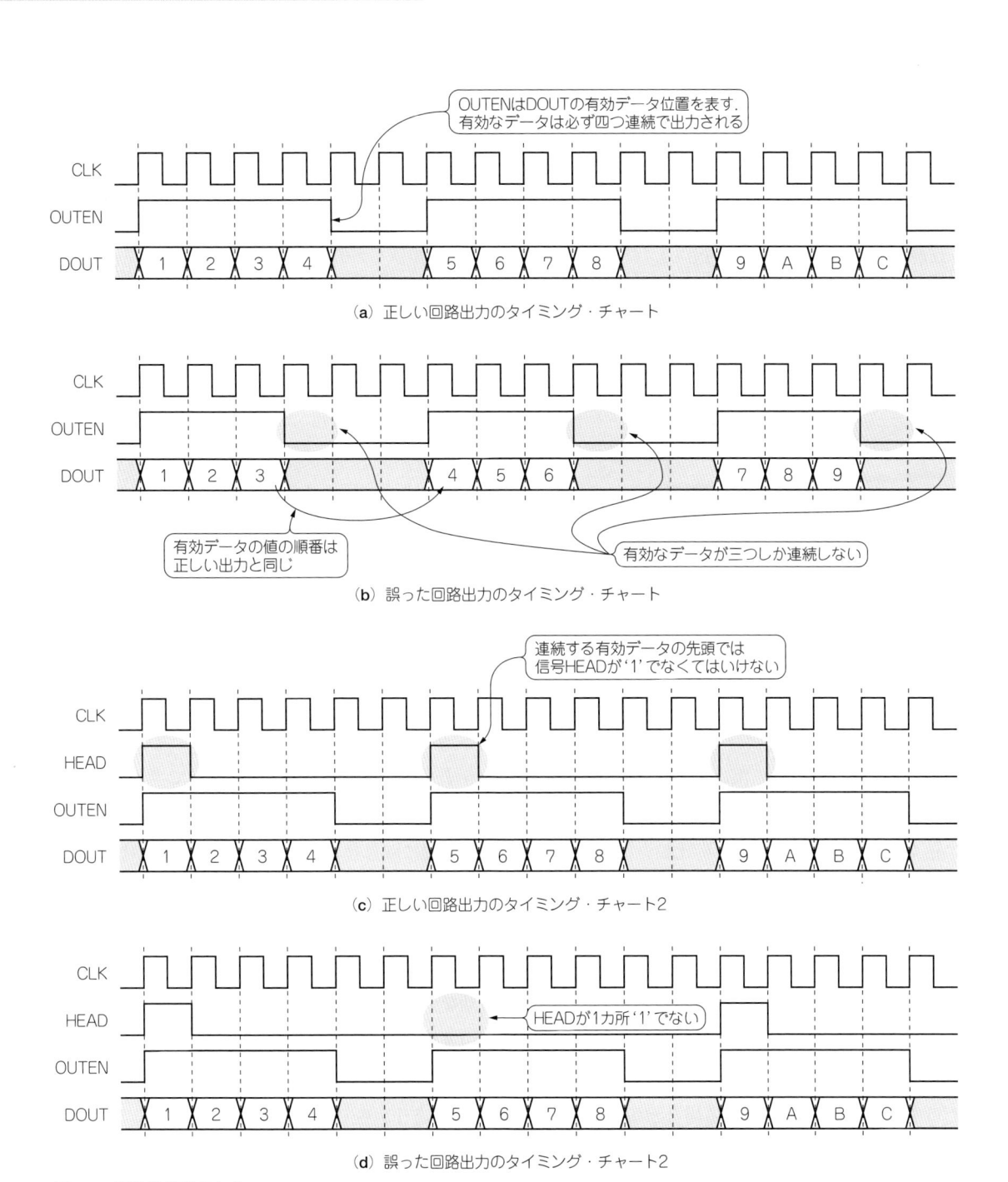

（b）誤った回路出力のタイミング・チャート

連続する有効データの先頭では
信号HEADが'1'でなくてはいけない

（c）正しい回路出力のタイミング・チャート2

HEADが1カ所'1'でない

（d）誤った回路出力のタイミング・チャート2

図9.7　期待値比較の欠点
期待値を比較するときには，何が確認できていないのかを把握して，ほかの方法で確認するという手段や工程を考えておかなくてはならない．

第9章　期待値比較の記述方法

> **コラム**
>
> ## アサーション
>
> **Verilog HDL・VHDL 共通**
> ここでいうアサーションとは，主にコントロール信号のプロトコルやタイミング関係をチェックし，違反が見つかるとコメントを出力するものという意味で使っています．
>
> **Verilog HDL**
> Verilog HDL 95でアサーションによる検証をしたい場合には，OVL〔米国Accelleraが無償提供している検証用ライブラリ（http://www.eda.org/ovl/）〕を利用することもできます．しかし，SystemVerilogの文法を使うと，Verilog HDLの文法だけでアサーションを記述するよりもずっと楽に記述できます．

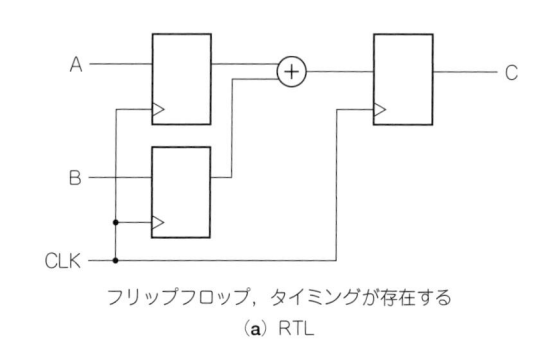

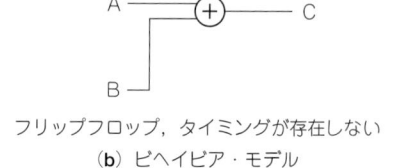

図9.8　モデルの抽象度

（a）RTL　フリップフロップ，タイミングが存在する

（b）ビヘイビア・モデル　フリップフロップ，タイミングが存在しない

　この方法というのは，実はあまり確立された手法がありません．しかし，一つの解としてアサーションで信号の関係を確認するという方法があります（コラム「アサーション」を参照）．

　テストベンチで期待値の自動比較を行うと，人の手間を大幅に減らせます．しかし，期待値の比較は比較した信号の値しか保証できないという欠点を持っています．期待値を生成するプログラムは，C言語の場合もあれば，今回見たようにHDLのファンクションである場合もあります．このプログラムは，目指す回路の処理を実現し，"神様"として参考にされるので，リファレンス・モデルと呼ばれることもあります．

　しかし，リファレンス・モデルは，回路が出力する有効なデータの値は出力しますが，それ以外の信号や出力するタイミングまでを実現することはほとんどありません．それは，HDLで記述する回路がRTL（Register Transfer Level）であるのに対して，リファレンス・モデルはビヘイビア・モデル（処理の結果だけを実現するモデル）である場合が多く，モデルの抽象度が違うからです（図9.8）．

　テストベンチを作る際は，テスト入力やそのパターンに気を取られがちですが，どんな方法で確認するのか，その確認方法で確認できない点は何かをよく把握してください．そして，検証の全工程の中で確認できていない点がないように，確認項目のリストをしっかり作って検証に挑んでください．

9.3 期待値比較の欠点

コラム

force文とrelease文

Verilog HDL

本文で解説していない基本的な文法にforce文とrelease文があります．

force文を使うと，信号の値が強制的に書き換えられます．この文を使うと，テストしたい信号値を作るのが難しい場合や，シミュレーション時間が異常にかかる場合に，その手間を省略できます．

図9.D(a)はforce文の書式です．force文はinitial文やalways文の中で使うことができます．等号の左辺の代入される信号名は，reg型信号でも，wire型信号でも大丈夫です．右辺は，固定値でも信号でも大丈夫です．右辺が信号の場合には，その信号の値が変わったとき，代入された信号の値も変わります．

図9.D(b)はrelease文の書式です．この文は，force文の効果を解除します．force文で値が書き換えられた信号が，フリップフロップの出力信号だった場合，release文の直前の値が次のクロック・エッジまで保持され，次のクロック・エッジからは通常の動作に戻ります．

図9.D(c)はforce文とrelease文の使用例です．このテストでは検証対象回路の中に，5万までカウントするカウンタが入っていることが前提になっています．カウンタを5万までカウントさせるには，少なくとも5万クロック・サイクルが必要になります．カウントの終わりを見たいだけのときに，毎回5万クロック・サイクルのシミュレーションをするのは，大変煩わしいことだと思います．このテストベンチでは，リセットを解除した後，50サイクルの間，カウント開始周辺のカウンタの動きを確認した後，一気にカウンタの値を49960にしています．release文まではカウンタの値は49960のままですが，release文の後はこの値からカウント・アップを開始します．この方法を使うと，本来5万サイクル必要なシミュレーションが，100サイクル程度で再現できます．

図9.D(d)は，force文で禁止されている代入例です．force文では，代入式の左辺にはレジスタ型の信号の一部のビットだけを指定できません．また，配列の一部の番地だけに代入することもできません．

```
force <信号名> = <値/信号名>
```
(a) force文の書式

```
release <信号名>
```
(b) release文の書式
　　force の解除

```
reg   [7:0] reg_signal;
...
initial begin
  force reg_signal[7:4]
      = ref_signal[3:0];
...
end
```
✗

(d) force文の禁止事項

```
...
reg         CLK, RST_X;
wire  [15:0] CNT;
wire         MAX;
....
cnt50k cnt50k
  (.CLK(CLK), .RST_X(RST_X),
   .CNT(CNT), .MAX(MAX));
....
initial begin
  RST_X = 1'b1;
  #DLY
  @(posedge CLK)
    #DLY RST_X = 1'b0;
  @(posedge CLK)
    #DLY RST_X = 1'b1;
  repeat(50) @(posedge CLK);

  force cnt50k.CNT = 16'd49960;

  repeat(10) @(posedge CLK);

  release cnt50k.CNT;

  repeat(50) @(posedge CLK);
...
```

（50000 までのカウンタ（50000 で MAX=1））
（49960 からカウント再開）
（10 クロックの間，カウント値は 49960）

(c) force文とrelease文の使用例

図9.D
force文とrelease文

force文は信号に値を代入し続ける．信号を代入した場合は，代入した信号の値が変われば代入された信号の値も変わる．reg/wire共にOK. 左辺の信号には，配列やレジスタ宣言された複数ビット信号の一部のビットはNG. (c)はforce文で49960を強制的に書き込み，テスト時間を節約した例である．通常カウンタを5万までカウントするには，5万クロック必要だが，100クロック程度ですむ．

第9章 期待値比較の記述方法

> **コラム**
>
> # 部分ビットの接続
>
> ### Verilog HDL
>
> Verilog HDLでは，**リスト9.A**のような記述は許されていません．しかし，ビット幅を指定してループ文で順番に信号を代入することができないと，不自由する場面もあるでしょう．そこで，Verilog HDL-2001からはgenerate文（**図9.E**），および+:/-:文（**図9.F**）が用意されています．
>
> ```
> genvar 変数名①;
> generate
>   for(変数①...)
>     assin文 or always文
> endgenerate
> ```
>
> （a）generate文の書式
>
> リスト9.A　コンパイル・エラーとなる記述例
>
> ```
> reg  [11:0] A;
> reg  [1:0] DQ [0:5];
> integer i;
>
> always @(A)
>   for(i=0; i<6; i=i+1)
>     DQ[i] <= A[2*i+1:2*i];
> ```
>
> ```
> reg  [11:0] A;
> wire [11:0] Q;
> reg  [1:0] DQ [0:5];
> genvar i;
>
> generate
>   for(i=0; i<6; i=i+1)
>     always @(A)
>       DQ[i] <= A[2*i+1:2*i];
> endgenerate
>
> generate
>   for(i=0; i<6; i=i+1)
>     assign Q[2*i+1:2*i] = DQ[i];
> endgenerate
> ```
>
> 変数①[LSB基準式+:ビット幅]
> 変数①[MSB基準式-:ビット幅]
>
> （a）+:/-:文の書式
>
> ```
> reg  [11:0] A;
> reg  [1:0] DQ [0:5];
> integer j;
>
> always @(A)
>   for(j=0;j<6;j=j+1)
>     DQ[j] = A[2*j+:2];
> ```
>
> （b）generate文の記述例　　　　　（b）+:/-:文の記述例
>
> 図9.E　generate文の書式と記述例　　図9.F　+:/-:文の書式と記述例

第3部　検証のテクニック

第10章

テスト・パターンの検討

本章では図10.1のような画像処理回路のテスト・パターンについて考えます．回路名はYUVFILTERとします．

▶▶ 10.1　画像処理回路の検証を考える

図10.1(a)は，回路のブロック図です．入力信号の中で，名前が"R_"で始まる信号は，この回路の外に存在するレジスタの出力であることを表しています．データ系の処理としては，入力信号RIN，GIN，BINの接続を入れ替えるSEL①，YUV変換，出力信号YOUT，UOUT，VOUTの接続を入れ替えるSEL②が存在します．このブロック図には制御系の入力信号VSYNC，HSYNCとデータ系信号の関係は示されていません．VSYNCOUTとHSYNCOUTは，VSYNCとHSYNCを3段パイプラインにした信号（間にフリップフロップが3個直列につながっている）と考えてください．

図10.1(b)と図10.1(c)は，この回路のデータ系信号と制御系信号の関係を表すタイミング・チャートです．

図10.1(b)は，HSYNC（水平同期信号）の1周期分の波形と，信号RIN，HSYNCOUT，YOUTの関係を表しています．この回路ではレジスタR_hbporchによって，HSYNCの立ち上がりから有効なデータまでのクロック数が設定されます．また，1ライン（HSYNC1周期内）の有効なデータの数は，レジスタR_hdlengthによって設定されます．無効なデータは出力では'0'にマスクされます（置き換えられる）．

図10.1(c)は，VSYNC（垂直同期信号）の1周期分の波形と，信号HSYNC，RINの関係を表しています．レジスタR_vbporchとレジスタR_vdlengthは，それぞれVSYNCの立ち上がりから有効なラインまでのライン数と1フレーム（VSYNC1周期内）の有効なライン数を表しています．

図10.1(b)の波形は，図10.1(c)の波形のHSYNC1周期の間に毎回繰り返されていると考えてくださ

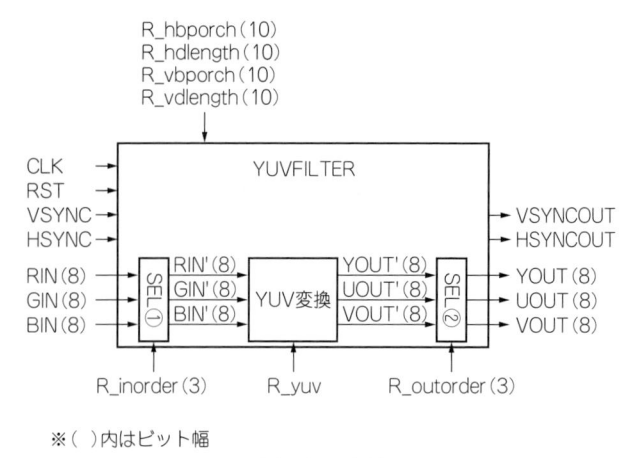

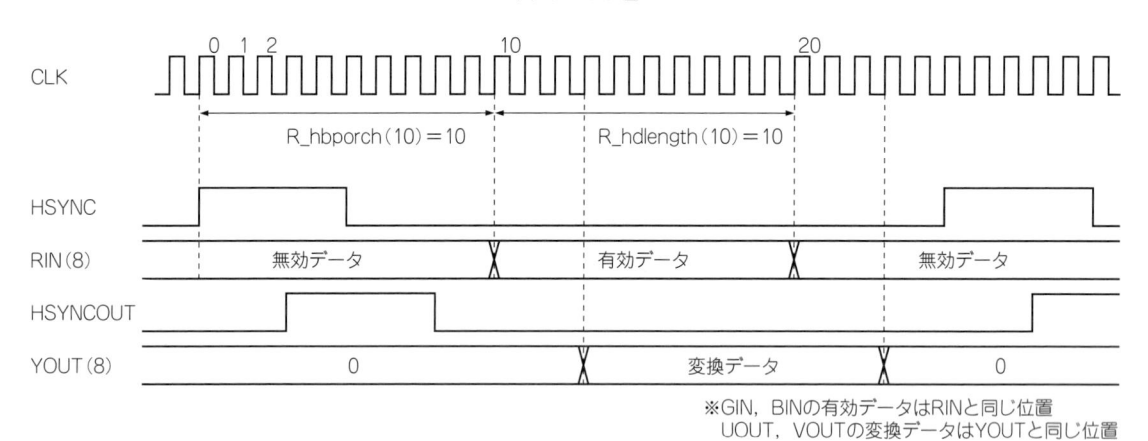

第10章 テスト・パターンの検討

図10.1 検証対象の回路の概要

い．なお，無効なラインでは出力信号YOUT，UOUT，VOUTの値は常に'0'です．

　図10.1(d)は，この回路に入力される画像のイメージと，同期信号，レジスタの関係を表したものです．一つのフレームは左上の部分からデータが送信され，右下で終わります．無効なデータの領域は，絵として有効でない（表示されない）部分だと考えてください．

　図10.1(e)は，この回路のレジスタ表です．図10.1(a)〜図10.1(c)を見比べて，内容をくみ取ってください．例えばレジスタR_yuvの場合，'0'に設定されるとデータの変換はしませんが，'1'に設定されると概要欄の式通りに変換されます．

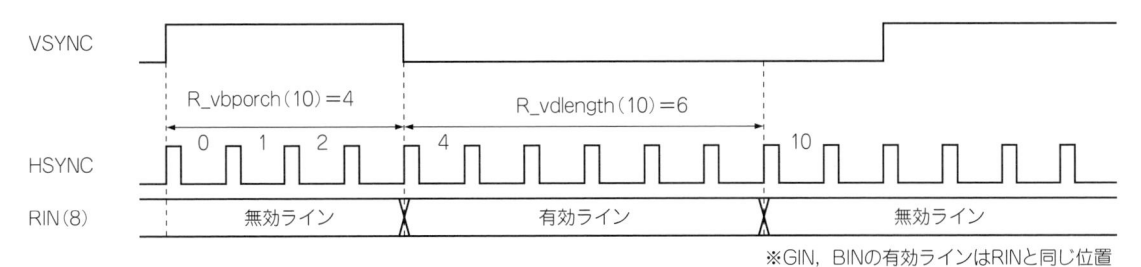

10.2 テスト内容を洗い出す

(c) 垂直同期

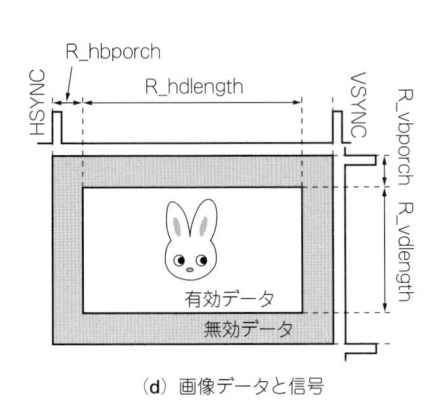

※GIN, BINの有効ラインはRINと同じ位置

レジスタ名	ビット幅	概　　要
R_hbporch	10	HSYNCの立ち上がりから有効データの開始位置までのクロック数(3以下は設定不可)
R_hdlength	10	水平方向の画素数(3以下は設定不可)
R_vbporch	10	VSYNCの立ち上がりから有効データの開始位置までのライン数(0は設定不可)
R_vdlength	10	水直方向のライン数(0は設定不可)
R_inorder	3	入力側のセレクタ切り替え RIN', GIN', BIN' に対して 0：RIN, GIN, BIN　　1：GIN, RIN, BIN 2：BIN, GIN, RIN　　3：RIN, BIN, GIN 4：GIN, BIN, RIN　　5：BIN, RIN, GIN　　6, 7：設定不可
R_yuv	1	YUV変換設定 0：YOUT' = RIN'　　UOUT' = GIN'　　VOUT' = BIN' 1：YOUT' = 0.299 × RIN' +0.587 × GIN' +0.114 × BIN' 　　UOUT' = − 0.169 × RIN' − 0.331 × GIN' +0.5 × BIN' 　　VOUT' = 0.5 × RIN' − 0.419 × GIN' − 0.081 × BIN'
R_outorder	3	出力側のセレクタ切り替え YOUT, UOUT, VOUT に対して 0：YOUT', UOUT', VOUT' 1：UOUT', YOUT', VOUT' 2：VOUT', UOUT', YOUT' 3：YOUT', VOUT', UOUT' 4：UOUT', VOUT', YOUT' 5：VOUT', YOUT', YOUT' 6, 7：設定不可

(d) 画像データと信号

(e) レジスタ表

▶▶ 10.2　テスト内容を洗い出す

● レジスタ設定からの洗い出し

　表10.1はレジスタ設定から，テスト内容を洗い出したものです．

　R_hbporchのように，設定値が数量を表す場合には，最小値，適当な中間値，最大値の三つについてテストしなくてはなりません．中間値に関しては，ある値で正常に機能した場合，それより一つ多いからといって正常に動作しなくなる可能性は，それほど高くありません．しかし最小値と最大値に関しては，仕様の限界でもあり，中間値よりも格段にバグの発生確率が高くなります．

第10章 テスト・パターンの検討

表10.1 レジスタ設定からの洗い出し

レジスタ名	ビット幅	最小値	中間値(例)	最大値
R_hbporch	10	4	512	1023
R_hdlength	10	4	512	1023
R_vbporch	10	1	512	1023
R_vdlength	10	1	512	1023

(a) 設定値が数量の場合には、最小値、中間値、最大値をテスト

レジスタ名	ビット幅	テストする値
R_yuv	1	すべて
R_inorder	3	すべて(ただし,6,7は設定不可なので優先度は低い)
R_outorder	3	すべて(ただし,6,7は設定不可なので優先度は低い)

(b) 設定値で機能が変わる場合には、すべての値をテスト

これに対してR_inorderのように、設定値すべてが別々の機能を表すようなレジスタの場合には、すべての値を総当たり的にテストしなければいけません。これはそれぞれの機能が別々の記述で構成されており、不具合はある一つの設定でしか発見できない可能性が高いからです。

● インターフェース仕様からの洗い出し

図10.2はインターフェースの仕様から、テスト内容を洗い出したものです。

仕様から一般的に思い描くのは図10.2(a)の波形です。しかし仕様に禁止が明記されていない限り、図10.2(b)のような波形で使用されることもあるかもしれません。

また、図10.2(a)の波形から何となく有効データの前後はある程度の無効なデータ期間があると思いがちです。しかし、仕様の限界という意味では図10.2(c)のような波形、あるいは有効データの最後尾がHSYNCの立ち上がりよりも後になるような波形で使用されるかもしれません。

インターフェースにおけるバグは、特に設計者の「こんな波形は来ない」という思い込みで発生することがよくあります。仕様が禁じていない限り、あらゆる場合を想定してテスト候補に挙げてください。

● データ仕様からの洗い出し

表10.2は入力データの仕様から、テスト内容を洗い出したものです。

考え方としては数量を設定するレジスタと同じです。最小値、適当な中間値、最大値の三つは必ずテストしなければなりません。

入力信号自体の最小値・最大値は考えやすいはずです。それだけではなく、回路の仕様を見て、途中の信号や出力が最大値、最小値となる組み合わせも洗い出してください。

以上で説明したことは最低限のテスト内容です。これらの値以外もできる限りたくさんテストして、バグをあぶり出してください。

10.2 テスト内容を洗い出す

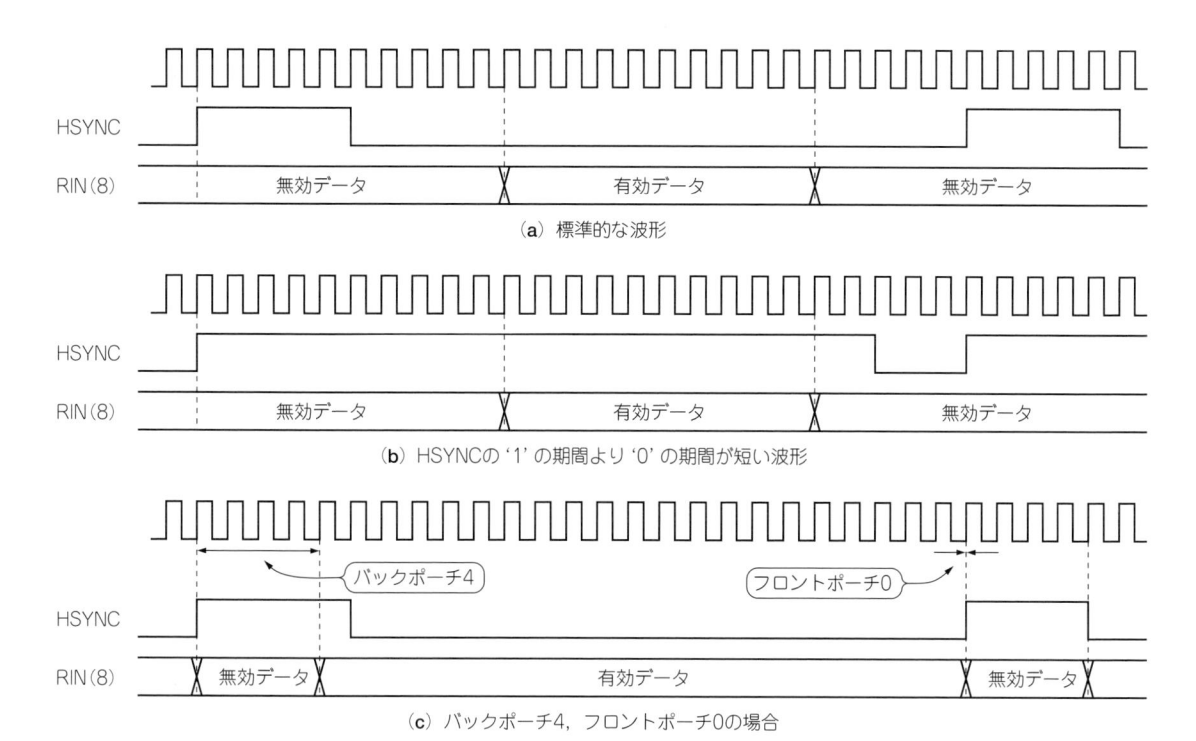

(a) 標準的な波形

(b) HSYNCの '1' の期間より '0' の期間が短い波形

(c) バックポーチ4, フロントポーチ0の場合

図10.2 インターフェース仕様から洗い出したテスト内容

表10.2 データ仕様から洗い出したテスト内容

入力ポート名	ビット幅	最小値	中間値（例）	最大値
RIN	8	0	128	255
GIN	8	0	128	255
BIN	8	0	128	255

(a) 各入力データの最小値, 中間値, 最大値をテスト

出力データ名	値	RIN	GIN	BIN
YOUTの最大値	255	255	255	255
YOUTの最小値	0	0	0	0
UOUTの最大値	127	0	0	255
UOUTの最小値	−127	255	255	0
VOUTの最大値	127	255	0	0
VOUTの最小値	−127	0	255	255

※ R_inorder, R_outorderが共に0の場合

(b) 出力データが最小値, 最大値となる組み合わせをテスト

表10.3 テスト・パターン表

大項目	小項目	パターン0	パターン1	パターン2	…
レジスタ設定	R_hbporch				
	R_hdlength				
	R_vbporch				
	R_vdlength				
	R_yuv				
	R_inorder				
	R_outorder				
同期信号	水平周期				
	水平パルス幅				
	垂直周期				
	垂直パルス幅				
入力データ	RIN				
	GIN				
	BIN				
備考					

第10章　テスト・パターンの検討

▶▶ 10.3　テスト・パターン表の作成

洗い出したテスト項目について**表10.3**のようなテスト・パターン表を作成し，埋めていきます．

● デフォルト・テスト・パターンの作成

　ここでは最初のパターンを考えます．最初のパターンとして適当なのは，**図10.3**にある通り，極力すべての機能をOFF状態にした，シミュレーション時間の短いものです．

　テストを始めたばかりの回路は，接続ミスをはじめとするケアレス・ミスを大量に含むものと考えられます．このため，初めからあまりたくさんの機能を動作させると，不具合がどの機能，どの部分で生じているのか究明するのが非常に大変です．ですから，OFFにできる機能はなるべくOFFにします．OFFにした機能にはバグが含まれているかもしれませんが，テストを後回しにし，早い時期に「すべての機能をOFFにしたら，正常に動作する」といえる状態まで，修正を進めます．

　また，この時点では何度もシミュレーションを繰り返すことが想定されます．シミュレーション時間の長いパターンでテストしてしまうと，シミュレーションの待ち時間や確認の時間を大量に取られてしまいます．初期の段階では，なるべく短いパターンにするべきです．ただし，仕様の限界までパターンを短かくしてしまうと，思わぬ不具合にはまってしまい，後回しにしたい機能の不具合を拾ってしまう可能性があります．最初にテストするパターンは，「ほどほど」に短いパターンにしましょう．

　図10.3で，デフォルト・テスト・パターン（最初のパターン）としているのは，1ラインの有効データ数が20個，有効ラインの前後は10クロックの余裕がある波形です．実際の画像では，1ラインが1000画素前後かそれ以上になるはずですが，最初のテストとしてはこれで十分です．

- 最も基本的なパターン
- 可能な限りすべての機能をOFFに設定
- 可能な限り短いパターンとする

レジスタ設定
R_yuv 　　　 ：0スルー（{YOUT', UOUT', VOUT'} = {RIN', GIN', BIN'}）
R_inorder 　 ：0{RIN', GIN', BIN'} = {RIN, GIN, BIN}
R_outorder 　：0{YOUT, UOUT, VOUT} = {YOUT', UOUT', VOUT'}

タイミング・チャート
HSYNC
RIN（8）　　無効データ　　有効データ　　無効データ
　　　　　　10サイクル　　20サイクル　　10サイクル

※ただし，仕様の限界まで短くすると，思わぬ不具合に遭遇しやすい

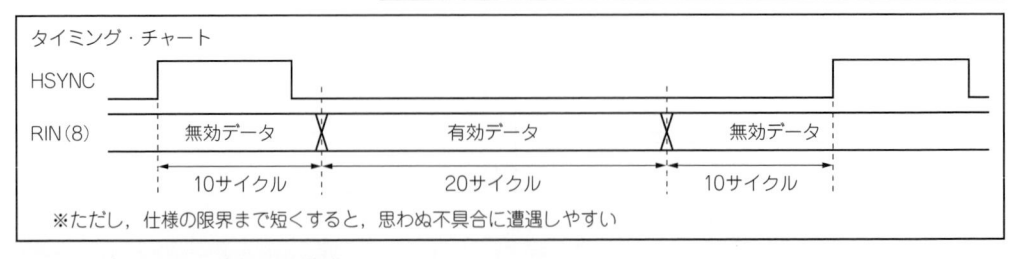

図10.3　デフォルト・パターンの作成
最初のパターンとして適当なのは，極力すべての機能をOFF状態にした，シミュレーション時間の短いものにする．

10.3 テスト・パターン表の作成

● 単体機能検証パターンの作成

デフォルト・テスト・パターンのバグが消えた後は，テスト要素を一つずつ変えながらテストしていきます．パターン数は洗い出したテスト内容のバリエーションの合計になるので，大変な数になります．

「あなたがこれからテストをし，納期までには終わらせなければいけない」という状況では，なるべく早くテストを終わらせたいと思うはずです．このようなときに最初に思い付くのは，テスト要素を組み合わせて，最小のパターン数ですべての機能を網羅する方法ではないでしょうか．しかし，この方法ではバグの存在に気付いてから，その発生源を探し当てるまでが大変です．なぜなら，複数の要素を同時に変えてしまったので，疑うべき相手がたくさんいるからです．

これに対してテスト要素ごとにテストを進める方法は，確かにパターン数は増えますが，どの機能に不具合があるか一発で分かります．この方法では，ほとんどのテスト・パターンはコピーで済みます．テスト・パターンの作成にかかる時間は，パターン数の割にはかからないはずです（コラム「パターンが多ければテストが早く終わる」を参照）．

図10.4はデフォルト・テスト・パターンと単体機能検証パターンを，テスト・パターン表に埋めたものの一部です．パターン0はデフォルト・パターン，パターン1はパターン0からレジスタR_yuvだけを'1'に変更したパターンです．パターン2とパターン3はパターン1からレジスタR_inorderの設定値だけを変更しています．

ここでパターン0とパターン1で現れる不具合を直した後，パターン2かパターン3でまた不具合が現れたとします．その不具合を正しく直すと，おそらくこの後パターン6まで続くレジスタR_inorderのテスト・パターンは，すべて直ってしまう可能性が高くなります．

● 複合機能検証パターンの作成

単体機能検証パターンで現れる不具合をすべて直した後，次にテストするパターンは複数の機能の組み合わせです．

- 各機能を単体でテストする（パターンと機能は1：1）
- デフォルト・テスト・パターンから機能をただ一つずつ変更する
- 組み合わせを除いて，洗い出したすべての状態をテストする

テスト・パターン表

大項目	小項目	パターン0	パターン1	パターン2	パターン3	…
レジスタ設定	R_hbporch	10	10	10	10	
	R_hdlength	20	20	20	20	
	R_vbporch	10	10	10	10	
	R_vdlength	20	20	20	20	
	R_yuv	0	1	1	1	
	R_inorder	0	0	1	2	

（デフォルト・テスト・パターンはパターン0）

図10.4 単体機能検証パターンの作成
テスト要素ごとにテストを進めると，テスト・パターンの数は増えるが，どの機能に不具合があるか一発で分かる．

第10章 テスト・パターンの検討

　ここでも注意したいのは，一度にあまりたくさんの機能を組み合わせないことです．とはいえ，機能の組み合わせの数は単体機能検証パターンの数に比べると爆発的に増えるので，やはりたくさんの機能を組み合わせたいものです．そこで，機能同士の因果関係（関連性の強さ）に着目します．

　図10.5のテスト・パターン表は，複合機能検証パターンの表の一部です．レジスタR_hbporch～R_vlengthは，どれも同期信号から有効画像領域を割り出すためのもので，その因果関係は「厚い」といえます．パターン100では水平方向だけの最小値を組み合わせ，パターン101では垂直方向の最小値だけを組み合わせています．これらのレジスタをすべて最小にするパターン102は，パターン100とパターン101の後に回されています．

　次にレジスタR_inorderに着目してください．このレジスタは入力データの接続を変更するだけなので，有効画像領域を設定するレジスタR_hbporch～R_vlengthとは因果関係が「薄い」といえます．つまり，有効画像領域を割り出す機能に不具合があったとしても，それがこの接続を変更する機能にまで影響が波及する可能性は低いといえます．その逆もまたしかりです．このような因果関係の薄い機能同士は，総パターン数を減らすために，組み合わせた方が得策です．

　最後はレジスタR_yuvに着目してください．このレジスタも因果関係の薄い機能と並行して，機能を切り替えています．ここでよく見ると，'0'と設定されたパターンより，'1'と設定されたパターンの方が多いことに気付くのではないでしょうか．これは実使用上，'1'と設定されることが多いとか，（そのまま出力するだけの）'0'という設定より（演算を行う）'1'という設定の方が不具合が隠れている可能性が高い，などの事情から，'1'を多めにテストしています．このように複合機能検証パターンでは，より多くテストしたい機能を多めにするなどの重み付け（優先順位付け）も重要です．

- 複数機能の組み合わせ検証，もしくはイレギュラ動作検証
- 因果関係の薄い機能は，並行して組み合わせる
- 優先順位付けが重要

テスト・パターン表

因果関係が厚い　水平方向最小の組み合わせ　画像領域最小の組み合わせ

大項目	小項目	パターン100	パターン101	パターン102	パターン103	…
レジスタ設定	R_hbporch	4	10	4	1023	
	R_hdlength	4	20	4	1023	
	R_vbporch	4	1	1	4	
	R_vdlength	6	1	1	6	
	R_yuv	0	1	1	1	
	R_inorder	0	1	2	3	

因果関係が薄い　垂直方向最小の組み合わせ　水平方向最大の組み合わせ

図10.5
複合機能検証パターンの作成
単体機能検証パターンで現れる不具合をすべて直した後，複数の機能の組み合わせをテストする．

10.4 テストの順序と検証方法

　図10.6は，これまで出てきたテストの順序をまとめたものです．それぞれの工程について，ここで解説します．

● **リセットの検証**

　フリップフロップの含まれた回路は，どんな回路でも最初に非同期リセットが効くかどうかを確認しなければいけません．どんな回路も，電源投入後の非同期リセットが正常に動作しなければ，それ以降のテストはまったくの無駄になるからです．

コラム

パターンが多ければテストが早く終わる

　ある同じ回路の検証において，二つの状況を考えてみます．テスト内容を十分に洗い出し，用意されたテスト・パターンで，漏れなくテストできるものとします．

● **組み合わせテストのみの場合**

　テスト・パターンの数が20程度だったとします．あなたは1週間もあればすべてのパターンでの不具合を直し切れるつもりになるでしょう．
　しかし，実際にテストを始めてみると，一つのパターンで現れる不具合を探し当て，直し切るのに2日も3日もかかってしまいます．
　デバッグの期間を1週間と見積もったあなたは，上司へ報告する進捗達成率が，最初は30％，50％と威勢良く上がるものの，予定の期限を過ぎた頃から雲行きが怪しくなります．開始から3週間目（予定よりも2週間も過ぎている！）では，進捗率の増加は3％刻み，そして1％刻みになってしまいました．もうとっくに終わっているはずの仕事が長引き，あなたの胃は痛み，睡眠不足から顔は青くなり，なぜか上司の顔はあなたを見るたびに赤くなります．
　結局すべての不具合を直すのに1カ月以上かかってしまいました．

● **最初に機能を個別にテストした場合**

　テスト・パターンの数が200もあったとします．そこであなたは不具合を直し切るのに1カ月かかると見積もります．1カ月と見積もったあなたに対し難色を示した上司も，パターン数の多さを見るとしぶしぶ納得します．
　テストを始めたあなたは，順調にデバッグを進めていきます．不具合を発見したときに，疑うべき所ははっきりしていたからです．そして，一つの不具合を修正するたびに，一気に10も20ものパターンで異常が消えます．なぜならそれらのパターンは，同じ機能の設定をわずかに変えただけだからです．正しく直せば全部の不具合を直したも同然です．
　進捗の達成率も最初は3％，5％ずつしか上がりませんが，不具合を取り除いたパターン数自体は順調に増え，しかも後になるほど進捗の上昇率は上がります．あなたは仕事が予定よりも早く終わりそうな予感に，うれしくなってきます．
　結局，見積もりよりも早く，3週間で片付いてしまいました．

第10章 テスト・パターンの検討

● CPUのリード/ライト・パターン

　図10.1の回路には存在しませんでしたが，一定規模以上の回路の多くはCPUバスに対するインターフェースを持っています．CPUにより内部のレジスタやRAMにリード/ライトが行われ，機能が操作される場合がほとんどです．このような場合には，このリード/ライトが正常に動作することを，ほかの機能より先に確認しなくてはなりません．なぜならこの機能に不具合が含まれると，ほとんどの機能は正常に動作しなくなるからです．

　図10.7を見てください．これはレジスタのリード/ライト機能を検証するためによく使われる方法です．理解を簡単にするために，レジスタのビット幅は8ビットにしています．

　図10.8はバグを含むレジスタの例です．

　図10.8(a)は，レジスタのビット4にライトをすることができず，ビット4の出力は0に固定されているバグです．このようなバグは図10.7(a)の処理フローで発見できます．

　図10.8(b)は，レジスタのビット4にライトをすることができず，ビット4の出力が0ビット目に接続されているバグです．このバグは図10.7(b)の処理フローでしか発見することができません．図10.7(a)，(c)，(d)の処理フローでは，正常な回路と同じ値が出力されます．

　同様に図10.8(c)，(d)のバグは，それぞれ図10.7(c)，(d)の処理フローでしか発見できません．

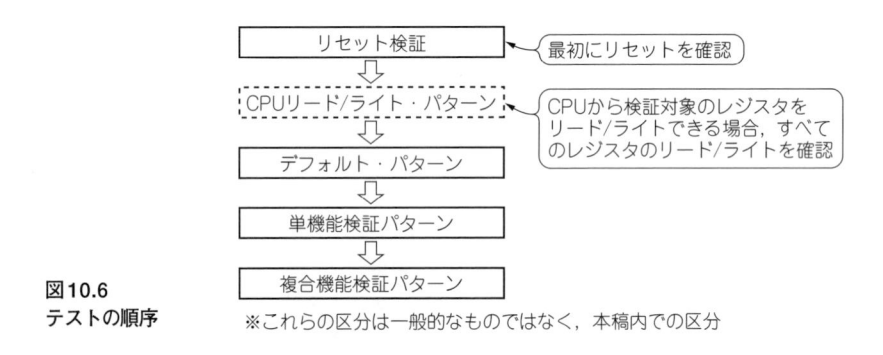

図10.6 テストの順序

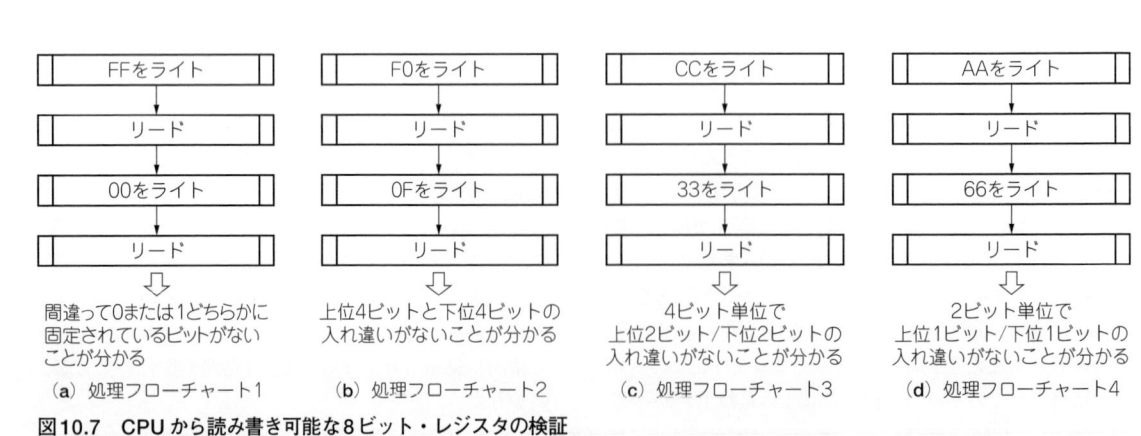

リセット検証 ← 最初にリセットを確認
↓
CPUリード/ライト・パターン ← CPUから検証対象のレジスタをリード/ライトできる場合，すべてのレジスタのリード/ライトを確認
↓
デフォルト・パターン
↓
単機能検証パターン
↓
複合機能検証パターン

※これらの区分は一般的なものではなく，本稿内での区分

(a) 処理フローチャート1
FFをライト → リード → 00をライト → リード
⇩
間違って0または1どちらかに固定されているビットがないことが分かる

(b) 処理フローチャート2
F0をライト → リード → 0Fをライト → リード
⇩
上位4ビットと下位4ビットの入れ違いがないことが分かる

(c) 処理フローチャート3
CCをライト → リード → 33をライト → リード
⇩
4ビット単位で上位2ビット/下位2ビットの入れ違いがないことが分かる

(d) 処理フローチャート4
AAをライト → リード → 66をライト → リード
⇩
2ビット単位で上位1ビット/下位1ビットの入れ違いがないことが分かる

図10.7　CPUから読み書き可能な8ビット・レジスタの検証

10.4 テストの順序と検証方法

このような方法により，レジスタのリード/ライト機能を網羅的に検証することが可能です．

● **デフォルト・パターン**

このテストでは回路の接続ミスなどのケアレス・ミスが非常に多く出ます．そのため，検証方法としては，波形による目視が有効です．

波形による目視は，手間はかかるものの直感的な分かりやすさがあります．接続ミスなどのケアレス・ミスを発見する方法としては適しています．

● **単機能検証パターン**

接続ミスなどのケアレス・ミスを取り除いたら，各機能を単独で確認していきます．

この工程ではバグを修正しながら，以前パスしたパターンに異常が起こっていないか，何度もシミュレーションを流し直して確認しなくてはなりません．パスしたパターンが増えるにつれて，新たな不具合の発見や，修正よりも，この確認作業が非常に重荷になってきます．

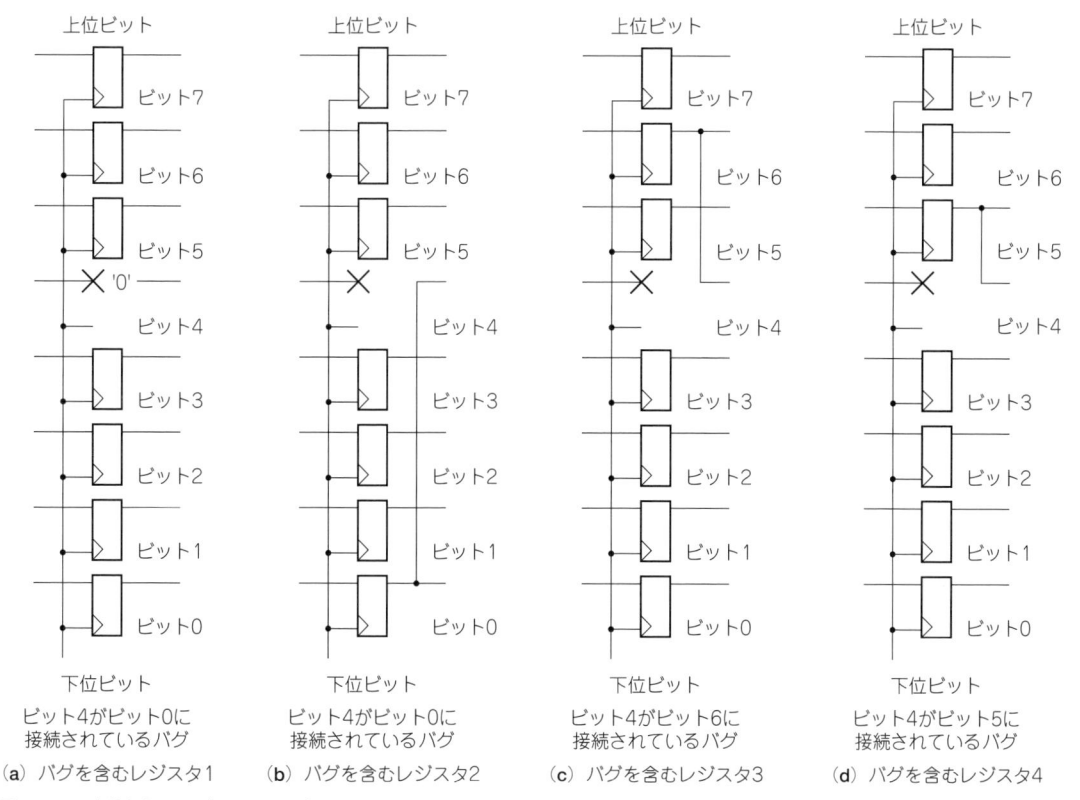

(a) バグを含むレジスタ1 — ビット4がビット0に接続されているバグ
(b) バグを含むレジスタ2 — ビット4がビット0に接続されているバグ
(c) バグを含むレジスタ3 — ビット4がビット6に接続されているバグ
(d) バグを含むレジスタ4 — ビット4がビット5に接続されているバグ

図10.8　バグを含む8ビット・レジスタ

第10章 テスト・パターンの検討

図10.9
テスト環境の階層

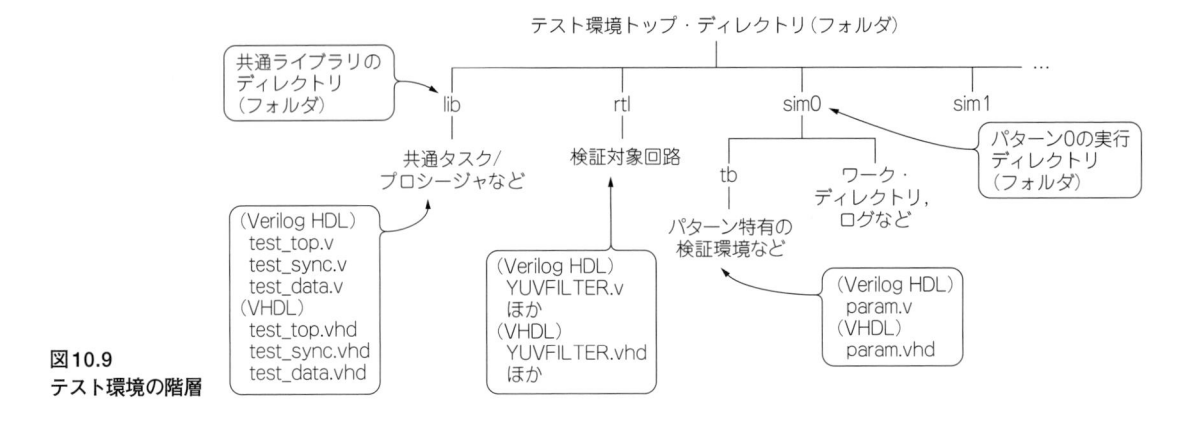

```
                   テスト環境トップ・ディレクトリ(フォルダ)
         ┌─────────┬─────────┬─────────┬─────────┐...
       lib        rtl       sim0      sim1
        │          │         │
  共通ライブラリの  検証対象回路  ┌───┴───┐    パターン0の実行
  ディレクトリ              tb    ワーク・   ディレクトリ
  (フォルダ)                    ディレクトリ,  (フォルダ)
        │                    ログなど
  共通タスク/         パターン特有の
  プロシージャなど      検証環境など

  (Verilog HDL)    (Verilog HDL)    (Verilog HDL)
  test_top.v       YUVFILTER.v      param.v
  test_sync.v      ほか              (VHDL)
  test_data.v      (VHDL)           param.vhd
  (VHDL)           YUVFILTER.vhd
  test_top.vhd     ほか
  test_sync.vhd
  test_data.vhd
```

　最初の数パターンは波形を目視してもよいかもしれません．ただし，なるべく早い時期に期待値による照合ができる環境を整えるべきです．

● **複合機能検証パターン**

　単機能の検証が終われば，すでにほとんどのバグは潰されているはずです．そこで作業としてはバグの解析や修正よりも，修正後にこれまでパスしたパターンを再確認することの方が比重が大きくなります．
　期待値の照合ができる環境は必須となります．

▶▶ 10.5　テストベンチのコーディング

　ここまで説明してきたようなテスト・パターンを実現するためのテストベンチの記述を見ていきます．
　図10.9は今回のテスト環境の階層を表しています．

📄 Verilog HDL

　リスト10.1(a)は，パラメータ・ファイルの記述です．**表10.3**のテスト・パターン表と1対1で対応する各種パラメータが記述されています．基本的には，このパターン・ファイルを変更するだけで，ほかのテスト・パターンにも対応できるようになっています．
　リスト10.1(b)は**リスト10.1(a)**のparam.hで設定された値を元に，同期信号を生成するモジュールです．`hdcnt`は水平方向1ライン内のクロック数をカウントします．初期値が'0'でないのは，リセット解除後，10クロック経ってからHSYNCの立ち上がりが来るようにしているからです．`vdcnt`は1フレーム内のライン数をカウントします．初期値が'0'でないのは，リセット解除後，1ライン経ってからVSYNCの立ち上がりが来るようにしているからです．
　リスト10.1(c)は，`rin`, `gin`, `bin`の入力値を決めるモジュールです．デフォルト・パターンなどで

10.5 テストベンチのコーディング

リスト10.1 テスト・ベンチ (Verilog HDL)

```verilog
parameter DLY        = 1;
parameter HALF_CYCLE = 5;
parameter CYCLE      = 10;
parameter STROBE     = 3;

parameter HWIDTH     = 40;   ← HSYNCの周期
parameter HPULSE     =  4;   ← HSYNCの'1'の幅
parameter VWIDTH     = 40;   ← VSYNCの周期
parameter VPULSE     =  4;   ← VSYNCの'1'の幅
parameter SIMCYCLE
       = HWIDTH * (VWIDTH + 2) + 20;   ← シミュレーションのサイクル数

parameter _YUV       = 1'b0;
parameter _HbPorch   = 10'h0A;
parameter _HdLength  = 10'h14;
parameter _VbPorch   = 10'h0A;     レジスタ設定値
parameter _VdLength  = 10'h14;
parameter _InOrder   = 3'h0;
parameter _OutOrder  = 3'h0;

parameter RValue     = 8'hFF;   ← RINの入力値
parameter GValue     = 8'h5A;   ← GINの入力値
parameter BValue     = 8'hC6;   ← BINの入力値
```

(a) param.h

```verilog
module test_data(
  clk,rin,gin,bin);

`include "./tb/param.h"

input         clk;
output [7:0]  rin,gin,bin;

reg    [7:0]  rin,gin,bin;

initial begin
  rin = RValue;   ← rin生成
  gin = GValue;   ← gin生成
  bin = BValue;   ← bin生成
end

endmodule
```

(c) test_data.v

```verilog
module test_sync(
  clk,rst,
  vsync, hsync);

`include "./tb/param.h"
parameter HWIDTHM1 = HWIDTH - 1;
parameter HPULSEM1 = HPULSE - 1;
parameter VWIDTHM1 = VWIDTH - 1;
parameter VPULSEM1 = VPULSE - 1;

input          clk,rst;
output         vsync,hsync;

reg    [10:0]  hdcnt;
reg    [10:0]  vdcnt;

always @(posedge clk or posedge rst)
  if(rst)
    hdcnt <= #DLY (HWIDTHM1 - 10);
  else if(hdcnt == HWIDTHM1)           水平方向
    hdcnt <= #DLY 11'h000;             クロック・
  else                                 カウンタ
    hdcnt <= #DLY hdcnt + 1;

always @(posedge clk or posedge rst)
  if(rst)
    vdcnt <= #DLY (VWIDTHM1 - 1);
  else if(hdcnt == HWIDTHM1)           垂直方向
    if(vdcnt == VWIDTHM1)              ライン・
      vdcnt <= #DLY 11'h000;           カウンタ
    else
      vdcnt <= #DLY vdcnt + 1;

assign hsync = (hdcnt <= HPULSEM1);   ← hsync生成
assign vsync = (vdcnt <= VPULSEM1);   ← vsync生成

endmodule
```

(b) test_sync.v

```verilog
module test_top();

`include "./tb/param.h"

reg    clk,rst;
wire   vsync,hsync;

wire   [7:0] rin,gin,bin;
wire   [7:0] yout,uout,vout;
wire   vsyncout,hsyncout;

test_sync test_sync
  (.clk(clk),.rst(rst),
   .vsync(vsync),.hsync(hsync));

test_data test_data
  (.clk(clk),
   .rin(rin),.gin(gin),.bin(bin));

YUVFILTER yuvfilter
  (.CLK(clk),.RST(rst),
   .VSYNC(vsync),.HSYNC(hsync),
   .RIN(rin),.GIN(gin),.BIN(bin),
   .VSYNCOUT(vsyncout),.HSYNCOUT(hsyncout),
   .YOUT(yout),.UOUT(uout),.VOUT(vout),
   .R_yuv(_YUV),
   .R_inorder(_InOrder),.R_outorder(_OutOrder),
   .R_hbporch(_HbPorch),.R_hdlength(_HdLength),
   .R_vbporch(_VbPorch),.R_vdlength(_VdLength));

always begin
  clk = 0; #HALF_CYCLE;
  clk = 1; #HALF_CYCLE;
end

initial begin
        rst = 0;
#CYCLE  rst = 1;
#CYCLE  rst = 0;
#(CYCLE * SIMCYCLE) $finish;
end

endmodule
```

(d) test_top.v

第10章 テスト・パターンの検討

は，接続ミスなどを発見しやすくするために，値を固定しています．初期のデバッグ終了後は，クロックごとに値が変わるように拡張します．

リスト10.1(d)は，トップ階層の接続，クロック生成，リセットとシミュレーションの終了を行うモジュールです．

VHDL

リスト10.2(a)は，パラメータ・ファイルの記述です．表10.3のテスト・パターン表と1対1で対応する各種パラメータが記述されています．基本的には，このパターン・ファイルを変更するだけで，ほかのテスト・パターンにも対応できるようになっています．

リスト10.2(b)はparam.vhdで設定された値を元に，同期信号を生成するエンティティです．hdcntは水平方向1ライン内のクロック数をカウントします．初期値が '0' でないのは，リセット解除後，10クロック経ってからHSYNCの立ち上がりが来るようにしているからです．vdcntは1フレーム内のライン数をカウントします．初期値が '0' でないのは，リセット解除後，1ライン経ってからVSYNCの立ち上がりが来るようにしているからです．

リスト10.2(c)は，rin, gin, binの入力値を決めるエンティティです．デフォルト・パターンなどでは，つなぎ間違いなどを発見しやすくするために，値を固定しています．初期のデバッグ終了後は，ク

リスト10.2　テスト・ベンチ（VHDL）

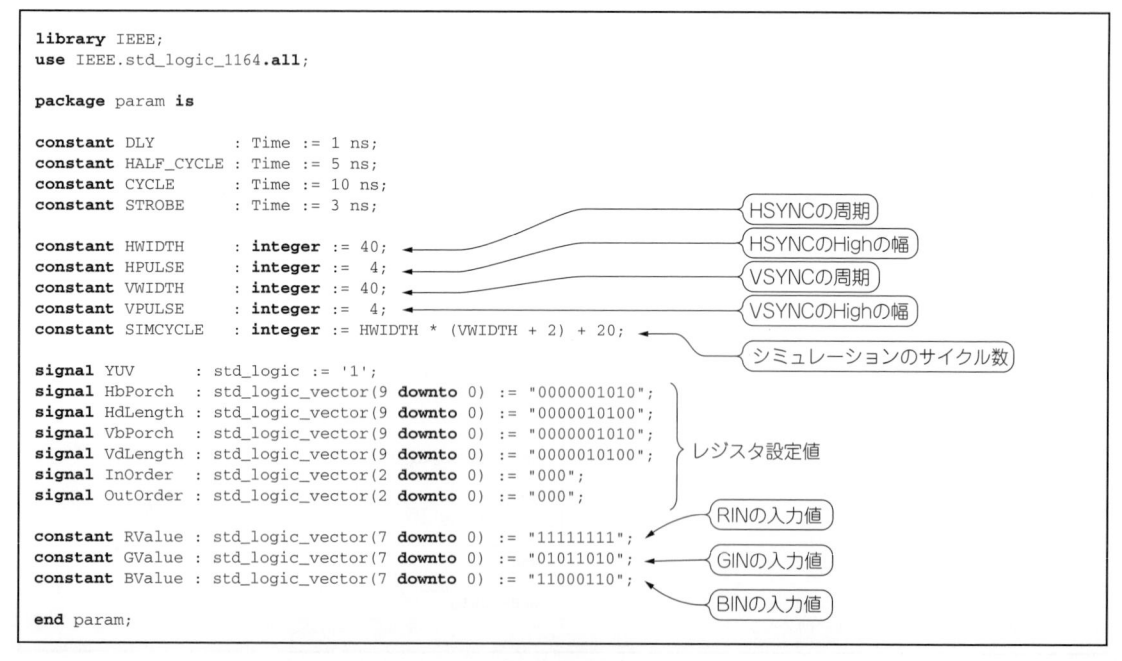

```
library IEEE;
use IEEE.std_logic_1164.all;

package param is

constant DLY        : Time := 1 ns;
constant HALF_CYCLE : Time := 5 ns;
constant CYCLE      : Time := 10 ns;
constant STROBE     : Time := 3 ns;

constant HWIDTH     : integer := 40;     ← HSYNCの周期
constant HPULSE     : integer := 4;      ← HSYNCのHighの幅
constant VWIDTH     : integer := 40;     ← VSYNCの周期
constant VPULSE     : integer := 4;      ← VSYNCのHighの幅
constant SIMCYCLE   : integer := HWIDTH * (VWIDTH + 2) + 20;   ← シミュレーションのサイクル数

signal YUV      : std_logic := '1';
signal HbPorch  : std_logic_vector(9 downto 0) := "0000001010";
signal HdLength : std_logic_vector(9 downto 0) := "0000010100";
signal VbPorch  : std_logic_vector(9 downto 0) := "0000001010";
signal VdLength : std_logic_vector(9 downto 0) := "0000010100";    レジスタ設定値
signal InOrder  : std_logic_vector(2 downto 0) := "000";
signal OutOrder : std_logic_vector(2 downto 0) := "000";

constant RValue : std_logic_vector(7 downto 0) := "11111111";   ← RINの入力値
constant GValue : std_logic_vector(7 downto 0) := "01011010";   ← GINの入力値
constant BValue : std_logic_vector(7 downto 0) := "11000110";   ← BINの入力値

end param;
```

（a）param.vhd

ロックごとに値が変わるように拡張します．

リスト10.2(d)は，トップ階層の接続，クロック生成，リセットとシミュレーションの終了を行うエンティティです．

10.6 デバッグの進め方の基本

テストベンチを作成し，最初にテストを実施したときには，たいていの場合思った通りに動かないものです．このとき気を付けたいのは，検証対象の回路ではなく，テストベンチの方が思った通りに動いているかどうかです．テストベンチが思った通りに動いていなければ，回路からも期待する値が出てこなくて

```vhdl
library IEEE;
use IEEE.std_logic_1164.all;
use IEEE.std_logic_arith.all;
use IEEE.std_logic_unsigned.all;
use work.param.all;

entity test_sync is port(
  clk,rst      : in  std_logic;
  vsync, hsync : out std_logic);
end test_sync;

architecture SIM of test_sync is

constant HWIDTHM1 : integer := HWIDTH - 1;
constant HPULSEM1 : integer := HPULSE - 1;
constant VWIDTHM1 : integer := VWIDTH - 1;
constant VPULSEM1 : integer := VPULSE - 1;

signal hdcnt : std_logic_vector(10 downto 0);
signal vdcnt : std_logic_vector(10 downto 0);

begin

process(clk,rst)begin       -- 水平方向クロック・カウンタ
  if(rst='1')then
    hdcnt <=
      CONV_STD_LOGIC_VECTOR((HWIDTHM1-10),11);
  elsif(clk'event and clk='1')then
    if(hdcnt = HWIDTHM1)then
      hdcnt <= (others => '0') after DLY;
    else
      hdcnt <= hdcnt + '1' after DLY;
    end if;
  end if;
end process;

process(clk,rst)begin       -- 垂直方向ライン・カウンタ
  if(rst='1')then
    vdcnt <=
      CONV_STD_LOGIC_VECTOR((VWIDTHM1-1),11);
  elsif(clk'event and clk='1')then
    if(hdcnt = HWIDTHM1)then
      if(vdcnt = VWIDTHM1)then
        vdcnt <= (others => '0') after DLY;
      else
        vdcnt <= vdcnt + '1' after DLY;
      end if;
    end if;
  end if;
end process;

hsync <= '1' when (hdcnt <= HPULSEM1) else '0';   -- hsync生成
vsync <= '1' when (vdcnt <= VPULSEM1) else '0';   -- vsync生成

end SIM;
```

(b) test_sync.vhd

```vhdl
library IEEE;
use IEEE.std_logic_1164.all;
use work.param.all;

entity test_data is port(
  clk          : in std_logic;
  rin,gin,bin  : out std_logic_vector(7 downto 0));
end test_data;

architecture SIM of test_data is

begin

process begin
  rin <= RValue;   -- rin生成
  gin <= GValue;   -- gin生成
  bin <= BValue;   -- bin生成
  wait;
end process;

end SIM;
```

(c) test_data.vhd

第10章 テスト・パターンの検討

リスト10.2 テスト・ベンチ（VHDL）（つづき）

```vhdl
library IEEE;
use IEEE.std_logic_1164.all;
use IEEE.std_logic_arith.all;
use work.param.all;

entity test_top is
end test_top;

architecture SIM of test_top is
component test_sync port(
  clk,rst       : in std_logic;
  vsync, hsync  : out std_logic);
end component;

component test_data port(
  clk           : in std_logic;
  rin,gin,bin   : out std_logic_vector(7 downto 0));
end component;

component YUVFILTER port(
  CLK,RST,VSYNC,HSYNC       : in std_logic;
  RIN,GIN,BIN               : in std_logic_vector(7 downto 0);
  VSYNCOUT,HSYNCOUT         : out std_logic;
  YOUT, UOUT, VOUT          : out std_logic_vector(7 downto 0);
  R_yuv                     : in std_logic;
  R_inorder,R_outorder      : in std_logic_vector(2 downto 0);
  R_hbporch,R_hdlength,
  R_vbporch,R_vdlength      : in std_logic_vector(9 downto 0));
end component;

signal clk,rst,vsync,hsync,
       vsyncout,hsyncout    : std_logic;
signal rin,gin,bin,
       yout,uout,vout
         : std_logic_vector(7 downto 0);

begin

utest_sync : test_sync port map (
  clk   => clk,    rst   => rst,
  vsync => vsync, hsync => hsync);

utest_data : test_data port map (
  clk => clk, rin => rin,
  gin => gin, bin => bin);

uYUVFILTER : yuvfilter port map (
  CLK       => clk,       RST      => rst,
  VSYNC     => vsync,     HSYNC    => hsync,
  RIN       => rin,       GIN      => gin,
  BIN       => bin,
  VSYNCOUT  => vsyncout,HSYNCOUT => hsyncout,
  YOUT      => yout,      UOUT => uout,
  VOUT      => vout,
  R_yuv        => YUV,
  R_inorder    => InOrder,
  R_outorder   => OutOrder,
  R_hbporch    => HbPorch,
  R_hdlength   => HdLength,
  R_vbporch    => VbPorch,
  R_vdlength   => VdLength);

process begin
  CLK <= '1'; wait for HALF_CYCLE;
  CLK <= '0'; wait for HALF_CYCLE;
end process;

process begin
                                rst <= '0';
  wait for CYCLE;               rst <= '1';
  wait for CYCLE;               rst <= '0';
  wait for (CYCLE * SIMCYCLE); assert false;
end process;

end SIM;

configuration cfg_test_top of test_top is
  for SIM
  end for;
end cfg_test_top;
```

（d）test_top.vhd

当然でしょう．

　図10.10は初期の基本的なデバッグの手順です．また，図10.11はテスト入力が間違っているのに，出力の異常を見つけた後，回路を後ろからたどってしまった場合の作業フローを表しています．このように，テストベンチにミスを残したまま，回路のバグと誤認して解析を始めると，大変な時間がかかってしまいます．

● 効率良くテストしよう

　検証を行うとき，機能をなるべく組み合わせてテストした方がテスト・パターンの数が減って，効率良く検証ができると思われがちです．しかし新規開発の初期では，バグが非常に多く見つかるものです．最

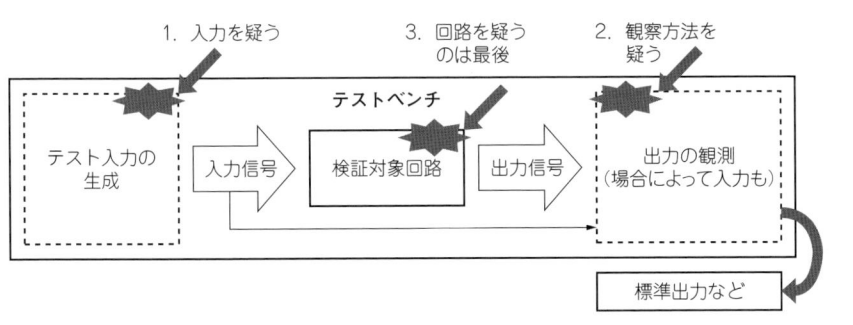

10.6 デバッグの進め方の基本

図10.10 バグ解析の手順

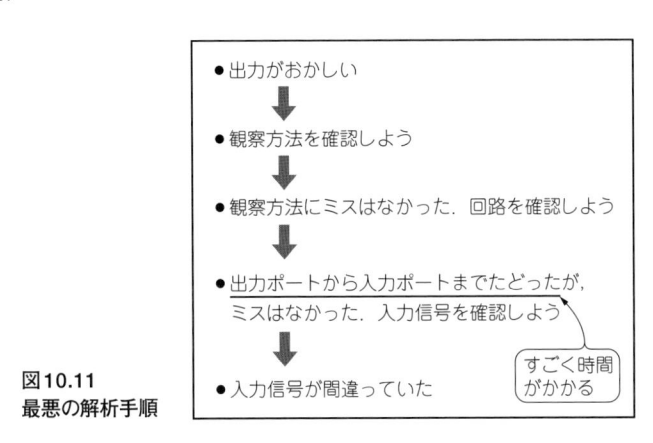

1. 入力を疑う
2. 観察方法を疑う
3. 回路を疑うのは最後

テストベンチ：テスト入力の生成 → 入力信号 → 検証対象回路 → 出力信号 → 出力の観測（場合によって入力も） → 標準出力など

1. テストベンチのテスト入力を疑う
2. テストベンチの観察方法を疑う
3. 検証対象回路を疑う

図10.11 最悪の解析手順

- 出力がおかしい
- 観察方法を確認しよう
- 観察方法にミスはなかった．回路を確認しよう
- 出力ポートから入力ポートまでたどったが，ミスはなかった．入力信号を確認しよう（すごく時間がかかる）
- 入力信号が間違っていた

初から機能を組み合わせてテストをすると，潰さなければならないバグが一度に出てきてしまい，一体何を修正したらいいか分からなくなってしまいます．

例えば前出の回路で，下記三つのレジスタがそれぞれ以下の設定のときにバグが別々にあったとします．

R_hbporch ：4
R_yuv　　 ：1
R_inorder ：1

このようなとき図10.12（a）のように，パターン1でいきなりすべてのレジスタ設定を変えてしまうと，三つのバグが同時に出てしまいます．このような場合，どのレジスタに関連した回路にバグがあるのか分からず，バグの発見が困難です．また，バグを一つ修正してもまだパターン1では正常に動作しないので，修正後の確認も取りづらくなります．

今度は図10.12（b）のように，一つのパターンごとに一つのレジスタしか変えない場合を考えてください．この場合には，どのレジスタの変更でバグが出たかが分かるので，そのレジスタに関連した回路を探せば，バグの発見は容易です．またバグを修正した後も，一つのバグを直せば一つのパターンで不具合が出なくなるので，確認も容易です．さらに，例えばR_inorderのバグを直せば，R_inorderの6種類の設定に対応する六つのテスト・パターンすべてで不具合が消える可能性もあります．

第10章 テスト・パターンの検討

大項目	小項目	パターン0	パターン1	…
レジスタ設定	R_hbporch	10	4 バグ	
	R_hdlength	20	4	
	R_vbporch	10	4	
	R_vdlength	20	6	
	R_yuv	0	1 バグ	
	R_inorder	0	1 バグ	
	R_outord…				

(a) 複合機能検証の場合

大項目	小項目	パターン0	パターン1	パターン2	パターン3	…
レジスタ設定	R_hbporch	10	10	10	10	
	R_hdlength	20	20	20	20	
	R_vbporch	10	10	10	10	
	R_vdlength	20	20	20	20	
	R_yuv	0	1 バグ	1	1	
	R_inorder	0	0	1 バグ	2	
	R_outorder					

(b) 単機能検証の場合

図10.12 検証初期のテスト・パターン

　反対に，すでに実績のある回路に小修正を加えただけのような場合や，検証の後期などでは，バグ自体の数が少ないので，**図10.5**のように機能を組み合わせることで，効率良くバグをあぶり出ししてやりましょう（このようなテストをリグレッション・テストということがある）．

● 大規模回路の検証

　大規模な回路では，いきなりすべての回路をつなげて検証をしても，バグが多すぎてとても効率の良い検証はできません．そこで，基本的には下位階層の回路から順番に検証を行います．

　図10.13(a) は大規模な回路の構成，**図10.13(b)** はその検証のガント・チャートです．ここで注意すべきなのは，回路Cの検証の開始が，回路A，回路Bの両方の検証が終わってからだということです．同様に回路Fの検証の開始も，回路C，回路D，回路Eのすべての検証が終わってからです．

● 検証用ダミー回路の活用

　図10.14(a) は少し複雑な回路の構成とデータパス（データの流れる経路）を表しています．この回路では，検証対象回路が起動すると，まずRAM0からデータをリードし，演算0を行い，RAM1にライトします．次にRAM1からデータをリードし，演算1を行い，RAM2にライトします．最後にRAM2からデータをリードして，演算2を行い，RAM3にライトします．これらの操作のタイミングは制御部が管理しています．

　このようなやや複雑な処理をする回路の検証でよく行われる方法が，演算回路と制御部回路の分離です．

　まず，演算0，演算1，演算2の演算回路を個別に検証してデバッグを行います．ここまでは，下位階層から順番に検証を進めるという基本通りです．

　次に制御系だけの検証を行います．具体的には**図10.14(b)** のように，演算0〜2に相当するダミー回路0〜2を作ります．これは演算0〜2と同じタイミングでデータを出力する以外は，極めて簡単な回路にします．例えば，入ってきたデータをまったく加工することなく，そのまま出力するような回路にします．これであれば設計の手間も少なく，ミスの可能性も低くなるでしょう．この回路を検証対象回路にはめ込

10.6 デバッグの進め方の基本

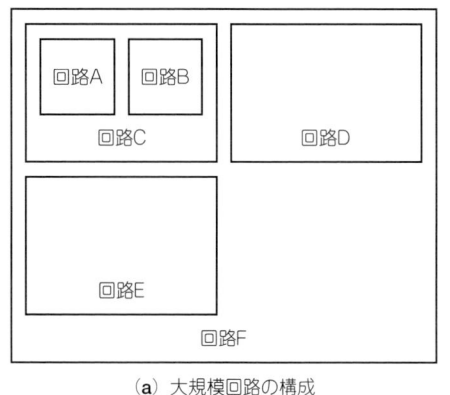

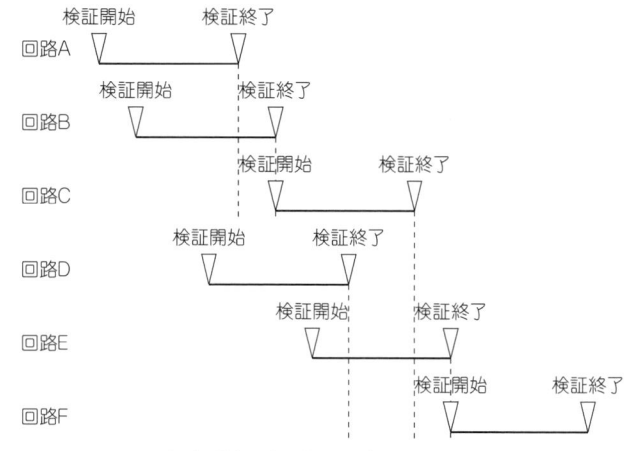

(a) 大規模回路の構成

(b) 大規模回路の検証のガント・チャート

図10.13 大規模回路の検証

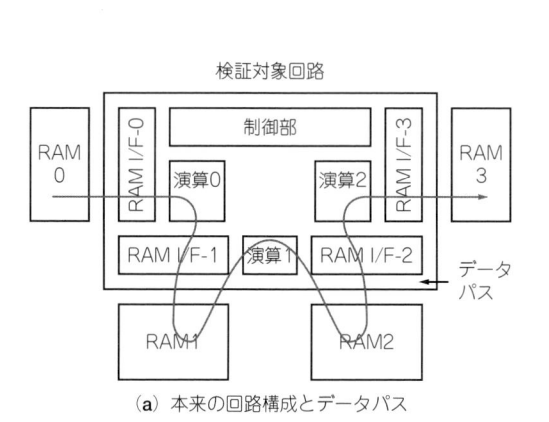

(a) 本来の回路構成とデータパス

(b) 制御部の検証

図10.14 ダミー回路を使った検証

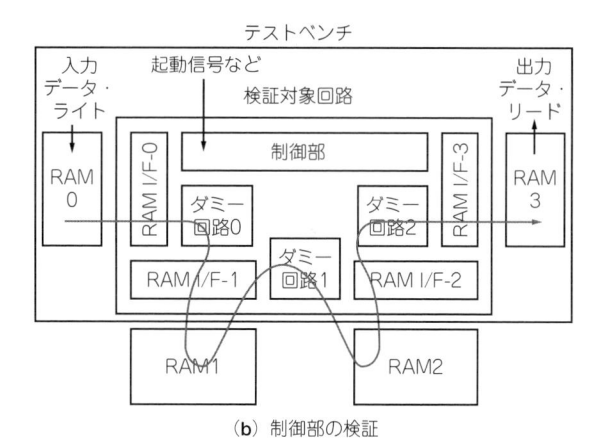

み，テストを行います．そして，テストベンチがRAM0に書いたデータがRAM3から読み出されれば，この回路の制御系にはミスがないことになります．入力データと出力データが1対1でないときは，この手法をそのまま使えませんが，なるべく簡単なダミー回路でデータパスの不具合を見つけられるようにします．

　この方法のメリットは，演算系と処理系の検証を切り分けて行えるというだけではありません．全体でシミュレーションを行うとデータ量やシミュレーション時間が異常にかかってしまうような回路の場合，演算部分をシンプルなダミー回路に置き換えるだけで，データ量やシミュレーション時間を大幅に削減できます．全体でシミュレーションを行うと1パターンにつき1時間もかかってしまうような回路の場合，制御系のテストを行うだけの目的で全体をシミュレーションするのは大変な時間のロスになります．このよ

第10章 テスト・パターンの検討

うな回路の場合，演算系，処理系だけの問題はそれぞれだけのテストでクリアし，全体のシミュレーションはその後にするべきです．

● **テスト・パターン検証の進め方**

テスト・パターンで検証を進めるときには，バグを次のパターンに持ち越さないようにしなければいけません．

図10.15（a）ではパターン1で正常動作，パターン2でバグの出た回路を修正し，パターン2で正常動作するようにしました．バグを次のパターンに持ち越さないようにするためには，この次にどのパターンを検証するかが大事です．

図10.15（b）では，図10.15（a）で修正した回路に対して，パターン3のシミュレーションを実施して，発見した不具合を修正しています．しかし，これは間違いです．図10.15（b）ではこの後，最後にパターン1のシミュレーションをして，バグを出してしまっています．この最後のバグですが，パターン2の修正時か，パターン3の修正時かどちらかで混入してしまったことになります．つまりどちらかの修正のときに，バグを直し切れていなかったということです．そのパターンで発見できるバグを直し切らずに，次の検証を始めてしまっては，前の回路より改善したことにはなりません．

またこのまま検証を進めてしまうと，図10.15（c）のようにバグの修正と発生がループしてしまって，な

（a）一つ目の不具合を修正するまでのフローチャート

（b）間違った検証の進め方

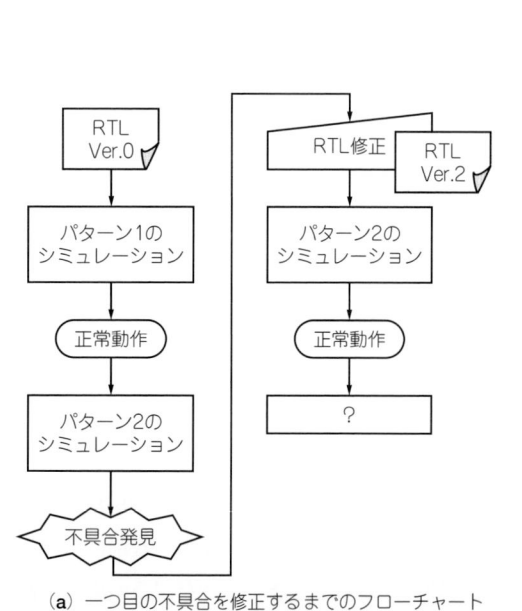

図10.15　テスト・パターン検証の進め方

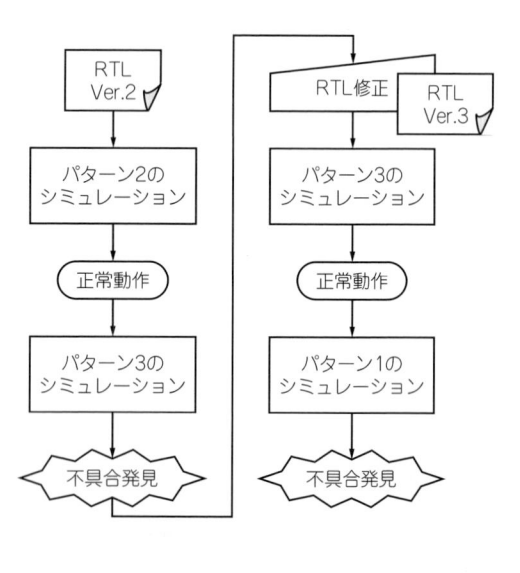

10.6 デバッグの進め方の基本

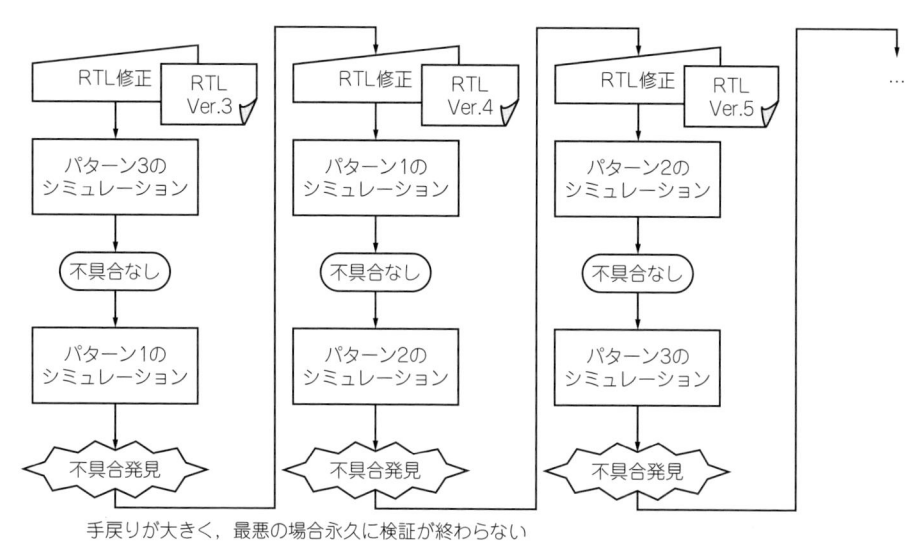

手戻りが大きく，最悪の場合永久に検証が終わらない

(c) ミスがループしてしまう検証の進め方

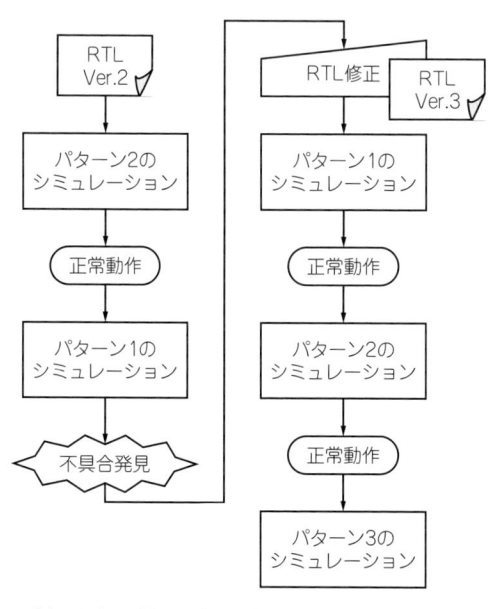

パターン1，パターン2の両方で正常動作するRTLが完成するまで，パターン3のための修正は行わない．もちろん，順番を入れ替えてパターン2，パターン3で正常動作するRTLを完成させてから，パターン1の修正を行ってもよい．

(d) 手戻りを減らす検証の進め方

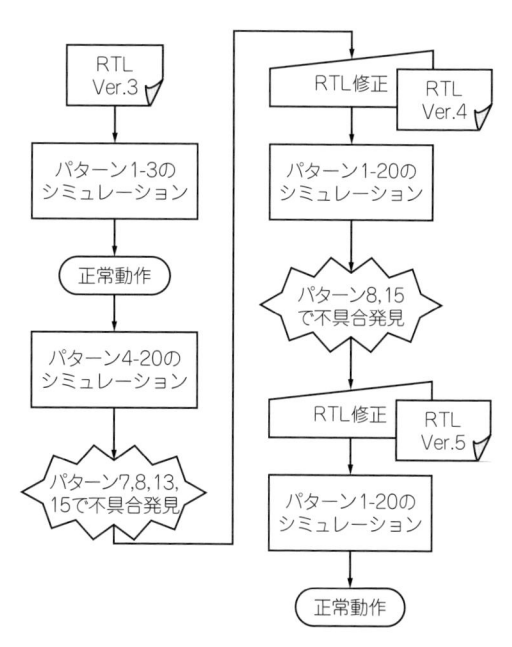

Ver.4のRTLではVer.3で正常動作したすべてのパターンで正常動作し，かつ正常動作しているパターンが増えている

(e) 初期不具合を修正した後の検証の進め方

第10章 テスト・パターンの検討

かなか直し終わらないこともあります.

図10.15（a）の後の正しい処理は，図10.15（d）のようにもう一度パターン1の検証をし，パターン1，パターン2の両方で正常動作をするようになってから，パターン3の検証を始めることです．このやり方のほうが問題の部分が限定され，バグも直しやすく，また確実に改善させながら検証を進められます．

1〜3個のパターンで正常動作した回路は，おそらくほかのパターンでまったく動作しないという状態は脱しているものと思われます．そこで，1〜3個のパターンで正常動作した後は，一度に複数のパターンのシミュレーションを行うことを考えます．

図10.15（e）はその例です．Ver.3のRTLコードでパターン1〜3のシミュレーションをして，正常動作を確認した後，パターン4〜20を一気にシミュレーションしています．このとき，パターン7, 8, 13, 15でバグを発見しました．このように複数のパターンでバグが出た場合，どのバグを直せばよいかというと，一番直しやすそうなバグを直します．なぜなら，先に簡単なバグを直しておいた方が，より難しいバグを直すときに，問題点を把握しやすくなるからです．逆に難しいバグから手を付けてしまうと，正常に動作しないときにどちらのバグによるものか，見分けづらくなってしまいます．

このフローでは，パターン7のバグが直しやすそうだったので，これを直してVer.4のRTLコードを作ったという状況を想定しています．Ver.4のRTLコードでパターン1〜20のシミュレーションを行ったところ，パターン8, 15だけで不具合が見つかっています．ここで重要なのは，パターン13のバグが消えたことではありません．Ver.3のRTLコードで正常動作していたパターンのすべてで，Ver.4のRTLコードでも正常動作しており，加えてパターン7が正常動作していることです．これで，Ver.4のRTLコードはVer.3のRTLコードよりも改善しているといえます．この後のフローはおまけですが，Ver.5のRTLで1〜20のすべてのパターンで正常動作しています．

第3部 検証のテクニック

第11章

ランダム検証

　ランダム検証とは，検証対象への入力をランダムに変化させ，その結果を確認するものです．この検証方法は検証者が意識していないコーナ・ケースのバグを発見できる可能性があります．

　ランダム検証はテストの最初から行うものではありません．必ず検証者が意識できるバグを潰した後で，つまり単機能検証が終わってから行います．ランダム検証とは，いわば「当てずっぽう検証」です．最初から行うと，本来確認しなければいけないと分かっている項目を確認できないことがあります．

　また，ランダム検証とはいっても，すべての値やタイミングを完全にランダムに変化させることはありません．完全なランダムに入力を与えてしまうと，仕様から外れていたり，そもそもその回路の使用目的から外れたりしてしまうためです．値やタイミングをランダムに振る場合でも，仕様から外れない範囲で制約をかけます．

　さらにいえば，ランダム検証の際，本当のランダム，つまりシミュレーションを行うたびに値が変わるような使い方は，基本的にはしません．なぜならそのテストでバグが発見され，回路を修正してもう一度そのテストをしようと思っても，同じ状況を再現できないからです．多くの場合，疑似ランダムといわれる，ランダムっぽく値は変化するが，もう一度同じことをしたときに同じ値が出る方法を使います．

▶▶ 11.1 ランダム検証のための基礎知識

● 意識していないバグをあぶり出すランダム検証

　図11.1(a)は，シフト・レジスタを利用して疑似ランダム値を生成する回路です．この回路は，図11.1(b)のようにランダムっぽく値が変化した後，ちょうど255回目(8クロックのシフトで1回とする)で同じ値に戻ります．ただし，すべてのフリップフロップが0の状態から始めると，値がまったく変わらなくな

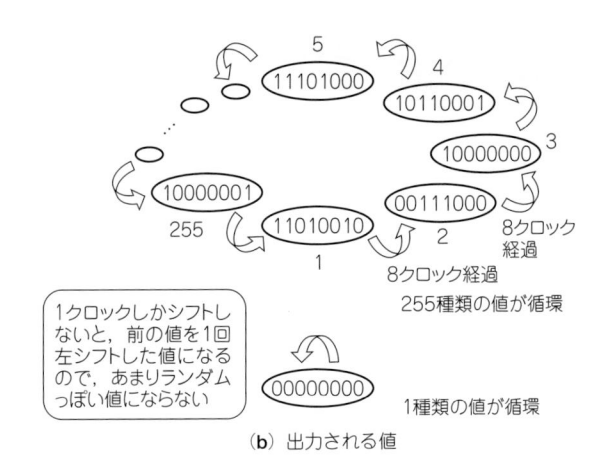

第11章 ランダム検証

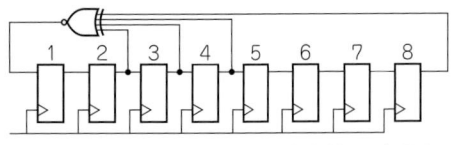

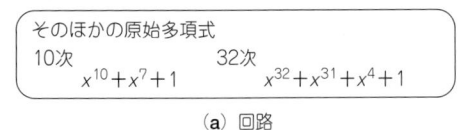

図11.1 疑似ランダム生成回路
8ビットのランダムな値を得る例を示す．

(a) 回路
- 255クロック・サイクル・シフトを続けると8ビットの同じ値が表れる．
- 8クロック・サイクルごとに値を見るなら，8クロック・サイクル×255回ごとに同じ値が表れる．
- XORゲートの入力は，原始多項式 $x^8+x^4+x^3+x^2+1$ の係数が1である次数に相当するレジスタ（フリップフロップ）の出力．

そのほかの原始多項式
10次 $x^{10}+x^7+1$
32次 $x^{32}+x^{31}+x^4+1$

(b) 出力される値
1クロックしかシフトしないと，前の値を1回左シフトした値になるので，あまりランダムっぽい値にならない

ります．このような構成で，8ビットのランダムな値を得られます[注11.1]．

● 検証結果をファイルに書き込むスコアボード

スポーツの試合などでは，その試合をすべて見ていなくても，スコアボード（得点板）を見ることで試合の状況や結果が分かります．テストにおけるスコアボードとは，期待値検証の結果をファイルに書き込むものと考えてください．

テストにおいて，シミュレーション実行時にずっと人が張り付いていなくても，結果をファイルに書き込んでくれるスコアボード機能を作ることで，複数のテスト・パターン実行後に，結果と不具合の状況を確認できます．

ランダム検証では，検証対象のデータ処理系の機能，つまりデータが正しく変換されているかを確認するために，事前に期待値を作成しておくことが困難です．そこでリファレンス・モデルを検証対象回路と並行して動作させ，期待値を出力させます．スコアボードは検証対象回路からの出力と，リファレンス・モデルからの出力を比較し，結果をファイルに落とします．

● FIFOの利用

リファレンス・モデルとして利用されるビヘイビア・レベルのモデルは，基本的にタイミングの存在しない，一つの関数として存在します．つまり，入力値を与えた瞬間，クロック1周期の遅れもなく，演算結果が出力されます．一方，検証対象回路であるRTL（Register Transfer Level）モデルでは，入力値が与えられた後，クロック数周期後に結果が出力されます．

注11.1：「原始多項式」について調べてみると，ほかのビット幅や疑似ランダム値が生成される理論について知ることができる．

このタイミングの異なる二つのモデルの期待値を比較するためには，出力の早い一方の値を格納しておき，必要なタイミングで読み出す仕組みが必要です．

このような目的のために，しばしばFIFO（First-in First-out）が利用されます．FIFOは，最初に書いたデータ順に読み出せるメモリ回路です．

11.2 ランダム値生成関数の記述

第10章では，画像生成回路のテスト環境を作成しました（図11.2）．このとき，画像データの入力値は固定値でしたが，今回はこれをランダムに変化する値に変えます．

Verilog HDL

リスト11.1は，画像データ生成部分のモジュールにランダム値を生成する記述を加えたものです．`ifdefの文法を図11.3に示します．簡単にいえば，コンパイル時にマクロ名「RANDOM」を指定するとエリアAの記述がコンパイルされ，エリアBの記述はコンパイルされません．何も指定しないとその逆になります．エリアBは前回の記述と同じです．エリアAに書かれているファンクションRandomGenは，

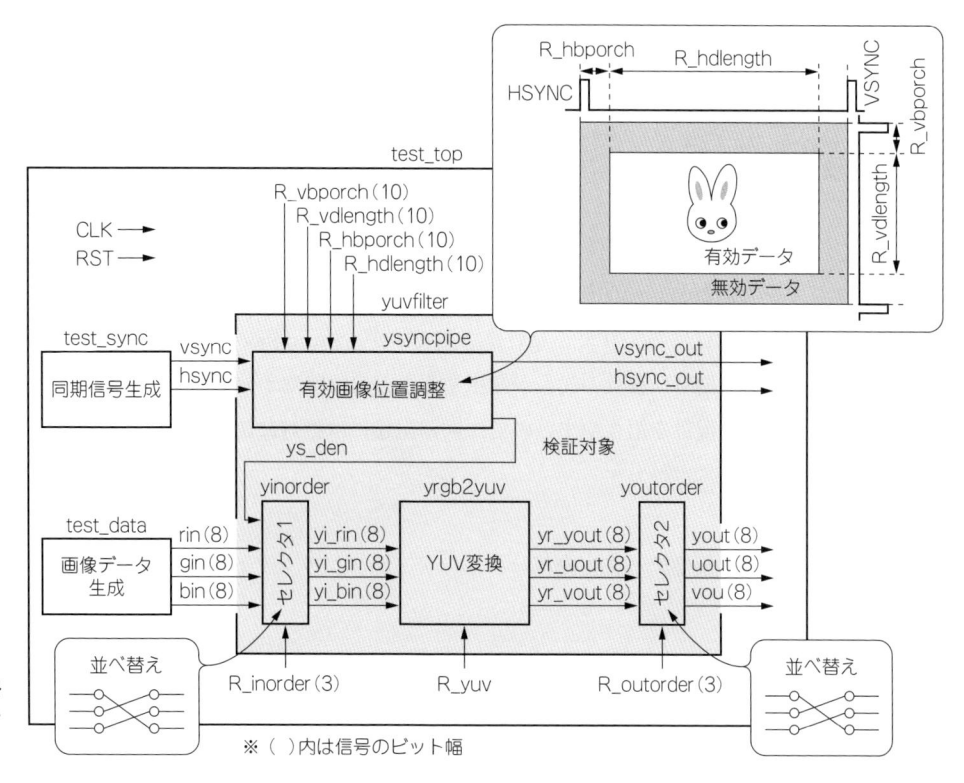

図11.2
検証対象の回路とテストベンチの概要

第11章 ランダム検証

リスト11.1　画像データ生成回路のソース・コード（Verilog HDL）

```verilog
module test_data(
  clk,rin,gin,bin);

`include "./tb/param.h"

input        clk;
output [7:0] rin,gin,bin;

reg    [7:0] rin,gin,bin;

`ifdef RANDOM
  reg [7:0] RandomValue;                        ← エリアA

  function [7:0] RandomGen;
    repeat(8)
  begin
    RandomValue =
      {RandomValue[6:0],
       RandomValue[7] ^ RandomValue[3] ^
       RandomValue[2] ^ RandomValue[1]};
    RandomGen = RandomValue;
  end
  endfunction
  initial begin
    RandomValue = 8'h81;
    #DLY while(1)
      @(posedge clk)begin
        rin = RandomGen();
        gin = RandomGen();
        bin = RandomGen();
      end
  end

`else
  initial begin                                 ← エリアB
    rin = RValue;
    gin = GValue;
    bin = BValue;
  end

`endif
endmodule
```

図11.3 `ifdefの書式

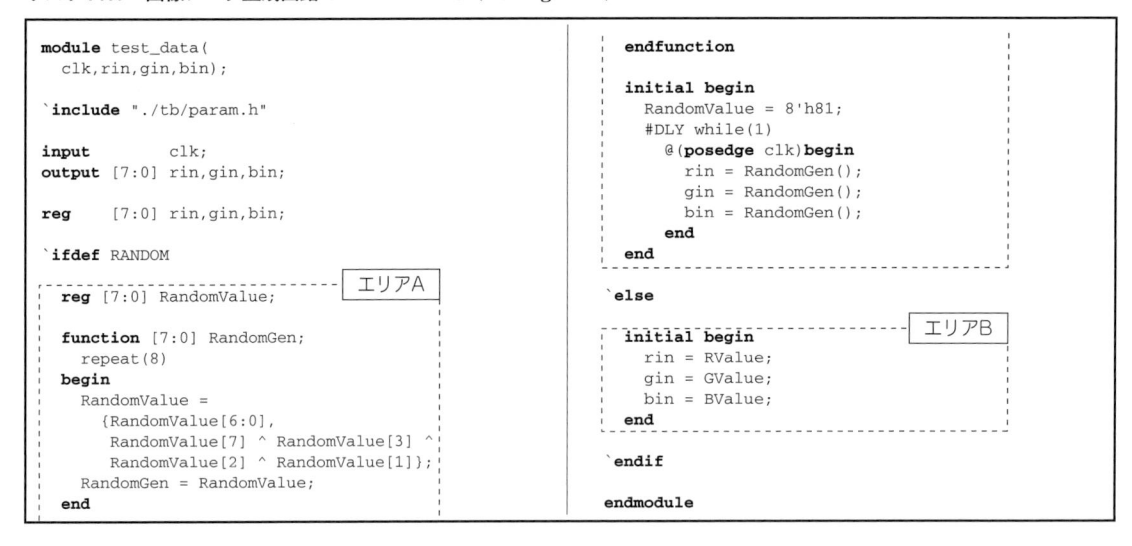

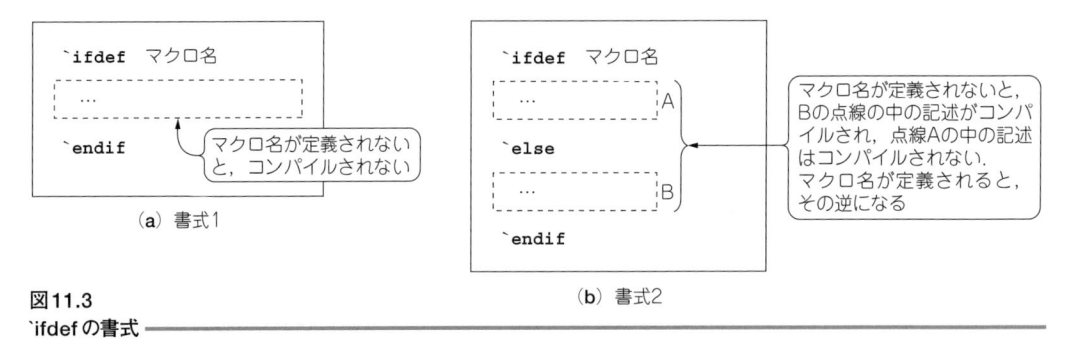

（a）書式1: `ifdef マクロ名 … `endif — マクロ名が定義されないと，コンパイルされない

（b）書式2: `ifdef マクロ名 … A `else … B `endif — マクロ名が定義されないと，Bの点線の中の記述がコンパイルされ，点線Aの中の記述はコンパイルされない．マクロ名が定義されると，その逆になる

図11.1の方法を使って疑似ランダム値を生成しています[注11.2]．

　ファンクションRandomGenの中では引き数の宣言をせずに，直接変数RandomValueにアクセスしています．これは一般的にはあまりよくない書き方ですが，RandomValueへの参照や代入がこのファイル一つで見通せるので，同時に複数の代入が発生するなどの危険は十分防げると判断して今回使用しました．このような書き方は，混乱を招きやすいので，回路記述には絶対に使わないでください．

■ VHDL

　リスト11.2（a）は，画像データ生成部分のエンティティにランダム値を生成するアーキテクチャを加え

注11.2：Verilog HDLには$randomという疑似ランダムを生成するシステム・タスクもある．Verilog HDL 95まではこのタスクのアルゴリズムはツール・ベンダに任せられていたので，ツールごとに違う値になることもあったかもしれない．Verilog HDL 2001からはアルゴリズムが確定しているので，2001に対応するシミュレータではどのツールでも同じ値を出してくれるはずだが，使用する場合には注意が必要である．

11.2 ランダム値生成関数の記述

リスト11.2　画像データ生成回路のソース・コード（VHDL）

```vhdl
library IEEE;
use IEEE.std_logic_1164.all;
use work.param.all;

entity test_data is port(
  clk         : in std_logic;
  rin,gin,bin : out std_logic_vector(7 downto 0));
end test_data;

architecture SIM_RANDOM of test_data is

function RandomGen(
  RandomValue
    : in std_logic_vector(7 downto 0))
return std_logic_vector is
  variable TEMP
    : std_logic_vector(7 downto 0);
begin
  TEMP:=RandomValue;
  for I in 0 to 7 loop
    TEMP
      := (TEMP(6 downto 0) &
          (TEMP(7) xor
           TEMP(3) xor
           TEMP(2) xor
           TEMP(1)));
  end loop;
  return TEMP;
end;

begin

process
  variable RandomValue
    : std_logic_vector(7 downto 0)
    := "10000001";
begin
  rin <= "00000000";
  gin <= "00000000";
  bin <= "00000000";
  wait for DLY;
  while(true) loop
    wait until clk'event
    and clk='1';
    RandomValue
      := RandomGen(RandomValue);
    rin <= RandomValue;
    RandomValue
      := RandomGen(RandomValue);
    gin <= RandomValue;
    RandomValue
      := RandomGen(RandomValue);
    bin <= RandomValue;
  end loop;
  wait;
end process;

end SIM_RANDOM;                    【エリアA】

architecture SIM of test_data is

begin

process begin
  rin <= RValue;
  gin <= GValue;
  bin <= BValue;
  wait;
end process;

end SIM;                           【エリアB】
```

（a）ソース・コード

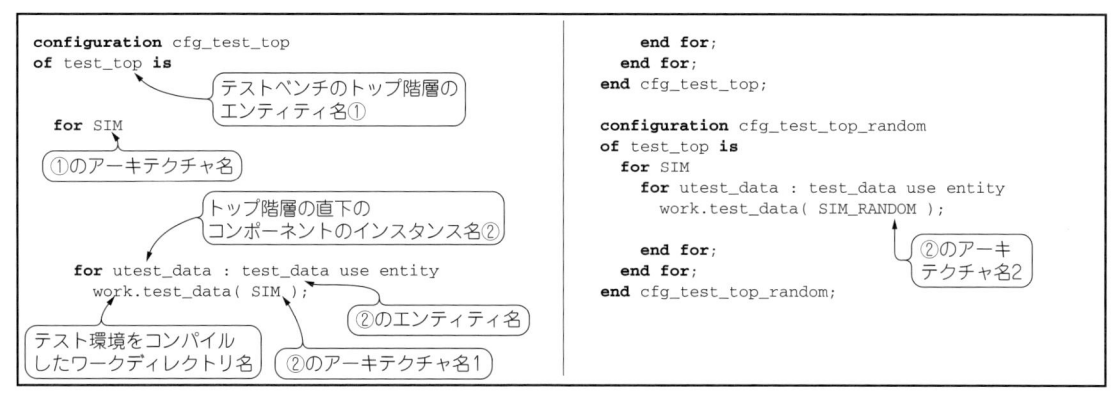

```vhdl
configuration cfg_test_top              ← テストベンチのトップ階層の
of test_top is                             エンティティ名①
  for SIM                               ←①のアーキテクチャ名
                                        ← トップ階層の直下の
                                          コンポーネントのインスタンス名②
    for utest_data : test_data use entity
      work.test_data( SIM );           ←②のエンティティ名
      ↑                                ←②のアーキテクチャ名1
  テスト環境をコンパイル
  したワークディレクトリ名
    end for;
  end for;
end cfg_test_top;

configuration cfg_test_top_random
of test_top is
  for SIM
    for utest_data : test_data use entity
      work.test_data( SIM_RANDOM );    ←②のアーキ
                                         テクチャ名2
    end for;
  end for;
end cfg_test_top_random;
```

（b）二つのコンフィグレーション文

たものです．それぞれを使用する際には，**リスト11.2（b）**のようにテストベンチのトップの記述でコンフィグレーション文を二つ用意し，シミュレーション実行時にどちらのコンフィグレーションを実行するか決めます．

　当然，ランダムなデータで検証をするときには，コンフィグレーション`cfg_test_top_random`を選

第11章　ランダム検証

び，そうでない場合には`cfg_test_top`を選びます．

● ビヘイビア・モデル

📝 Verilog HDL・VHDL共通

　リスト11.3とリスト11.4はそれぞれVerilog HDL，VHDLによる画像生成回路のビヘイビア・レベルのモデルです．C言語などを利用しなくても，Verilog HDLやVHDLでビヘイビア・レベルのモデルを作成できます．フリップフロップなどのタイミングの表現が存在しないことを確認してください．

● スコアボード

　画像生成回路のテスト環境にスコアボードを設置します．また，期待値は回路の最終出力だけでなく，セレクタ1やYUV変換回路の出力でも比較することにします．

　スコアボードからのメッセージで不具合が見つかった場合，最終出力の期待値しか比較してないとすべての回路を疑わなければなりません．これに対して途中でも期待値比較をしておけば，どこからデータが間違っているか分かりやすく，不具合の存在するブロックも特定しやすくなります．

　図11.4（a）が今回のテスト環境の全容です．ビヘイビア・レベルのモデルであるtest_rgb2yuvはタイミングに関してまったくケアされていません．そこでその外側のモデルtest_driverがtest_fifoにデータを書

リスト11.3　画像処理回路のビヘイビア・モデル（Verilog HDL）

```verilog
module test_rgb2yuv(
  rin, gin, bin,
  yout, uout, vout);
input  [7:0] rin, gin, bin;
output [7:0] yout, uout, vout;

`include "tb/param.h"

reg  [7:0] rin2, gin2, bin2;
wire [31:0] yout_t,uout_t,vout_t;
wire [7:0] yout_t2, uout_t2, vout_t2;
reg  [7:0] yout, uout, vout;

always@(rin,gin,bin)
  case (_InOrder)
    0: {rin2, gin2, bin2} = {rin, gin, bin};
    1: {rin2, gin2, bin2} = {gin, rin, bin};
    2: {rin2, gin2, bin2} = {bin, gin, rin};
    3: {rin2, gin2, bin2} = {rin, bin, gin};
    4: {rin2, gin2, bin2} = {gin, bin, rin};
    5: {rin2, gin2, bin2} = {bin, rin, gin};
    default: {rin2, gin2, bin2} = 24'hx;
  endcase                            ← セレクタ1相当部分

assign                               ← YUV変換相当部分
  yout_t
    = (8'h26*rin2+8'h4B*gin2+8'h0F*bin2)>>8,
  uout_t
    = (8'hF6*rin2+8'hEB*gin2+8'h20*bin2)>>8,
  vout_t
    = (8'h20*rin2+8'hE6*gin2+8'hFB*bin2)>>8;
assign yout_t2 = _YUV ? yout_t : rin2;
assign uout_t2 = _YUV ? uout_t : gin2;
assign vout_t2 = _YUV ? vout_t : bin2;

                                     ← セレクタ2相当部分
always@(yout_t2,uout_t2,vout_t2)
  case (_OutOrder)
    0: {yout,uout,vout}
        = {yout_t2,uout_t2,vout_t2};
    1: {yout,uout,vout}
        = {uout_t2,yout_t2,vout_t2};
    2: {yout,uout,vout}
        = {vout_t2,uout_t2,yout_t2};
    3: {yout,uout,vout}
        = {yout_t2,vout_t2,uout_t2};
    4: {yout,uout,vout}
        = {uout_t2,vout_t2,yout_t2};
    5: {yout,uout,vout}
        = {vout_t2,yout_t2,uout_t2};
    default: {yout,uout,vout} = 24'hx;
  endcase

endmodule
```

11.2 ランダム値生成関数の記述

き込むタイミングを制御しています．

この書き込むタイミングは，test_sync内で生成している水平方向のカウンタhdcntと垂直方向のカウンタvdcntを利用して作られています．

test_scorebaordは，DUTのセレクタ1，YUV変換，セレクタ2からデータが出力されるタイミングで，test_fifoから期待値を読み出し，値を比較しています．図11.4(b)はこのタイミング・チャートを示しています．

Verilog HDL

リスト11.5は，テストベンチに加えられた新たなモジュールと検証のトップ階層の記述です．

リスト11.4 画像処理回路のビヘイビア・モデル（VHDL）

```vhdl
library IEEE;
use IEEE.std_logic_1164.all;
use IEEE.std_logic_unsigned.all;
use work.param.all;

entity test_rgb2yuv is port(
  rin,gin,bin
    : in std_logic_vector(7 downto 0);
  yout,uout,vout
    : out std_logic_vector(7 downto 0));
end test_rgb2yuv;

architecture SIM of test_rgb2yuv is
  signal rin2,gin2,bin2,
         yout_t2,uout_t2,vout_t2
    : std_logic_vector(7 downto 0);
begin
  process(rin,gin,bin,InOrder)
    variable inbus
      : std_logic_vector(23 downto 0);
  begin
    case InOrder is
      when "000" => inbus := rin & gin & bin;
      when "001" => inbus := gin & rin & bin;
      when "010" => inbus := bin & gin & rin;
      when "011" => inbus := rin & bin & gin;
      when "100" => inbus := gin & bin & rin;
      when "101" => inbus := bin & rin & gin;
      when others => inbus := (others => 'X');
    end case;

    rin2 <= inbus(23 downto 16);
    gin2 <= inbus(15 downto 8);
    bin2 <= inbus(7 downto 0);
  end process;                    -- セレクタ1相当部分

  process(rin2,gin2,bin2,YUV)
    variable yout_t,uout_t,vout_t
      : std_logic_vector(15 downto 0);
  begin
    yout_t := "00100110" * rin2
            + "01001011" * gin2
            + "00001111" * bin2;
    uout_t := "11110110" * rin2
            + "11101011" * gin2
            + "00100000" * bin2;
    vout_t := "00100000" * rin2
            + "11100110" * gin2
            + "11111011" * bin2;
    if(YUV = '1')then
      yout_t2 <= yout_t(15 downto 8);
      uout_t2 <= uout_t(15 downto 8);
      vout_t2 <= vout_t(15 downto 8);
    else
      yout_t2 <= rin2;
      uout_t2 <= gin2;
      vout_t2 <= bin2;
    end if;
  end process;                    -- YUV変換相当部分

  process(yout_t2,uout_t2,vout_t2,OutOrder)
    variable outbus
      : std_logic_vector(23 downto 0);
  begin
    case OutOrder is
      when "000" =>
        outbus := yout_t2 & uout_t2 & vout_t2;
      when "001" =>
        outbus := uout_t2 & yout_t2 & vout_t2;
      when "010" =>
        outbus := vout_t2 & uout_t2 & yout_t2;
      when "011" =>
        outbus := yout_t2 & vout_t2 & uout_t2;
      when "100" =>
        outbus := uout_t2 & vout_t2 & yout_t2;
      when "101" =>
        outbus := vout_t2 & yout_t2 & uout_t2;
      when others =>
        outbus := (others => 'X');
    end case;

    yout <= outbus(23 downto 16);
    uout <= outbus(15 downto 8);
    vout <= outbus(7 downto 0);
  end process;                    -- セレクタ2相当部分

end SIM;
```

第11章 ランダム検証

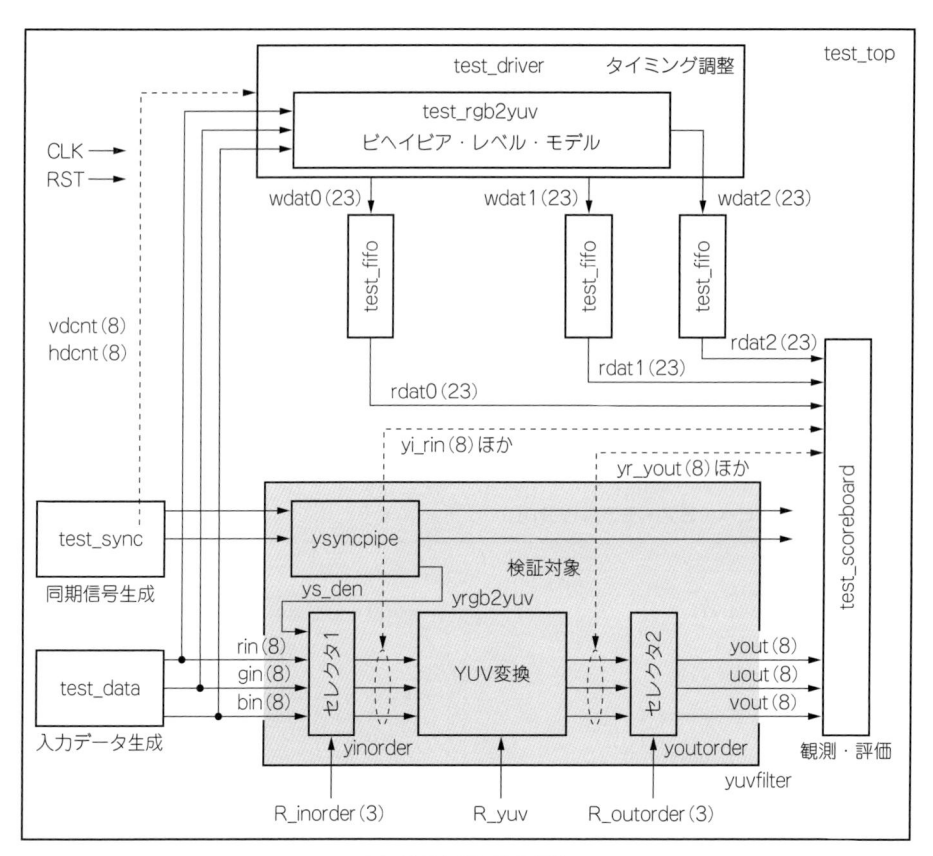

(a) テストベンチの全容

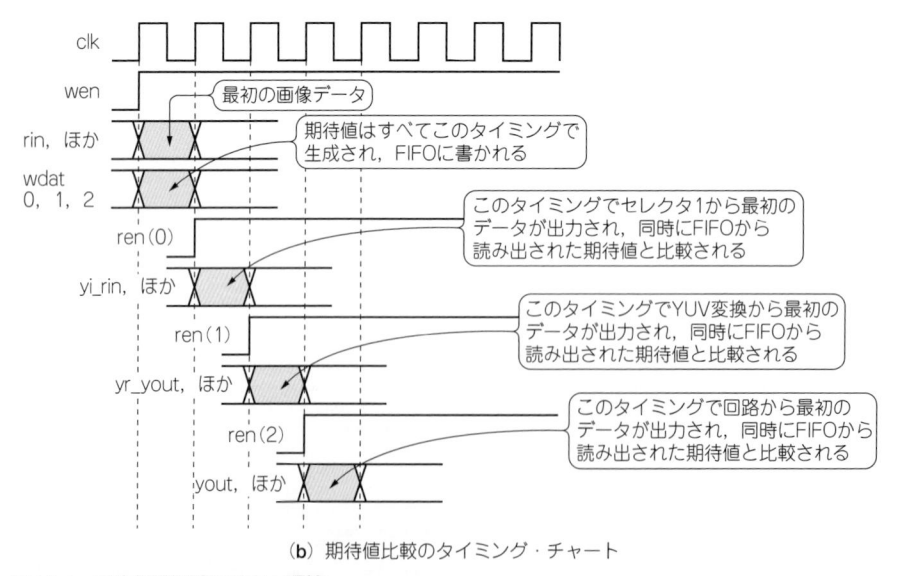

(b) 期待値比較のタイミング・チャート

図11.4 画像処理回路のテスト環境

11.2 ランダム値生成関数の記述

リスト11.5 画像生成回路のテストベンチへの追加モジュールとトップ階層(Verilog HDL)

```verilog
module test_driver(
  clk,rin,gin,bin,hdcnt,vdcnt,
  wen,wdat0,wdat1,wdat2);

`include "tb/param.h"

input           clk;
input    [7:0]  rin,gin,bin;
input    [10:0] hdcnt,vdcnt;
output          wen;
output   [23:0] wdat0;
output   [23:0] wdat1;
output   [23:0] wdat2;

wire     [7:0]  yout,uout,vout;

test_rgb2yuv rgb2yuv(
  .rin(rin),.gin(gin),.bin(bin),
  .yout(yout),.uout(uout),.vout(vout));

assign
  wen = (_HbPorch <= hdcnt &&
         hdcnt <= _HbPorch+_HdLength-1) &
        (_VbPorch <= vdcnt &&
         vdcnt <= _VbPorch+_VdLength-1);

assign wdat0
  = {rgb2yuv.rin2,rgb2yuv.gin2,rgb2yuv.bin2};

assign wdat1
  = {rgb2yuv.yout_t2,
     rgb2yuv.uout_t2,rgb2yuv.vout_t2};

assign wdat2 = {yout,uout,vout};

endmodule
```

〔階層アクセス〕

(a) test_driverの記述

```verilog
module test_fifo(
  clk,rst,wen,wdat,ren,rdat);

`include "tb/param.h"
parameter FIFOWIDTH = 24;
parameter FIFOSIZE  = 4;

input                    clk,rst,wen,ren;
input  [FIFOWIDTH-1:0]   wdat;
output [FIFOWIDTH-1:0]   rdat;

integer                  wpt,rpt,i;
reg    [FIFOWIDTH-1:0]   mem [FIFOSIZE-1:0];

always@(posedge clk or posedge rst)
  if(rst)       rpt <= #DLY 0;
  else if(ren)
    if(rpt == FIFOSIZE-1)
                rpt <= #DLY 0;
    else        rpt <= #DLY rpt + 1;

always@(posedge clk or posedge rst)
  if(rst)       wpt <= #DLY 0;
  else if(wen)
    if(wpt == FIFOSIZE-1)
                wpt <= #DLY 0;
    else        wpt <= #DLY wpt + 1;

always@(posedge clk or posedge rst)
  if(rst)
    for(i=0;i<FIFOSIZE;i=i+1) mem[i] <= 0;
  else if(wen) mem[wpt] <= #DLY wdat;

assign rdat = ren ? mem[rpt] : 0;

endmodule
```

(b) test_fifoの記述

　リスト11.5(a)はtest_driverの記述です．これは，test_rgb2yuvから出力された期待値を，test_fifoに書き込むタイミング制御信号wenを生成しています．また，階層アクセスを使って，ビヘイビア・モデルの内部信号を直接参照しています（コラム「階層アクセス」を参照）．

　リスト11.5(b)はtest_fifoの記述です．パラメータFIFOWIDTH，パラメータFIFOSIZEを使って，データの幅とアドレス数を変更できるようにしています．今回はデータの幅を8ビット信号三つ分の24ビットにしています．アドレスは今回のテストでは，期待値が出力されてからデータが読み出されるまで最大3サイクルなので，3番地あれば十分ですが，念のため4番地まで準備しています．このモジュールは，パラメータを変えるだけでほかのテスト環境にも流用できます．

　リスト11.5(c)はtest_scoreboardの記述です．check_flagは初期値'0'から始まり，リセットが解除されたところで'1'になっています．この信号はリセット実行前の無駄なところでの期待値比較を抑制

第11章 ランダム検証

リスト11.5　画像生成回路のテストベンチへの追加モジュールとトップ階層（Verilog HDL）（つづき）

```verilog
module test_scoreboard(
  clk,rst,den,
  yi_rin,yi_gin,yi_bin,
  yr_yout,yr_uout,yr_vout,
  yout,uout,vout,
  rdat0,rdat1,rdat2,
  ren);

`include "tb/param.h"

input           clk,rst,den;
input    [ 7:0] yi_rin,yi_gin,yi_bin;
input    [ 7:0] yr_yout,yr_uout,yr_vout;
input    [ 7:0] yout,uout,vout;
input    [23:0] rdat0,rdat1,rdat2;
output   [ 2:0] ren;

integer         fp;
reg             check_flag;
reg      [ 2:0] ren;

initial begin
  check_flag = 0;
  fp = $fopen("ScoreBoard.rpt");

  #DLY;
  @(negedge rst);
  @(posedge clk) check_flag = 1;

  forever begin
    #(CYCLE - STROBE)begin

      if(ren[0]) begin
                                    ┌──②セレクタ1の出力と期待値を比較──┐
        if(yi_rin != rdat0[23:16])
          $fdisplay(fp,$stime,
            "ns yi_rin missmatch OUT=%h,EXPECT=%h",
            yi_rin,rdat0[23:16]);
        if(yi_gin != rdat0[15:8])
          $fdisplay(fp,$stime,
            "ns yi_gin missmatch OUT=%h,EXPECT=%h",
            yi_gin,rdat0[15:8]);
        if(yi_bin != rdat0[7:0])
          $fdisplay(fp,$stime,
            "ns yi_bin missmatch OUT=%h,EXPECT=%h",
            yi_bin,rdat0[7:0]);
      end
                                    ┌──①有効画像範囲外のセレクタ1の出力が
                                    │   0にマスクされているか比較
      else if({yi_rin,yi_gin,yi_bin} != 24'h000000)
        $fdisplay(fp,$stime,
          "ns missmatch blank data OUT=%h",
          {yi_rin,yi_gin,yi_bin});

      if(ren[1]) begin
                                    ┌──③YUV変換後の出力と期待値を比較──┐
        if(yr_yout != rdat1[23:16])
          $fdisplay(fp,$stime,
            "ns yr_yout missmatch OUT=%h,EXPECT=%h",
            yr_yout,rdat1[23:16]);
        if(yr_uout != rdat1[15:8])
          $fdisplay(fp,$stime,
            "ns yr_uout missmatch OUT=%h,EXPECT=%h",
            yr_uout,rdat1[15:8]);
        if(yr_vout != rdat1[7:0])
          $fdisplay(fp,$stime,
            "ns yr_vout missmatch OUT=%h,EXPECT=%h",
            yr_vout,rdat1[7:0]);
      end

      if(ren[2]) begin
                                    ┌──④セレクタ2の出力と期待値を比較──┐
        if(yout != rdat2[23:16])
          $fdisplay(fp,$stime,
            "ns yout missmatch OUT=%h,EXPECT=%h",
            yout,rdat2[23:16]);
        if(uout != rdat2[15:8])
          $fdisplay(fp,$stime,
            "ns uout missmatch OUT=%h,EXPECT=%h",
            uout,rdat2[15:8]);
        if(vout != rdat2[7:0])
          $fdisplay(fp,$stime,
            "ns vout missmatch OUT=%h,EXPECT=%h",
            vout,rdat2[7:0]);
      end

    end
    #(STROBE);
  end
end

always @(posedge clk or posedge rst)
  if(rst) ren <= #DLY 0;
  else    ren <= #DLY {ren[1:0],check_flag & den};

endmodule
                                    ┌──各FIFOを読み出すタイミングを生成
```

（c）test_scoreboardの記述

しています．

　forever文の中では，クロック1周期内の期待値比較のタイミングが調整された後，セレクタ1の出力，YUV変換後の出力，セレクタ2の出力の期待値を比較しています．

　forever文はwhile文とよく似ていますが，条件比較などは行わず，無限にループします．

　$stimeは，現在のシミュレーション時間を返すシステム・タスクです．これにより検証者は，メッセージ

11.2 ランダム値生成関数の記述

```verilog
module test_top();

`include "./tb/param.h"

reg     clk,rst;
wire    vsync,hsync;

wire    [7:0] rin,gin,bin;
wire    [7:0] yout,uout,vout;

test_sync test_sync(
  .clk(clk),.rst(rst),
  .vsync(vsync),.hsync(hsync));

test_data test_data(
  .clk(clk),.rin(rin),.gin(gin),.bin(bin));

YUVFILTER yuvfilter(
  .CLK(clk),.RST(rst),
  .VSYNC(vsync),.HSYNC(hsync),
  .RIN(rin),.GIN(gin),.BIN(bin),
  .VSYNCOUT(ys_vsync),.HSYNCOUT(ys_hsync),
  .YOUT(yout),.UOUT(uout),.VOUT(vout),
  .R_yuv(_YUV),
  .R_inorder(_InOrder),.R_outorder(_OutOrder),
  .R_hbporch(_HbPorch),.R_hdlength(_HdLength),
  .R_vbporch(_VbPorch),.R_vdlength(_VdLength));

wire    [2:0]   ren;
wire            wen;
wire    [23:0]  wdat0,rdat0;
wire    [23:0]  wdat1,rdat1;
wire    [23:0]  wdat2,rdat2;
test_driver test_driver(
  .clk(clk),
  .rin(rin),.gin(gin),.bin(bin),

  .hdcnt( test_sync.hdcnt ),
  .vdcnt( test_sync.vdcnt ),

  .wen(wen),
  .wdat0(wdat0),.wdat1(wdat1),.wdat2(wdat2));

test_fifo test_fifo0(
  .clk(clk),.rst(rst),.wen(wen),.wdat(wdat0),
  .ren(ren[0]),.rdat(rdat0));
test_fifo test_fifo1(
  .clk(clk),.rst(rst),.wen(wen),.wdat(wdat1),
  .ren(ren[1]),.rdat(rdat1));
test_fifo test_fifo2(
  .clk(clk),.rst(rst),.wen(wen),.wdat(wdat2),
  .ren(ren[2]),.rdat(rdat2));

test_scoreboard test_scoreboard
  (.clk(clk),.rst(rst),.den(wen),

  .yi_rin( yuvfilter.yi_rin ),
  .yi_gin( yuvfilter.yi_gin ),
  .yi_bin( yuvfilter.yi_bin ),

  .yr_yout( yuvfilter.yr_yout ),
  .yr_uout( yuvfilter.yr_uout ),
  .yr_vout( yuvfilter.yr_vout ),

  .yout(yout),.uout(uout),.vout(vout),
  .rdat0(rdat0),.rdat1(rdat1),.rdat2(rdat2),
  .ren(ren));

always begin
  clk = 0; #HALF_CYCLE;
  clk = 1; #HALF_CYCLE;
end

initial begin
    rst = 0;
#DLY;
#CYCLE rst = 1;
#CYCLE rst = 0;
#(CYCLE * SIMCYCLE) $finish;
end

endmodule
```

(d) test_topの記述

で示されたエラーがいつ発生したかを知ることができます．

リスト11.5(d)はテストベンチのトップ階層の記述です．点線で囲まれた記述では，階層アクセスを使って，検証対象回路の中間信号やtest_syncの中のカウンタを参照しています．

■ VHDL

リスト11.6は，テストベンチに加えられた新たなモジュールと検証のトップ階層の記述です．

リスト11.6(a)はtest_driverの記述です．これは，test_rgb2yuvから出力された期待値を，test_fifoに書き込むタイミング制御信号wenを生成しています．

リスト11.6(b)はtest_fifoの記述です．ここでは上の階層から操作できるジェネリック定数FIFOWIDTH，FIFOSIZEを使って，データの幅とアドレス数を設定しています．今回はデータの幅を8ビット信号三つ

第11章 ランダム検証

リスト11.6 画像生成回路のテストベンチへの追加モジュールとトップ階層(VHDL)

```vhdl
library IEEE;
use IEEE.std_logic_1164.all;
use IEEE.std_logic_unsigned.all;
use work.param.all;

entity test_driver is port(
  clk            : in  std_logic;
  rin,gin,bin    : in  std_logic_vector(7 downto 0);
  hdcnt,vdcnt    : in  std_logic_vector(10 downto 0);
  wen            : out std_logic;
  wdat           : out std_logic_vector(23 downto 0));
end test_driver;

architecture SIM of test_driver is

component test_rgb2yuv port(
  rin,gin,bin      : in  std_logic_vector(7 downto 0);
  yout,uout,vout   : out std_logic_vector(7 downto 0));
end component;

begin

rgb2yuv : test_rgb2yuv port map(
  rin => rin, gin => gin, bin => bin,
  yout => wdat(23 downto 16),
  uout => wdat(15 downto 8),
  vout => wdat(7 downto 0));
wen <= '1'
  when ((('0'&HbPorch) <= hdcnt) and
        (hdcnt <=
            (('0'&HbPorch)+('0'&HdLength)-1)) and
        (('0'&VbPorch) <= vdcnt) and
        (vdcnt <=
            (('0'&VbPorch)+('0'&VdLength)-1)))
  else '0';

end SIM;
```

(a) test_driverの記述(VHDL)

```vhdl
library IEEE;
use IEEE.std_logic_1164.all;
use IEEE.std_logic_unsigned.all;
use work.param.all;

entity test_fifo is
  generic(FIFOWIDTH : integer := 24;
          FIFOSIZE  : integer := 4);
  port(clk,rst,wen,ren : in std_logic;
       wdat : in  std_logic_vector((FIFOWIDTH-1) downto 0);
       rdat : out std_logic_vector((FIFOWIDTH-1) downto 0));
end test_fifo;

architecture SIM of test_fifo is

  subtype MEMWORD is
    std_logic_vector((FIFOWIDTH-1) downto 0);
  type MEMARRY is
    array (0 to (FIFOSIZE-1)) of MEMWORD;
  signal mem : MEMARRY;
  signal wpt,rpt,i : integer;

begin

process(clk,rst)begin
  if(rst = '1')then
    rpt <= 0 after DLY;
  elsif(clk'event and clk = '1')then
    if(ren = '1')then
      if(rpt = (FIFOSIZE-1))then
        rpt <= 0 after DLY;
      else
        rpt <= rpt + 1 after DLY;
      end if;
    end if;
  end if;
end process;

process(clk,rst)begin
  if(rst = '1')then
    wpt <= 0 after DLY;
  elsif(clk'event and clk = '1')then
    if(wen = '1')then
      if(wpt = (FIFOSIZE-1))then
        wpt <= 0 after DLY;
      else
        wpt <= wpt + 1 after DLY;
      end if;
    end if;
  end if;
end process;

process(clk,rst)begin
  if(rst = '1')then
    for i in 0 to (FIFOSIZE-1) loop
      mem(i) <= (others => '0');
    end loop;
  elsif(clk'event and clk = '1')then
    if(wen = '1')then
      mem(wpt) <= wdat after DLY;
    end if;
  end if;
end process;

rdat <= mem(rpt) when ren = '1'
        else (others => '0');

end SIM;
```

(b) test_fifoの記述

11.2 ランダム値生成関数の記述

```vhdl
library IEEE,STD;
use IEEE.std_logic_1164.all;
use IEEE.std_logic_textio.all;
use STD.TEXTIO.all;
use work.param.all;

entity test_scoreboard is port(
  clk,rst,den : in std_logic;
  yi_rin,yi_gin,yi_bin,yr_yout,yr_uout,yr_vout,
  yout,uout,vout
    : in std_logic_vector(7 downto 0);
  rdat0,rdat1,rdat2
    : in std_logic_vector(23 downto 0);
  ren
    : out std_logic_vector(2 downto 0));
end test_scoreboard;

architecture SIM of test_scoreboard is

  signal renin : std_logic_vector(2 downto 0);
  signal check_flag : std_logic := '0';

begin

process
  file FI : text is out "ScoreBoard.rpt";
  variable LO : line;
  variable S26 : string(1 to 26)
    := " missmatch blank data OUT=";
  variable S23 : string(1 to 23);
  variable S22 : string(1 to 22);
  variable S20 : string(1 to 20);
  variable S8 : string(1 to 8)
    := ",EXPECT=";
begin
  wait for DLY;
  wait until rst'event and rst = '0';
  wait until clk'event and clk = '1';
  check_flag <= '1';
  while true loop
    wait for (CYCLE - STROBE);
    if(renin(0) = '1') then
```

② セレクタ1の出力と期待値を比較

```vhdl
      if(yi_rin /= rdat0(23 downto 16))then
        S22 := " yi_rin missmatch OUT=";
        write(LO,NOW);
        write(LO,S22); hwrite(LO,yi_rin);
        write(LO,S8);
        hwrite(LO,rdat0(23 downto 16));
        writeline(FI,LO);
      end if;
      if(yi_gin /= rdat0(15 downto 8))then
        S22 := " yi_gin missmatch OUT=";
        write(LO,NOW);
        write(LO,S22); hwrite(LO,yi_gin);
        write(LO,S8);
           hwrite(LO,rdat0(15 downto 8));
        writeline(FI,LO);
      end if;
      if(yi_bin /= rdat0(7 downto 0))then
        S22 := " yi_bin missmatch OUT=";
        write(LO,NOW);
        write(LO,S22); hwrite(LO,yi_bin);
        write(LO,S8); hwrite(LO,rdat0(7 downto 0));
        writeline(FI,LO);
      end if;
```

① 有効画像範囲外のセレクタ1の出力が0にマスクされているか比較

```vhdl
      elsif
        (yi_rin & yi_gin & yi_bin) /=
          "000000000000000000000000" then
        write(LO,NOW);
        write(LO,S26); hwrite(LO,yi_rin);
        hwrite(LO,yi_gin); hwrite(LO,yi_bin);
        writeline(FI,LO);
      end if;

    if(renin(1) = '1') then
```

③ YUV変換後の出力と期待値を比較

```vhdl
      if(yr_yout /= rdat1(23 downto 16))then
        S23 := " yr_yout missmatch OUT=";
        write(LO,NOW);
        write(LO,S23); hwrite(LO,yr_yout);
        write(LO,S8);
        hwrite(LO,rdat1(23 downto 16));
        writeline(FI,LO);
      end if;
      if(yr_uout /= rdat1(15 downto 8))then
        S23 := " yr_uout missmatch OUT=";
        write(LO,NOW);
        write(LO,S23); hwrite(LO,yr_uout);
        write(LO,S8);
           hwrite(LO,rdat1(15 downto 8));
        writeline(FI,LO);
      end if;
      if(yr_vout /= rdat1(7 downto 0))then
        S23 := " yr_vout missmatch OUT=";
        write(LO,NOW);
        write(LO,S23); hwrite(LO,yr_vout);
        write(LO,S8); hwrite(LO,rdat1(7 downto 0));
        writeline(FI,LO);
      end if;

    end if;
    if(renin(2) = '1') then
```

④ セレクタ2の出力と期待値を比較

```vhdl
      if(yout /= rdat2(23 downto 16))then
        S20 := " yout missmatch OUT=";
        write(LO,NOW);
        write(LO,S20); hwrite(LO,yout);
        write(LO,S8);
        hwrite(LO,rdat2(23 downto 16));
        writeline(FI,LO);
      end if;
      if(uout /= rdat2(15 downto 8)) then
        S20 := " uout missmatch OUT=";
        write(LO,NOW);
        write(LO,S20); hwrite(LO,uout);
        write(LO,S8);
           hwrite(LO,rdat2(15 downto 8));
        writeline(FI,LO);
      end if;
      if(vout /= rdat2(7 downto 0))then
        S20 := " vout missmatch OUT=";
        write(LO,NOW);
```

(c) test_scoreboardの記述

第11章 ランダム検証

リスト11.6 画像生成回路のテストベンチへの追加モジュールとトップ階層（VHDL）（つづき）

```vhdl
            write(LO,S20); hwrite(LO,vout);
            write(LO,S8); hwrite(LO,rdat2(7 downto 0));
            writeline(FI,LO);
        end if;

      end if;

      wait until clk'event and clk = '1';
    end loop;
  end process;

  process(clk,rst)begin
```

```vhdl
    if(rst = '1') then
      renin <= "000";
    elsif(clk'event and clk = '1')then
      renin <= renin(1 downto 0) &
               (check_flag and den) after DLY;
    end if;
  end process;

  ren <= renin;                    ← 各FIFOを読み出すタイミングを生成

end SIM;
```

(c) test_scoreboardの記述（つづき）

```vhdl
library IEEE,modelsim_lib;
use IEEE.std_logic_1164.all;
use IEEE.std_logic_arith.all;
use modelsim_lib.util.all;      ← modelsim_lib.utilはModelSimで
use work.param.all;                init_signal_spyを使用するため
                                   に必要
entity test_top is
end test_top;

architecture SIM of test_top is

component test_sync port(
  clk,rst : in std_logic;
  vsync, hsync : out std_logic);
end component;

component test_data port(
  clk         : in std_logic;
  rin,gin,bin
    : out std_logic_vector(7 downto 0));
end component;

component YUVFILTER port(
  CLK,RST,VSYNC, HSYNC : in std_logic;
  RIN, GIN, BIN
    : in std_logic_vector(7 downto 0);
  VSYNCOUT, HSYNCOUT  : out std_logic;
  YOUT, UOUT, VOUT
    : out std_logic_vector(7 downto 0);
  R_yuv            : in std_logic;
  R_inorder,R_outorder
    : in std_logic_vector(2 downto 0);
  R_hbporch, R_hdlength, R_vbporch, R_vdlength
    : in std_logic_vector(9 downto 0));
end component;

component test_driver port(
  clk : in std_logic;
  rin,gin,bin
    : in std_logic_vector(7 downto 0);
  hdcnt,vdcnt
    : in std_logic_vector(10 downto 0);
  wen   : out std_logic;
  wdat  : out std_logic_vector(23 downto 0));
end component;

component test_fifo
  port(clk,rst,wen,ren : in std_logic;
       wdat
```

```vhdl
    : in std_logic_vector(23 downto 0);
  rdat :
    out std_logic_vector(23 downto 0));
end component;

component test_scoreboard port(
  clk,rst,den : std_logic;
  yi_rin,yi_gin,yi_bin,yr_yout,yr_uout,yr_vout,
  yout,uout,vout
    : in std_logic_vector(7 downto 0);
  rdat0,rdat1,rdat2
    : in std_logic_vector(23 downto 0);
  ren
    : out std_logic_vector(2 downto 0));
end component;

signal clk,rst,vsync,hsync,vsyncout,hsyncout
  : std_logic := '0';
signal rin,gin,bin,yout,uout,vout
  : std_logic_vector(7 downto 0);
signal EndFlag : boolean := false;    ← クロックを
                                         止めるフラグ
signal ren : std_logic_vector(2 downto 0);
signal wen : std_logic;
signal wdat0,rdat0,wdat1,rdat1,wdat2,rdat2
  : std_logic_vector(23 downto 0);
signal hdcnt,vdcnt
  : std_logic_vector(10 downto 0);
signal yi_rin,yi_gin,yi_bin,yr_yout,yr_uout,yr_vout
  : std_logic_vector(7 downto 0);

begin

utest_sync : test_sync port map (
  clk => clk,rst => rst,
  vsync => vsync,hsync => hsync);
utest_data : test_data port map (
  clk => clk,
  rin => rin,gin => gin,bin => bin);

uYUVFILTER : yuvfilter port map (
  CLK => clk,RST => rst,
  VSYNC => vsync,HSYNC => hsync,
  RIN => rin,GIN => gin,BIN => bin,
  VSYNCOUT => vsyncout,HSYNCOUT => hsyncout,
  YOUT => yout,UOUT => uout,VOUT => vout,
  R_yuv => YUV,
  R_inorder => InOrder,
  R_outorder => OutOrder,
```

(d) test_topの記述

11.2 ランダム値生成関数の記述

```vhdl
    R_hbporch => HbPorch,
    R_hdlength => HdLength,
    R_vbporch => VbPorch,
    R_vdlength => VdLength);
  init_signal_spy(
    "/test_top/utest_driver/rgb2yuv/rin2",
    "wdat0(23 downto 16)");
  init_signal_spy(
    "/test_top/utest_driver/rgb2yuv/gin2",
    "wdat0(15 downto 8)");
  init_signal_spy(
    "/test_top/utest_driver/rgb2yuv/bin2",
    "wdat0(7 downto 0)");
  init_signal_spy(
    "/test_top/utest_driver/rgb2yuv/yout_t2",
    "wdat1(23 downto 16)");
  init_signal_spy(
    "/test_top/utest_driver/rgb2yuv/uout_t2",
    "wdat1(15 downto 8)");
  init_signal_spy(
    "/test_top/utest_driver/rgb2yuv/vout_t2",
    "wdat1(7 downto 0)");
  init_signal_spy(
    "/test_top/utest_sync/hdcnt","hdcnt");
  init_signal_spy(
    "/test_top/utest_sync/vdcnt","vdcnt");
  init_signal_spy(
    "/test_top/uYUVFILTER/yi_rin","yi_rin");
  init_signal_spy(
    "/test_top/uYUVFILTER/yi_gin","yi_gin");
  init_signal_spy(
    "/test_top/uYUVFILTER/yi_bin","yi_bin");
  init_signal_spy(
    "/test_top/uYUVFILTER/yr_yout","yr_yout");
  init_signal_spy(
    "/test_top/uYUVFILTER/yr_uout","yr_uout");
  init_signal_spy(
    "/test_top/uYUVFILTER/yr_vout","yr_vout");
  utest_driver : test_driver port map(
    clk   => clk,
    rin => rin, gin => gin, bin => bin,
    hdcnt => hdcnt, vdcnt => vdcnt,
    wen => wen, wdat => wdat2);

  utest_fifo0 : test_fifo port map(
    clk => clk,rst => rst,
    wen => wen,ren => ren(0),
    wdat => wdat0,rdat => rdat0);

  utest_fifo1 : test_fifo port map(
    clk => clk,rst => rst,
    wen => wen,ren => ren(1),
    wdat => wdat1,rdat => rdat1);

  utest_fifo2 : test_fifo port map(
    clk => clk,rst => rst,
    wen => wen,ren => ren(2),
    wdat => wdat2,rdat => rdat2);

  utest_scoreboard : test_scoreboard port map(
    clk => clk, rst => rst, den => wen,
    yi_rin => yi_rin, yi_gin => yi_gin,
    yi_bin => yi_bin,
    yr_yout => yr_yout,yr_uout => yr_uout,
    yr_vout => yr_vout,
    yout => yout, uout => uout, vout => vout,
    rdat0 => rdat0, rdat1 => rdat1,
    rdat2 => rdat2, ren => ren);

process begin
  CLK <= '1'; wait for HALF_CYCLE;
  CLK <= '0'; wait for HALF_CYCLE;
  if EndFlag then
    wait;
  end if;
end process;

process begin
  wait for (DLY + CYCLE); rst <= '1';
  wait for CYCLE;         rst <= '0';
  wait for (CYCLE * SIMCYCLE);
  EndFlag <= true;
  wait;
end process;

end SIM;

configuration cfg_test_top of test_top is
  for SIM
    for utest_data : test_data use entity
      work.test_data(SIM);
    end for;
  end for;
end cfg_test_top;

configuration cfg_test_top_random of test_top is
  for SIM
    for utest_data : test_data use entity
      work.test_data(SIM_RANDOM);
    end for;
  end for;
end cfg_test_top_random;
```

注釈: EndFlagが1になるとクロックが止まる

注釈: EndFlagを1にしてクロックを止める クロックが止まると全ての信号が止まる すべての信号が止まるとSIMが終わる

(d) test_topの記述 (つづき)

分の24ビットにしています．アドレスは今回のテストでは，期待値が出力されてからデータが読み出されるまで最大3サイクルなので，3番地あれば十分ですが，念のため4番地まで準備しています．このエンティティは，ジェネリック定数を変えるだけでほかのテスト環境にも流用できます．

リスト11.6(c)はtest_scoreboardの記述です．check_flagは初期値'0'から始まり，リセットが解除されたところで'1'になっています．この信号はリセット実行前の無駄なところでの期待値比較を抑制

第11章　ランダム検証

しています．

　while文の中では，クロック1周期内の期待値比較のタイミングが調整された後，セレクタ1の出力，YUV変換後の出力，セレクタ2の出力の期待値比較をしています．

コラム

階層アクセス

▣ Verilog HDL

　図11.A(a)は階層アクセスの書式です．図11.A(b)のブロック図のようにモジュールA直下の信号Eに，モジュールA直下のインスタンスB1の下のインスタンスC1の下の信号Dの値を代入したいときには，図11.A(c)のように記述します．これはシミュレーション専用の書式で，回路記述に使って論理合成したり，FPGAに実装したりすることはできません．

▣ VHDL

　VHDLの文法には，下位階層の信号などに直接アクセスする手段がないため，各ツール・ベンダは独自のプロシージャを用意しています．このため，シミュレータを変更する場合には，この部分の変更が必要になります．

　図11.B(a)は米国Mentor Graphics社のシミュレータModelSimによる階層アクセスの書式です．図11.B(b)のブロック図のようにエンティティA直下の信号Eに，エンティティA直下のインスタンスB1の下のインスタンスC1の下の信号Dの値を代入したいときには，図11.B(c)のように記述します．これはシミュレーション専用の書式で，回路記述に使って論理合成したり，FPGAに実装したりすることはできません．

　また，init_signal_spyを使うためには，ライブラリとしてmodelsim_libを呼び出し，パッケージutilを使用可能にしなければなりません．

```
インスタンス名．インスタンス名．…．信号名
```
（a）書式

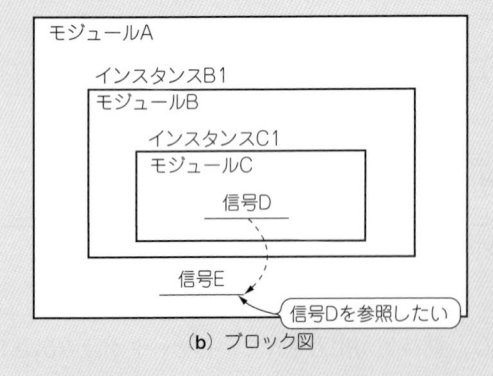

（モジュールA ＞ インスタンスB1／モジュールB ＞ インスタンスC1／モジュールC ＞ 信号D、信号E：信号Dを参照したい）

（b）ブロック図

```
assign E = B1.C1.D;
```
（c）記述例

図11.A　階層アクセス（Verilog HDL）

```
init_signal_spy("参照信号とそのパス",
                "代入信号とそのパス")
```
（a）書式

（エンティティA ＞ インスタンスB1／エンティティB ＞ インスタンスC1／エンティティC ＞ 信号D、信号E：信号Dを参照したい）

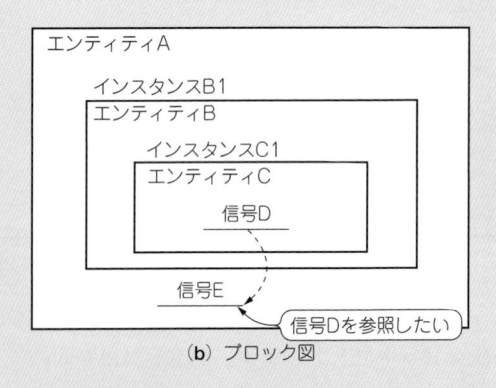

（b）ブロック図

```
init_signal_spy("/A/B1/C1/D","E");
```
（c）記述例

図11.B　階層アクセス（VHDL）

while文の条件がtrueとなっているので，無限にループします．

NOWは，現在のシミュレーション時間を返すプロシージャです．これにより検証者は，メッセージで示されたエラーがいつ発生したか知ることができます．

リスト11.6(d)はテストベンチのトップ階層の記述です．点線で囲まれた記述では，プロシージャinit_signal_spyを使って，ビヘイビア・レベル・モデルの中間信号やtest_syncの中のカウンタ，検証対象回路の中間信号を参照しています．

init_signal_spyは米国Mentor Graphics社のシミュレータ「ModelSim」独自のプロシージャなので，ほかのシミュレータでは使用できません（コラム「階層アクセス」を参照）．

また，init_signal_spy以外にEndFlagという信号にも注意してください．EndFlagという信号は，クロックを停止させることで，この環境のすべての信号の変化を停止させています．すべての信号の変化が停止すると，シミュレーションも終了します．第10章までは，assert文によってシミュレーションを終了させてきましたが，この方法でも終了させられます．

▶▶ 11.3 レポートとその分析

● レポート・ファイルのメッセージ

Verilog HDL・VHDL共通

今回のテスト環境では，各期待値比較の結果が不一致となった場合に，ファイルScoreboard.rptに図11.5のようなメッセージが書き込まれます．図中の①～④のメッセージは，それぞれリスト11.5(c)，リスト11.6(c)の図中の①～④の記述に対応しています．

図11.5の①は，有効データ範囲外でセレクタ1の出力が，オール'0'でなければ出力されます．仕様では有効データ以外は'0'でマスクされることになっていました．

図11.5の②は，有効データ範囲内でセレクタ1の出力が期待値と違っている場合に出力されます．比較結果はR，G，B信号それぞれから別々に出力されるので，どの系統に不具合が存在しているのか明確になります．

図11.5の③は，有効データ範囲内でYUV変換後の出力が期待値と違っている場合に出力されます．比較結果はY，U，V信号それぞれから別々に出力されるので，どの系統に不具合が存在しているのか明確になります．

図11.5の④は，有効データ範囲内でセレクタ2の出力（＝検証対象回路の最終出力）が期待値と違っている場合に出力されます．比較結果はY，U，V信号それぞれから別々に出力されるので，どの系統に不具合が存在しているのか明確になります．

第11章 ランダム検証

● 不具合解析の手順

このテスト環境では，シミュレーション終了後，最初にScoreBoard.rptを確認します．

このファイルに何もメッセージが書き込まれていなければ，そのテスト・パターンでは不具合が何も発見できなかったことになります．この場合には，ほかのテスト・パターン結果を確認してみてください．もし，すべてのテスト・パターンでScoreBoard.rptに何もメッセージが書き込まれていなければ，ひとまず今持っているテスト環境における確認作業は完了となります．

何かメッセージが出力されていた場合には，そのメッセージを手がかりに，不具合解析を進めます．

シミュレーションの結果，Scoreboard.rptに①～④のすべてのメッセージが書き込まれていた場合，ysyncpipeおよびyinorderのコードに不具合がないか確認します．なぜならysyncpipeやyinorderに不具合がある場合，誤ったデータを入力されたyrgb2yuv，youtorderが，期待と異なる値を出したからといっ

```
4242ns missmatch blank data OUT=ff5ac6     ①
4252ns missmatch blank data OUT=ff5ac6
4262ns missmatch blank data OUT=ff5ac6
4272ns missmatch blank data OUT=ff5ac6
4282ns missmatch blank data OUT=ff5ac6
4292ns missmatch blank data OUT=ff5ac6
4302ns missmatch blank data OUT=ff5ac6
4312ns missmatch blank data OUT=ff5ac6
        ...
12242ns yi_rin missmatch OUT=00,EXPECT=ff  ②
12242ns yi_gin missmatch OUT=00,EXPECT=5a
12242ns yi_bin missmatch OUT=00,EXPECT=c6
12252ns yi_rin missmatch OUT=00,EXPECT=ff
12252ns yi_gin missmatch OUT=00,EXPECT=5a
12252ns yi_bin missmatch OUT=00,EXPECT=c6
12252ns yr_yout missmatch OUT=00,EXPECT=ff
12252ns yr_uout missmatch OUT=00,EXPECT=5a
12252ns yr_vout missmatch OUT=00,EXPECT=c6
        ...
12262ns yr_yout missmatch OUT=00,EXPECT=ff ③
12262ns yr_uout missmatch OUT=00,EXPECT=5a
12262ns yr_vout missmatch OUT=00,EXPECT=c6
12262ns yout missmatch OUT=00,EXPECT=ff
12262ns uout missmatch OUT=00,EXPECT=5a
12262ns vout missmatch OUT=00,EXPECT=c6
12272ns yi_rin missmatch OUT=00,EXPECT=ff
12272ns yi_gin missmatch OUT=00,EXPECT=5a
12272ns yi_bin missmatch OUT=00,EXPECT=c6
        ...
12272ns yout missmatch OUT=00,EXPECT=ff    ④
12272ns uout missmatch OUT=00,EXPECT=5a
12272ns vout missmatch OUT=00,EXPECT=c6
12282ns yi_rin missmatch OUT=00,EXPECT=ff
12282ns yi_gin missmatch OUT=00,EXPECT=5a
12282ns yi_bin missmatch OUT=00,EXPECT=c6
12282ns yr_yout missmatch OUT=00,EXPECT=ff
12282ns yr_uout missmatch OUT=00,EXPECT=5a
12282ns yr_vout missmatch OUT=00,EXPECT=c6
        ...
```

① 有効なデータの位置が仕様と合っていない場合のメッセージ．仕様では非有効データ期間は出力データは'0'にマスクされる．不具合はysyncpipe，yinorderのどちらかに存在する

② yinorderの出力が期待値と合っていない場合のメッセージ．不具合はysyncpipe，yinorderのどちらかに存在する

③ yrgb2yuvの出力が期待値と合っていない場合のメッセージ．不具合はysyncpipe，yinorder，yrgb2yuvのどれかに存在する

④ youtorderの出力が期待値と合っていない場合のメッセージ．不具合はysyncpipe，yinorder，yrgb2yuv，youtorderのどれかに存在する

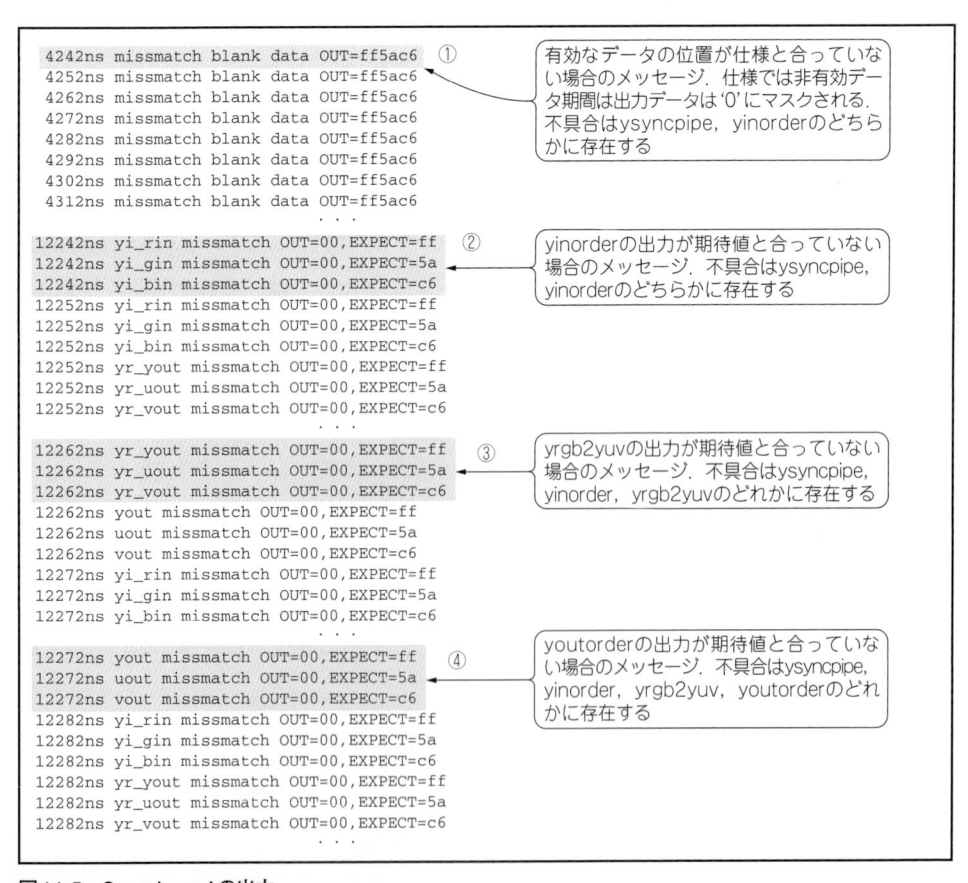

図11.5 Scoreboardの出力
図中の数字はリスト11.5とリスト11.6中の数字に対応している．

て，必ずしもこれらに不具合があるとは限らないからです．逆に，①や②のメッセージが出た場合，ysyncpipeかyinorderのどちらかには必ず不具合が存在します〔図11.6(a)〕．

　この論理的な判断によって，不具合解析の対象となるブロックを二つに特定できました．さらに②のメッセージが，yi_rinについてだけ出ているのか，そのほかの信号についても出ているのかで，不具合の範囲をさらに限定できます．yi_rinについてだけメッセージが出ているのであれば，何もysyncpipeやyinorderのすべての記述を確認しなくても，yi_rinの生成に関与する部分だけを確認すればよいことになります．

　次に③および④のメッセージだけが出ている場合，不具合は必ずyrgb2yuvに存在します．①や②のメッセージが出ていないのであれば，まだysyncpipeやyinorderに不具合は残っているかもしれませんが，ここでは無視します．あるかどうか分からない不具合よりも，確実にあると分かっているバグから除いていきます〔図11.6(b)〕．

　最後に④のメッセージだけが書き込まれていた場合，不具合は必ずyoutorderに存在します〔図11.6(c)〕．

　このように，中間値の期待値比較によって不具合の存在するブロックを特定できますが，メッセージから判断できるのはブロックだけではないはずです．②以降のメッセージは，3本の信号ごとに別々に出力するので，バグがそのブロックの出力すべてに影響を与える個所に存在するのか，それともある系統の信号を生成する個所に特定されるのかが分かります．

　また，出力された値と期待値とを見比べることで，どのような不具合か推測できるかもしれません．

　例えば，回路から出力されたすべての信号が'0'であれば，データを生成するルートに不要なANDゲートが入っていないか，セレクタの条件に意図しない状態が発生していないか，ビット幅の不一致はないかなど，いくつかの状況が考えられます．

　さらにそのパターンはすでに確認済みで，不具合の出ていないパターンと比べてどこが違うかで，不具合を含む機能を特定することもできます．

　例えば，あるレジスタの設定を変えたところ，不一致が出たのであれば，そのレジスタ設定に関連した記述に不具合があると予想できます．

　これらの情報があれば，回路の記述や波形を見る前に，不具合の位置をかなり絞り込めるのではないでしょうか（図11.7）．

　回路の記述は，回路規模が大きくなるに従い，目視で追っていくのが大変になります．また，波形での確認は，直感的な分かりやすさがありますが，記述を追うのと同様に，規模が大きくなるほど時間がかかります．メッセージだけで不具合を特定できれば，それだけデバッグを短時間で行えます．

● **ランダム検証の活用法**

　入力データをランダムに振る方法でインターフェースのタイミングを振ることもできます．ランダム検証は，検証者が意識していないようなパターンでテストできるため，すべての機能を単体で確認した後の複合テストに有効です．ただし，今回リファレンス・モデルを準備したように，ランダムに変化する入力

第11章 ランダム検証

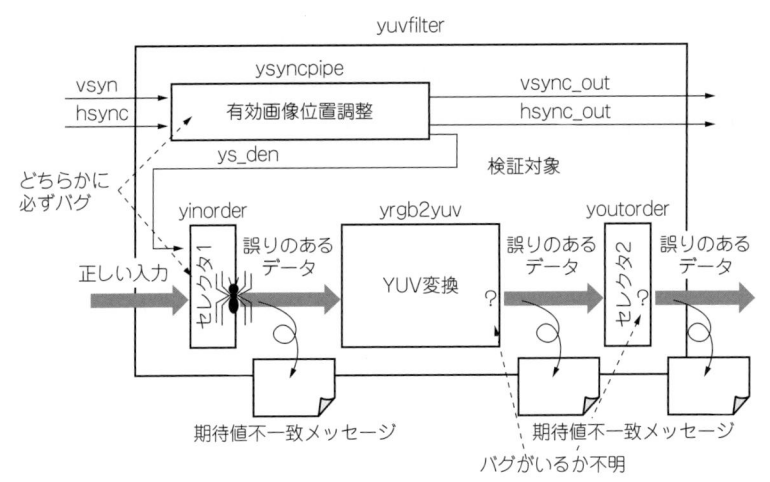

(a) すべて，もしくは②〜④のメッセージを含む場合

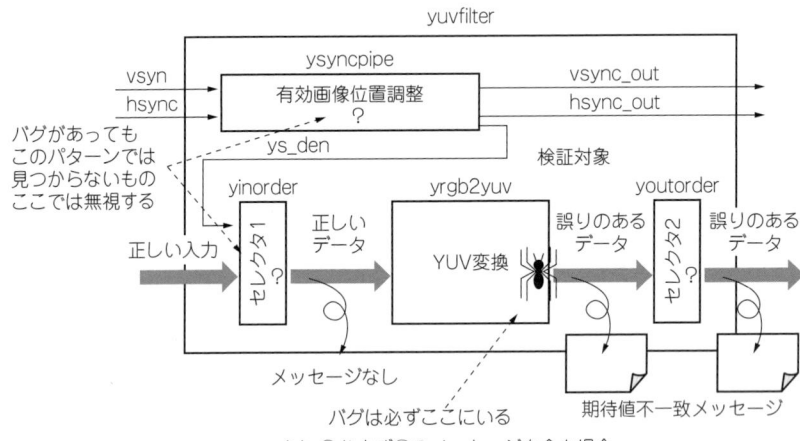

(b) ③および④のメッセージを含む場合

(c) ④のメッセージだけを含む場合

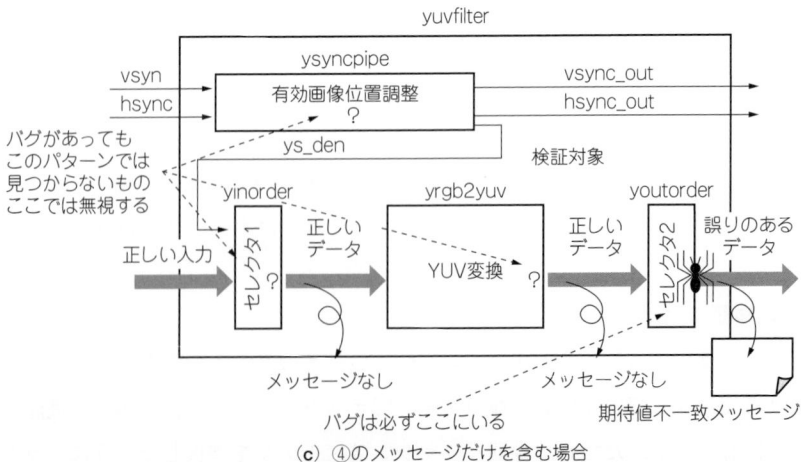

図11.6
不具合解析

11.3 レポートとその分析

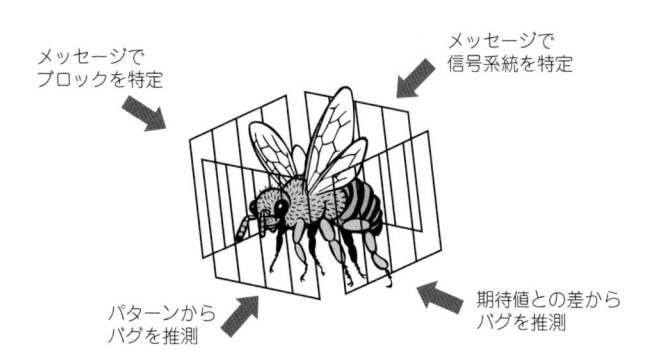

図11.7 バグの囲い込み
波形を見る前にメッセージやパターンの特徴から
バグを囲い込む．

（図中ラベル）
- メッセージでブロックを特定
- メッセージで信号系統を特定
- パターンからバグを推測
- 期待値との差からバグを推測

を検証するためには，何らかの自動確認機能を追加しなければなりません．

また，不具合解析の項でも触れましたが，テスト環境は極力，不具合の特定が楽になるように，不具合情報を多く出力できるように作ります．これらの情報と論理的思考で，不具合の内容を推測してから回路の記述を見れば，短時間でデバッグできるようになります．

第3部 検証のテクニック

第12章

作業効率の向上

本章は，Verilog HDLのテスト環境構築を一部自動化し，またテストの実行をスクリプトで行う方法を解説します．Verilog HDLの文法的な問題を解説するわけではないので，VHDLを使う方にも十分応用できます．

本章で対象としているテストベンチは，第10章と第11章で作ったものですが，テストベンチの内容を知らなくても十分理解できます．

今回のテスト環境は，Windows XPの動作するパソコン上で，米国Mentor Graphics社のシミュレータ「ModelSim Altera Web Edition 6.1g」を使用することを前提にしています．ただし，UNIX環境でほかのシミュレータを使用する方にも，十分参考になる内容です．

▶▶ 12.1 グループ検証とRTLコードのバージョン管理

● グループ検証の進め方

グループで検証する場合には，1人で検証する場合と比べて気を付けなければいけないことがいくつかあります．その中で，最も大切なことの一つがRTL（Register Transfer Level）コードのバージョン管理です．

グループで検証を行う場合には，検証中のRTLコードを複数の人間で共有する場面があります．このとき，そのRTLコードが検証のどの段階かを，利用者全員である程度把握しておく必要があります．その把握に必要な物がバージョン管理になります．

リスト12.1とリスト12.2は，RTLコードにおけるヘッダ情報の記述例です．ヘッダ情報の形式はいろいろありますが，この中で一番重要なのがバージョン情報です．この項では，これについて例を挙げて解説していきます．

図12.1は，回路Aの構造と検証の担当者を示しています．回路Aには回路B，C，Dが含まれます．回

第12章　作業効率の向上

リスト12.1　RTLのヘッダ記述例（Verilog HDL）

```
//////////////////////////////////////
// Project    : Verification skill up
// Block name : GroupVerify
// Author     : Nakano Minao
// Version    : 1.1.7          ← バージョン情報
//////////////////////////////////////
module GroupVerify(
  ...
```

リスト12.2　RTLのヘッダ記述例（VHDL）

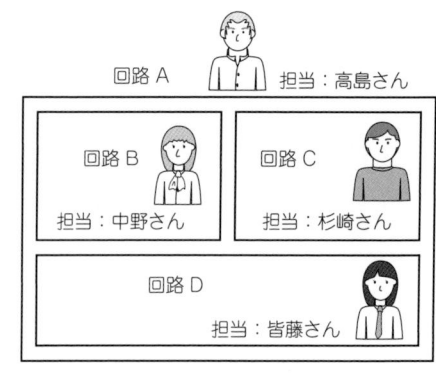

```
--------------------------------------
-- Project    : Verification skill up
-- Block name : GroupVerify
-- Author     : Nakano Minao
-- Version    : 1.1.7          ← バージョン情報
--------------------------------------
library IEEE;
use IEEE.std_logic_1164.all;

entity GroupVerify is port(
  ...
```

図12.1　回路の構造と検証担当者

回路A　担当：高島さん
回路B　担当：中野さん
回路C　担当：杉崎さん
回路D　担当：皆藤さん

路Aの検証者は高島さんですが，内部の回路B，C，Dにはそれぞれ別の担当者がいます．

図12.2(a) はグループ検証における基本的なガント・チャートです．理想的には回路Aの検証は，内部の回路B，C，Dすべての検証が終わってから始めたいものです．しかし，実務においてはそれではスケジュールが間に合わず，**図12.2(b)** のように回路Aの検証もできるところから先行して始めることがあります．

図12.3 は回路Aのテスト・パターンと，そのテスト・パターンでは回路B，C，Dのどの機能を使うかを表しています．この表によるとパターン0では，回路B，C，Dそれぞれの機能1を使うことになっていますから，パターン0の検証を行うためには，回路B，C，Dすべての機能1の検証が終了していなければなりません．また，パターン40では回路C，Dは機能1を使用しますが，回路Bは機能2を使うので，パターン40の検証を行う前には，回路Bの機能2の検証も終わっていなければならないことになります．

図12.3 を元に，**図12.2(b)** をもう少し詳しく書くと**図12.2(c)** のようになります．回路Aの検証の進捗は，回路B，C，Dの検証の進捗に大きく左右されます．

● バージョン管理

グループで検証を行うときには，各担当者が個別に自分の手元に置いているデータのほかに，正式なデータを共有する必要があります．その共有データはどこか決まった場所で管理されます．各担当者は，自分の担当外の回路が必要になったとき，その場所から正式データを自分の手元にコピーします．また，自分の担当回路の検証がある程度進むと，最新の回路を共有データとして，その場所に置きます．

図12.4(a) は，各担当者の手元のデータと共有場所にある正式データの様子を表しています．各担当者は担当回路の検証が進み，正常動作するパターンが増えるたびに，その最新のRTLコードにバージョンを

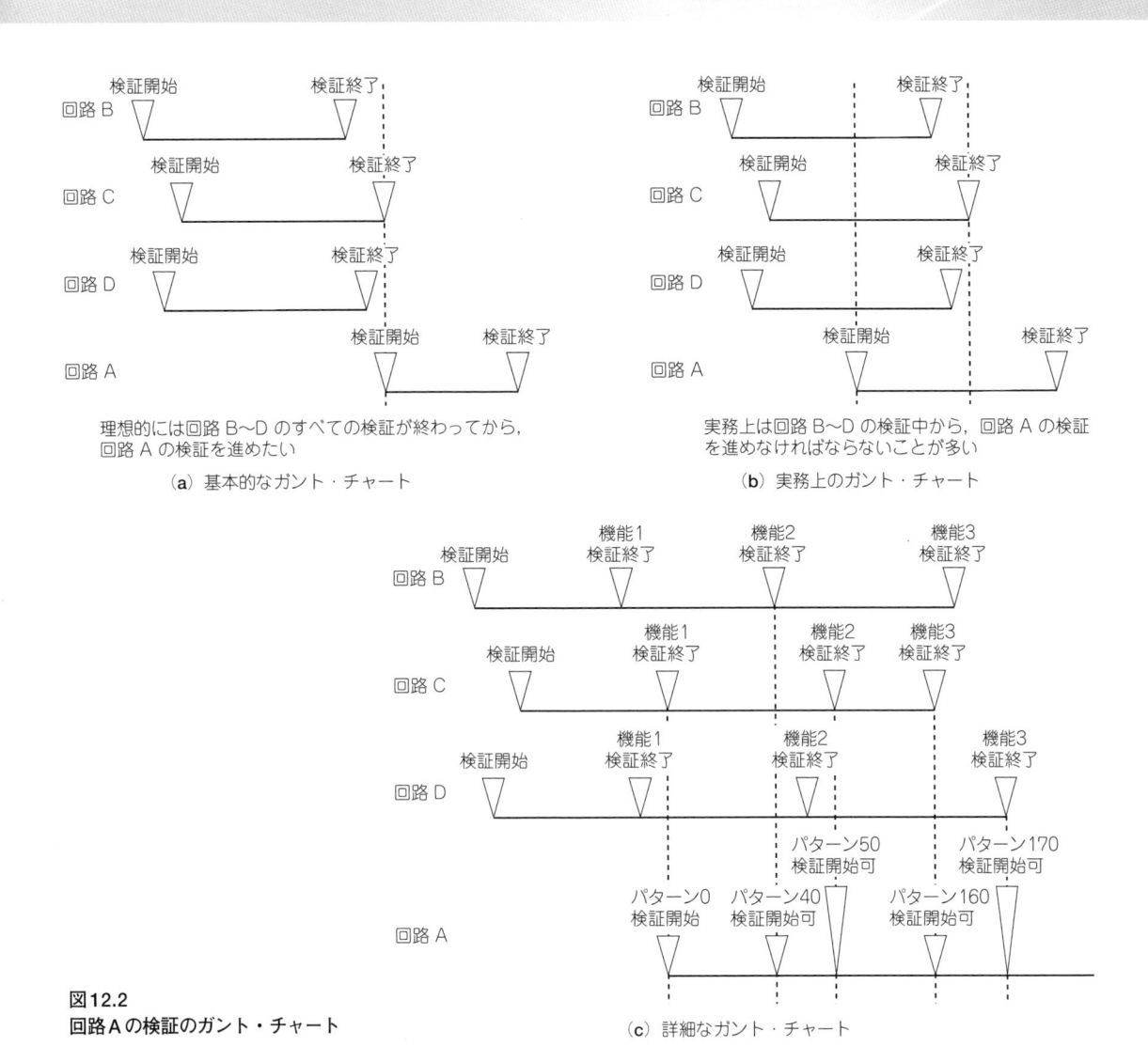

12.1　グループ検証とRTLコードのバージョン管理

(a) 基本的なガント・チャート

(b) 実務上のガント・チャート

(c) 詳細なガント・チャート

図12.2
回路Aの検証のガント・チャート

付け，共有場所のRTLコードを更新します．

　図12.4(b) は，回路B，C，Dともに機能1の検証が終了した状態を表しています．この段階で，やっと回路Aは検証を始めることができます．

　このとき気を付けなければいけないのは，**図12.4(c)** のように同じバージョンで違う内容のファイルが，共有データとして存在してはいけないということです．担当者以外は，バージョン情報でそのファイルの差を見ているので，同じバージョンで内容の違うファイルが存在してしまうと，大混乱して，場合によっては大変な作業の手戻りが発生してしまいます．

　そしてもう一つ気を付けなければいけないことがあります．それは**図12.4(d)** のように，回路のバージョ

第12章 作業効率の向上

ンを上げて更新したのに，前のバージョンで正常動作していたパターンが，更新したバージョンで正常動作しなくなったという状態です．これも共有データで作業をしてるほかの担当者に，大きな迷惑をかけてしまいます．

回路Aのテスト・パターン

	パターン0	パターン40	パターン50	パターン80	パターン160	パターン170	パターン180
	回路Bの機能1			回路Bの機能2			回路Bの機能3
	回路Cの機能1			回路Cの機能2			回路Cの機能3
	回路Dの機能1			回路Dの機能2			回路Dの機能3

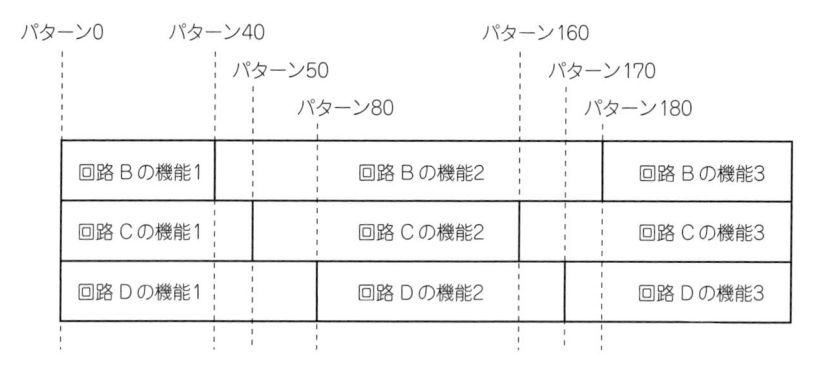

検証を始めたいパターン	終わっていなければならない検証
パターン0	回路B〜Dの機能1
パターン40	回路Bの機能2
パターン50	回路Cの機能2
パターン80	回路Dの機能2
パターン160	回路Cの機能3
パターン170	回路Dの機能3
パターン180	回路Bの機能3

図12.3 回路Aのテスト・パターンと回路B〜Dの機能の関係

グループ共有データ
回路 A Ver.0.0.0
回路 B Ver.0.0.2
回路 C Ver.0.0.1
回路 D Ver.0.0.7

バージョンの管理方法1
Ver.X.X.X
正常動作するテスト・パターンが増えるごとに一つ上がる

Ver.が上がるごとに更新

高島さんの作業データ
回路 A Ver.0.0.0

中野さんの作業データ
回路 B Ver.0.0.0
回路 B Ver.0.0.1
回路 B Ver.0.0.2

杉崎さんの作業データ
回路 C Ver.0.0.0
回路 C Ver.0.0.1

皆藤さんの作業データ
回路 D Ver.0.0.0
…
回路 D Ver.0.0.7

（a）グループ共有データとバージョンの管理1

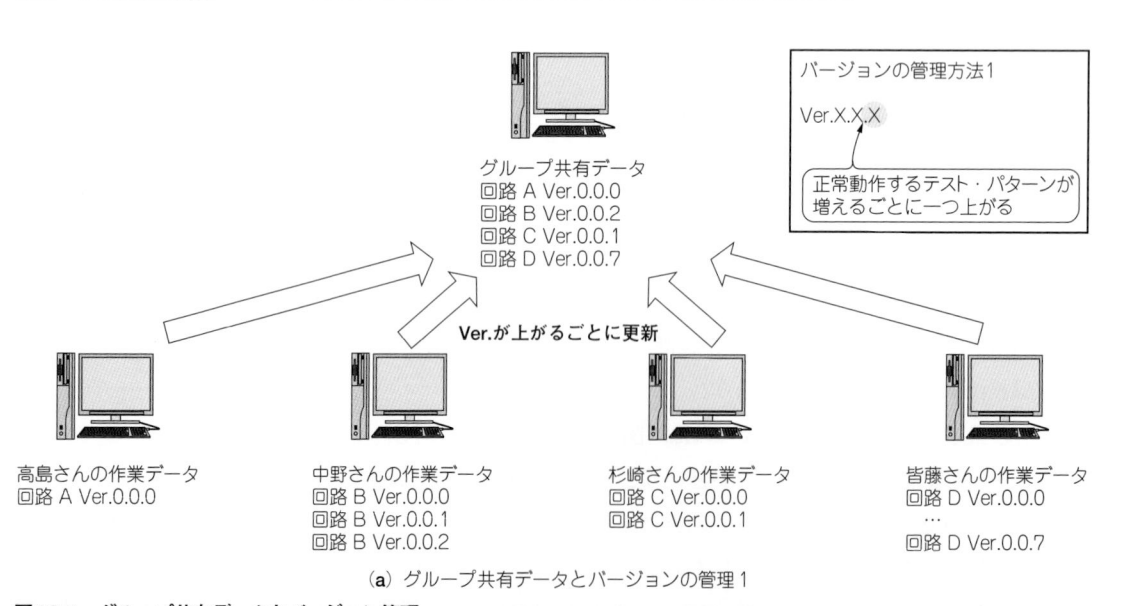

図12.4 グループ共有データとバージョン管理

12.1 グループ検証とRTLコードのバージョン管理

共有データの更新は，図12.4（e）のようにこれまで正常動作していたパターンですべて正常動作している上に，さらに正常動作しているパターンが増えたというときだけにします．

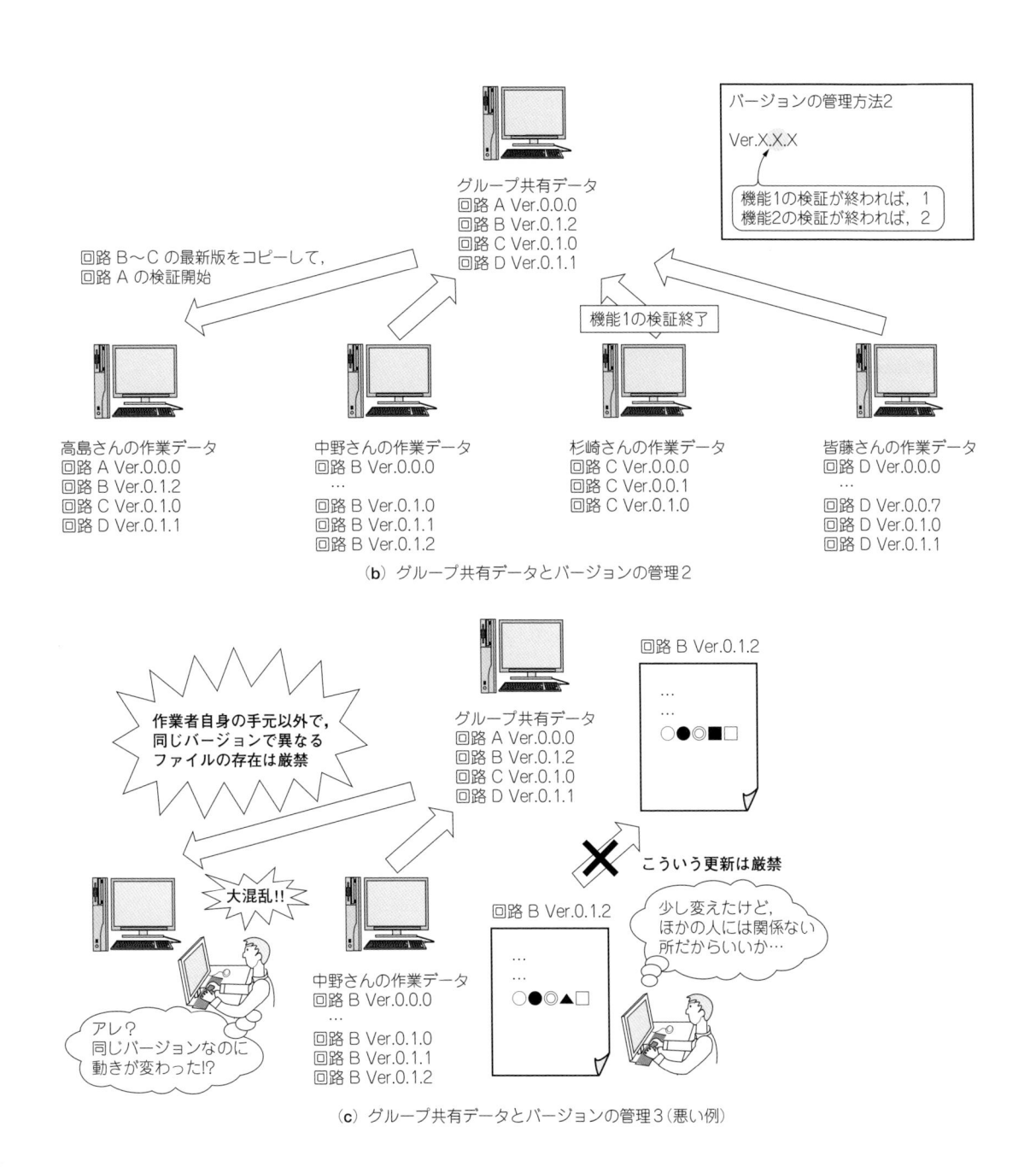

グループ共有データ
回路 A Ver.0.0.0
回路 B Ver.0.1.2
回路 C Ver.0.1.0
回路 D Ver.0.1.1

バージョンの管理方法2
Ver.X.X.X
機能1の検証が終われば，1
機能2の検証が終われば，2

回路 B〜C の最新版をコピーして，
回路 A の検証開始

機能1の検証終了

高島さんの作業データ
回路 A Ver.0.0.0
回路 B Ver.0.1.2
回路 C Ver.0.1.0
回路 D Ver.0.1.1

中野さんの作業データ
回路 B Ver.0.0.0
…
回路 B Ver.0.1.0
回路 B Ver.0.1.1
回路 B Ver.0.1.2

杉崎さんの作業データ
回路 C Ver.0.0.0
回路 C Ver.0.0.1
回路 C Ver.0.1.0

皆藤さんの作業データ
回路 D Ver.0.0.0
…
回路 D Ver.0.0.7
回路 D Ver.0.1.0
回路 D Ver.0.1.1

（b）グループ共有データとバージョンの管理2

回路 B Ver.0.1.2
…
…
○●◎■□

グループ共有データ
回路 A Ver.0.0.0
回路 B Ver.0.1.2
回路 C Ver.0.1.0
回路 D Ver.0.1.1

作業者自身の手元以外で，
同じバージョンで異なる
ファイルの存在は厳禁

大混乱!!

✗ こういう更新は厳禁

回路 B Ver.0.1.2
…
…
○●◎▲□

少し変えたけど，
ほかの人には関係ない
所だからいいか…

アレ？
同じバージョンなのに
動きが変わった!?

中野さんの作業データ
回路 B Ver.0.0.0
…
回路 B Ver.0.1.0
回路 B Ver.0.1.1
回路 B Ver.0.1.2

（c）グループ共有データとバージョンの管理3（悪い例）

第12章　作業効率の向上

回路 D を Ver.0.1.1 から
Ver.0.1.2 にしたら，
正常動作していた
パターンが正常動作
しなくなった！

大迷惑!!

グループ共有データ
回路 A Ver.0.0.7
回路 B Ver.0.1.4
回路 C Ver.0.1.0
回路 D Ver.0.1.2

回路 D Ver.0.1.1 で正常動作する
回路 D のテスト・パターン
　テスト・パターン 0〜13，16〜21，23，25

✗ こういう更新は絶対にダメ

回路 D Ver.0.1.2 で正常動作する
回路 D のテスト・パターン
　テスト・パターン 0〜13，16〜21，25-30

数さえ増やせばよい
わけじゃない!!

高島さんの作業データ
回路 A Ver.0.0.7
回路 B Ver.0.1.4
回路 C Ver.0.1.0
回路 D Ver.0.1.2

皆藤さんの作業データ
回路 D Ver.0.0.0
　…
回路 D Ver.0.1.0
回路 D Ver.0.1.1
回路 D Ver.0.1.2

（d）グループ共有データとバージョンの管理4（悪い例）

回路 D を Ver.0.1.1 で
正常動作していた
パターンは
Ver.0.1.2 にしても
すべて正常動作

スムーズ♪

グループ共有データ
回路 A Ver.0.0.7
回路 B Ver.0.1.4
回路 C Ver.0.1.0
回路 D Ver.0.1.2

回路 D Ver.0.1.1 で正常動作する
回路 D のテスト・パターン
　テスト・パターン 0〜13，16〜21，23，25

○

回路 D Ver.0.1.2 で正常動作する
回路 D のテスト・パターン
　テスト・パターン 0〜13，16〜21，23，25-27

戻るパターンが
ないことが大事!!

高島さんの作業データ
回路 A Ver.0.0.7
回路 B Ver.0.1.4
回路 C Ver.0.1.0
回路 D Ver.0.1.2

皆藤さんの作業データ
回路 D Ver.0.0.0
　…
回路 D Ver.0.1.0
回路 D Ver.0.1.1
回路 D Ver.0.1.2

（e）グループ共有データとバージョンの管理5（良い例）

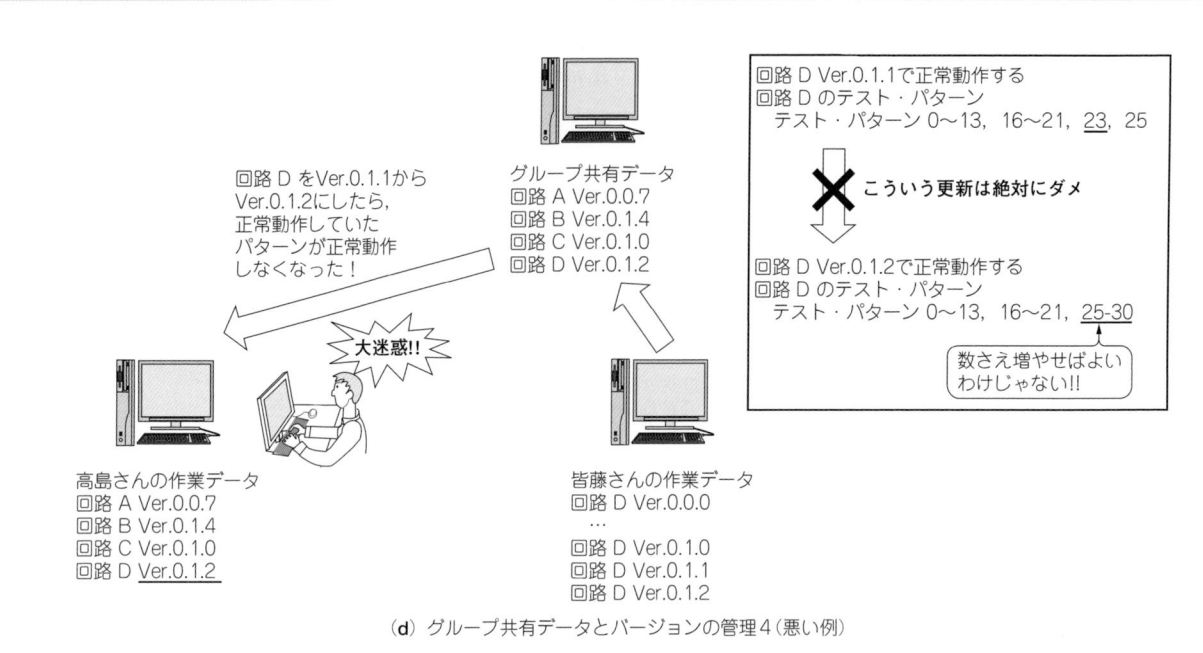

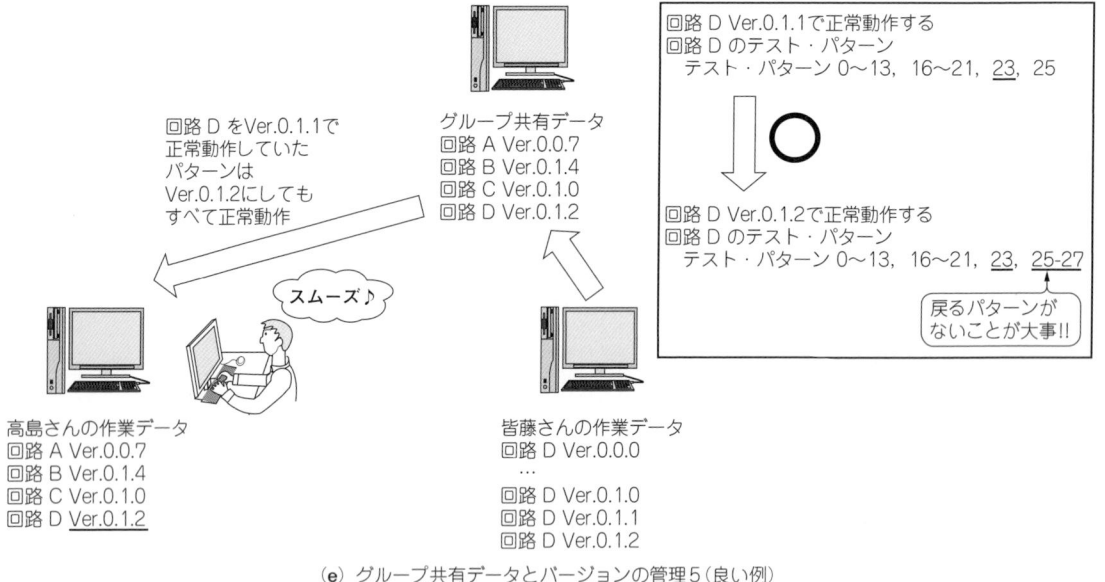

図12.4　グループ共有データとバージョン管理（つづき）

12.2 作業効率の上げ方

　RTL設計には，作成する回路の仕様を理解し，構造を決定して，コーディングを行い，検証するという工程が含まれています．そして，その中でも検証は，全体の70〜80％を占めています．ですから，RTL設計全体の期間をどれだけ短縮できるかは，この検証工程の作業効率をどれだけ上げるかにかかっています．作業が速やかに終われば，さらに成果を出すための仕事に取りかかったり，スキルを磨く時間や，プライベートを楽しむ時間を作ることができます．

　作業効率向上の究極は「しなくてよい作業はしない」というものです．もう少しかみ砕くと以下のようになります．
- 結果に結びつかない作業をしない
- 結果が同じなら時間の短い方法でやる
- 作業ミスによる二度手間を防ぐ

● 結果に結びつかない作業をしない

　例えばコードをきれいに書くということは，その後の確認のしやすさや，ほかの人が見たときの理解のしやすさに影響するので意味があります．コードが見づらいせいで，内容を理解するのに時間がかかるようでは，それこそ時間の無駄です．しかし，自分だけが見るようなメモや，誰も見ないようなドキュメントを社外の人に見せるドキュメントと同レベルまで丁寧に作ることは，無駄な作業といえるでしょう．作業を必要以上に丁寧にやらないことも重要です．

● 結果が同じなら時間の短い方法でやる

　作業効率を上げる方法は，大きく分ければ図12.5に示す三つのうちのいずれか，すなわち「まとめる」，「入れ替える」，「やり方を変える」になります．

　この中でも検証作業においては，テスト・パターンの作成やシミュレーションの実行など，非常に似通った作業を大量に行うので，これを各種ソフトウェア・ツールなどを使って，自動化する，「やり方を変える」ことが最も有効になります．

　ただし，「まとめる」や「入れ替える」ことのできるものがないかも，よく考えてみてください．

● 作業ミスによる二度手間を防ぐ

　作業を行ったら，次の工程に入る前に確認し，ミスを残さないことが重要です．やり直しの二度手間は作業効率向上の大敵です．人間は高度な判断をしながら，非常に柔軟に作業できますが，残念ながら集中力にはむらがあり，常に同じ精度を保つことはできません．これに対し，コンピュータは人間が取り決め

第12章　作業効率の向上

- 一度にまとめることで作業が減るものを見つけ，まとめる
- 順番を入れ替えることで作業が減るものを見つけ，入れ替える
- 方法を変えることで作業が減るものを見つけ，方法を変える

(a) 時間短縮の方法

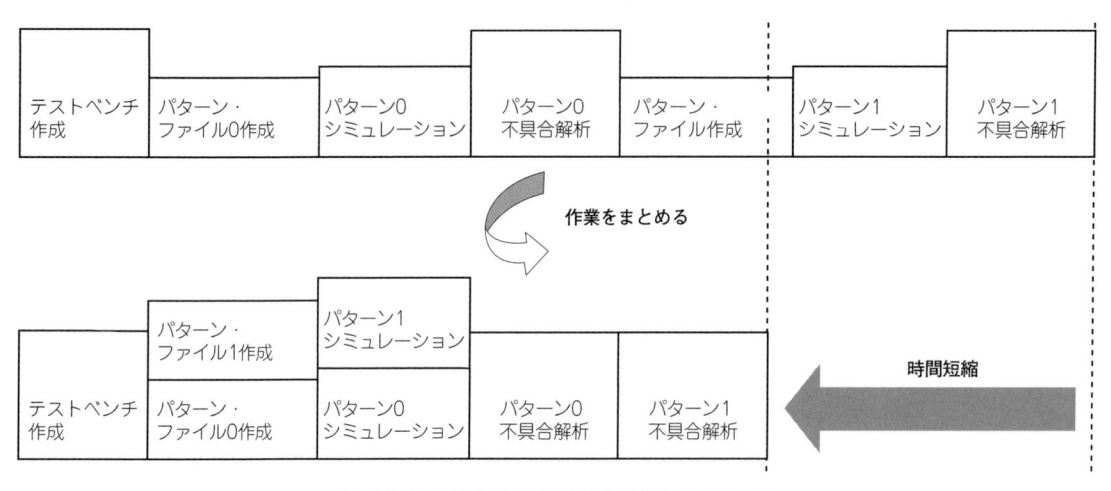

| テストベンチ作成 | パターン・ファイル0作成 | パターン0シミュレーション | パターン0不具合解析 | パターン・ファイル作成 | パターン1シミュレーション | パターン1不具合解析 |

作業をまとめる

| | | パターン1シミュレーション | | | | |
| テストベンチ作成 | パターン・ファイル0作成 | パターン・ファイル1作成 | パターン0シミュレーション | パターン0不具合解析 | パターン1不具合解析 | |

時間短縮

(b) まとめる時間と時間が短縮される作業のイメージ

図12.5　作業効率を上げる方法

た作業しかできませんが，単純な作業であれば人間よりも高速で正確に実行できます．極力人手による作業を減らし，作業をコンピュータに肩代わりさせることが，作業ミスを生まない定石です．

▶▶ 12.3　パラメータ・ファイルの自動生成

　テストを行う際に，どのようなテストを行っていくかを表計算ソフトウェア（例えば米国Microsoft社のExcel）にまとめ，表を見ながらテストを行うという機会も多いのではないでしょうか．しかし，せっかくテスト内容を電子データの形式で作成したのに，それは眺めるだけで終わってしまい，実際のテストは別途なんらかのフォーマットで作り直すというのは，作業時間がもったいない気がします．

　図12.6は，第10章で示したテスト・パターン表を，Excelで作成したものです．第10章ではこの表から**リスト12.3**のようなパラメータ・ファイルを作成しました．

　このテストベンチでは，パターンごとにパラメータ・ファイルを変更し，検証していく仕組みになっていました．しかし，一度表を作っておいてから，それを手で写しながら何十，何百というパラメータ・ファイルを作ろうとすると，大変な手間が掛かるだけでなくミスも発生しやすくなります．

　そこで，ここではその作業をプログラミング言語を使って自動化する方法を紹介します．Excelでは，VBAというプログラミング言語を使うことで，簡単にテキスト・ファイルを生成できます．これを使え

12.3 パラメータ・ファイルの自動生成

(c) 順番を入れ替えると時間が短縮される作業のイメージ

(d) 方法を変えると時間が短縮される作業のイメージ

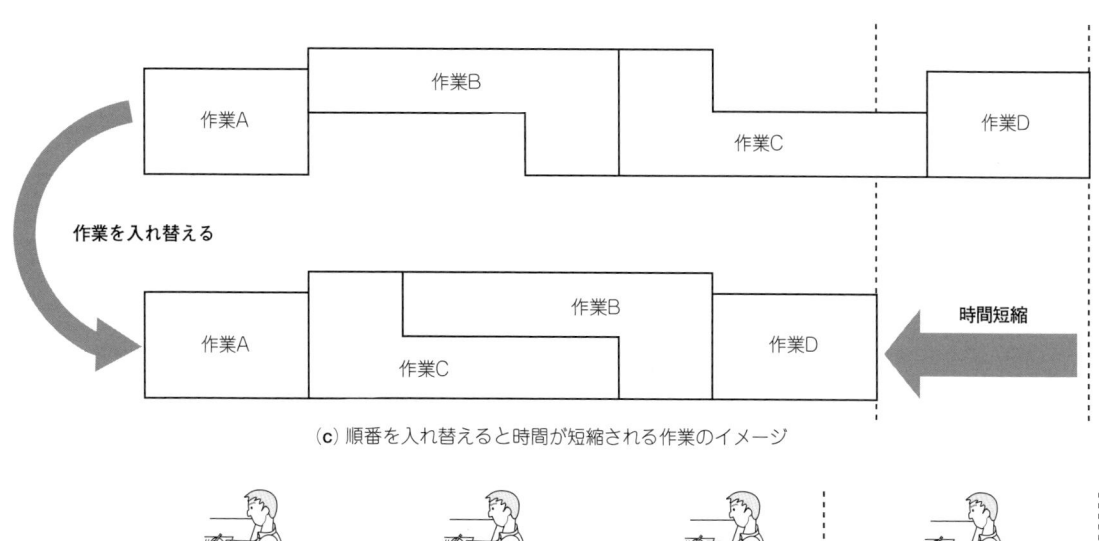

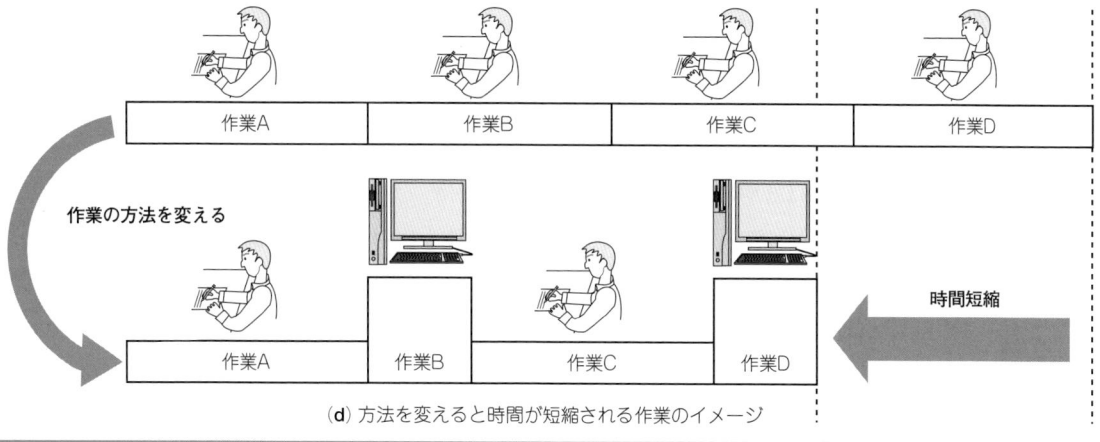

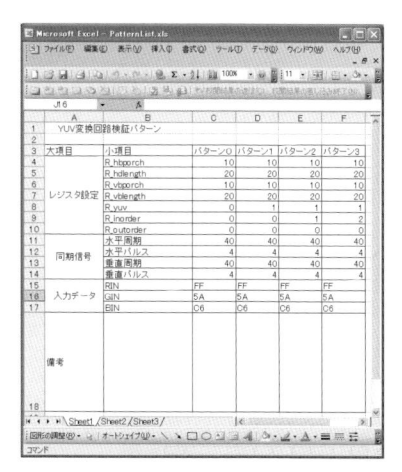

図12.6 表計算ソフトウェアによるテスト・パターン表
Microsoft社のExcelを用いた例を示す．

リスト12.3 パラメータ・ファイル（Param.h）の記述

```
/* pattern  0  */
parameter DLY        = 1;
parameter HALF_CYCLE = 5;
parameter CYCLE      = 10;
parameter STROBE     = 3;

parameter _HbPorch  = 10 ;
parameter _HdLength = 20 ;
parameter _VbPorch  = 10 ;
parameter _VdLength = 20 ;
parameter _YUV = 0 ;
parameter _InOrder  = 0 ;
parameter _OutOrder = 0 ;

parameter HWIDTH = 40 ;
parameter HPULSE = 4 ;
parameter VWIDTH = 40 ;
parameter VPULSE = 4 ;

parameter RValue = 255 ;
parameter GValue = 90 ;
parameter BValue = 198 ;

parameter SIMCYCLE = HWIDTH *
(VWIDTH + 2) + 20;
```

第12章　作業効率の向上

ば，パラメータ・ファイルを手で作る必要がなくなります．

● **プログラミング言語でテキスト・ファイルを生成する**

　図12.7はExcelデータからパラメータ・ファイルを作り，さらにテスト環境にそのパラメータ・ファイルを格納する工程を示しています．

　右のルートは，すべて人手で記述する場合です．パラメータ・ファイルを作る段階で，書き間違いや写し間違いが混入する可能性があります．テスト環境への格納の段階で，置き忘れや置き間違いが発生するかもしれません．こういった問題が発生してしまうと，検証対象回路の検証どころではなく，テスト環境そのものの完成度をチェックしなければならなくなります．これは非常に無駄です．

　これに対して，左のルートはパラメータ・ファイルの作成とテスト環境への格納をプログラミング言語（VBA）で行います．ただ1回の実行ボタンの押し忘れさえなければ，書き間違いや置き忘れが発生する余地はありません．

● **VBAを使ってパラメータ・ファイルを生成する**

　本章ではVBAの文法説明はせずに，リスト12.3のパラメータ・ファイルを作成する方法だけを解説します．本章を見て，もしVBAに興味を持ったら，ぜひ自分で調べて使いこなせるようにしてみてください．

　今回のテスト環境は図12.8のように，パソコンのCドライブの直下のTestTopフォルダの下にあるものとします．この環境では，図12.6の各パターンのシミュレーションをTestTopの下のフォルダSim0（も

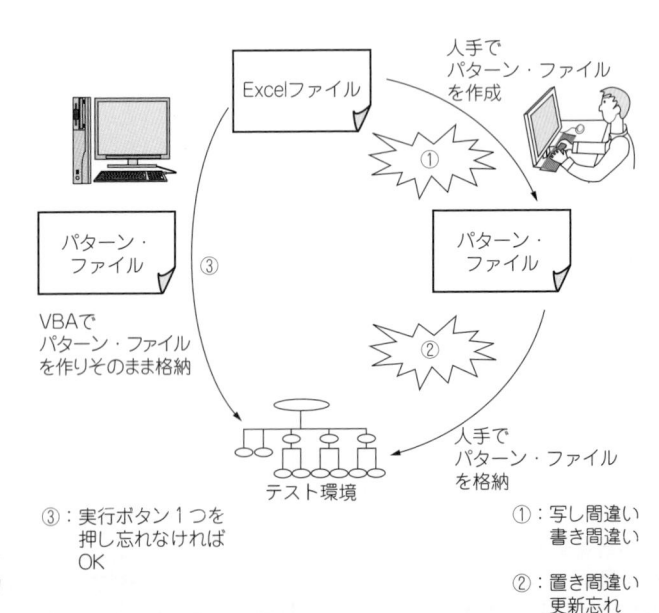

図12.7
パラメータ・ファイルの生成方法
右ルートは人手による場合，左ルートはプログラミング言語による自動生成の場合である．

③：実行ボタン1つを押し忘れなければOK

①：写し間違い　書き間違い

②：置き間違い　更新忘れ

12.3 パラメータ・ファイルの自動生成

しくはSim1，Sim2，…)で，それぞれ実行することにします．

(1) VBAコードの作成

テスト・パターン表の書かれたExcelデータのウィンドウ上からVBAを記述するための領域を開く方法を **図12.9** に示します．

まずExcelのメニュー上から「ツール」→「マクロ」→「Visual Basic Editor」を選びます．Micosoft Visual Basicウィンドウが開いたら，「挿入」→「標準モジュール」を選びます．すると，コードを入力する領域が開きます．

リスト12.4 は，**図12.9** の③の領域に記述するコードです．全体のマクロ(プログラム)名を `WriteParam` としています．

リスト12.4 の①では，このマクロで使用される変数を宣言し，その一部に全パターン共通で使用される文字列などを入力しています．変数 `PatternTotal` は，**図12.6** で横に並んだパターンの数(C列〜F列)，変数 `ParamTotal` は，**図12.6** で縦に並んだパラメータの数(4行から17行)を代入しています．パターン数が増えたり，パラメータ数が増えた場合には，この数も増やします．

リスト12.4 の②の先頭にある `For` 文は，**リスト12.4** の④の最後の `Next` までを対象にしています．変数 `j` が0からパターン数−1になるまで②〜④の操作は繰り返されます．また **リスト12.4** の②では，`TestFolderCreate` という関数を呼び出しています．この関数は，**リスト12.4** の一番下で定義されています．内容としてはCドライブの直下のTestTopフォルダの下にSim*(* = 0,1, …)というフォルダがなければフォルダを作成し，さらにその下にtbフォルダを作成するというものです．また，tbフォルダの下

図12.8
テスト環境
パソコンのCドライブの直下のTestTopフォルダの下にあるものとする．

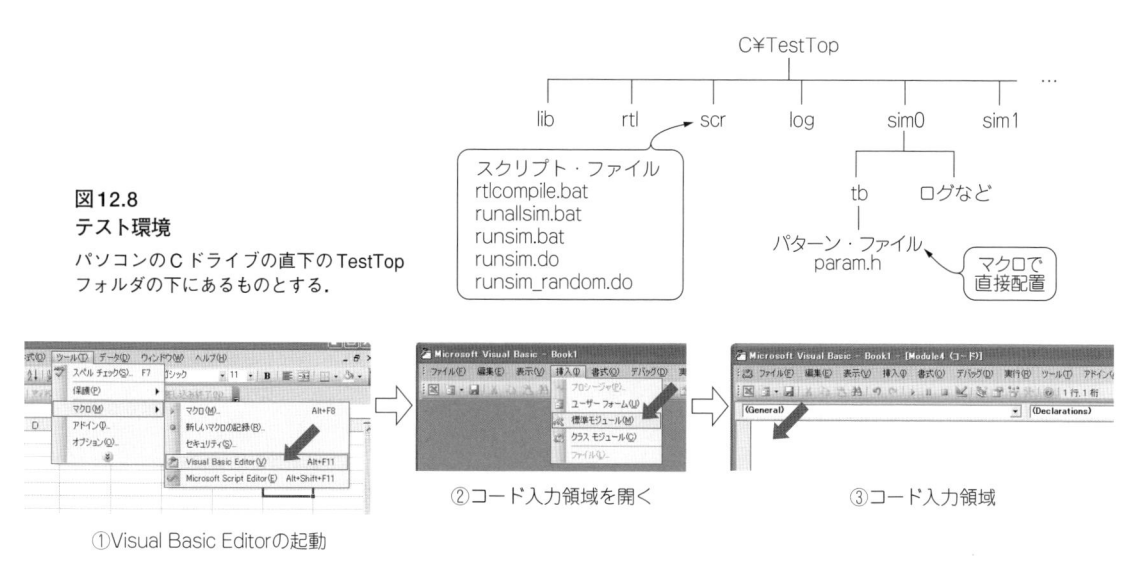

図12.9 VBAコードの作成
①Excelのメニュー上から「ツール」→「マクロ」→「Visual Basic Editor」を選ぶ．②「挿入」→「標準モジュール」を選ぶ．③コードを入力する領域が開く．

第12章 作業効率の向上

リスト12.4　パラメータ・ファイルを生成するマクロ

```
Sub WriteParam()                                    ①
  Dim PatternTotal As Integer
  Dim ParamTotal As Integer
  Dim ParamFileName As String      変数宣言
  Dim ParamFileNo As Integer
  Dim ParamName() As String
  Dim ParamValue() As Integer      動的な配列宣言

  PatternTotal = 4                 パターン数
  ParamTotal = 14                  パラメータ数

  ReDim ParamName(ParamTotal)
  ReDim ParamValue(ParamTotal)     配列要素数の決定

  ParamName(0) = "_HbPorch"
  ParamName(1) = "_HdLength"
  ParamName(2) = "_VbPorch"
  ParamName(3) = "_VdLength"
  ParamName(4) = "_YUV"
  ParamName(5) = "_InOrder"
  ParamName(6) = "_OutOrder"

  ParamName(7) = "HWIDTH"
  ParamName(8) = "HPULSE"
  ParamName(9) = "VWIDTH"
  ParamName(10) = "VPULSE"
  ParamName(11) = "RValue"
  ParamName(12) = "GValue"
  ParamName(13) = "BValue"

  For j = 0 To PatternTotal - 1                     ②
    Call TestFolderCreate(j)       プロシージャの呼び出し

    ParamFileName = "C:\TestTop\Sim" & j & "\tb\param.h"
    ParamFileNo = FreeFile
    For i = 0 To ParamTotal - 1                     ③
      If i < 11 Then                 列番号
        ParamValue(i) = Cells((i + 4), 3 + j).Value
      Else
        ParamValue(i) = Val( "&H" &Cells((i + 4),3 + j).Value)
      End If                       行番号          16進文字列の整数変換
    Next

    Open ParamFileName For Output As #ParamFileNo   ④
                                        ファイル番号
    Print #ParamFileNo, "/* pattern "; j; " */"
    Print #ParamFileNo, "parameter DLY        = 1;"    ファイルへの
    Print #ParamFileNo, "parameter HALF_CYCLE = 5"     書き込み
    Print #ParamFileNo, "parameter CYCLE      = 10;"
    Print #ParamFileNo, "parameter STROBE     = 3;"
    Print #ParamFileNo, ""
                                 7番目と11番目のパラメータの
    For i = 0 To ParamTotal - 1  前で改行しているだけ
      If i = 7 Or i = 11 Then Print #ParamFileNo, ""
      Print #ParamFileNo, "parameter "; ParamName(i);_
             " = "; ParamValue(i)
    Next

    Print #ParamFileNo, ""
    Print #ParamFileNo, "parameter SIMCYCLE"_
          &"= HWIDTH * (VWIDTH + &" 2) + 20;"

    Close ParamFileNo
  Next
End Sub
```

```
                                        (このプロシージャの中だけ)
                                        エラーが発生(=フォルダが
                                        既に存在)しても次へ進む
Sub TestFolderCreate(ByVal j As Integer)
  On Error Resume Next
    MkDir "C:\TestTop\Sim" & j
    MkDir "C:\TestTop\Sim" & j & "\tb"
End Sub
                                        フォルダ作成
```

まだ使用されていない
ファイル番号を取得

12.4　テスト・パターンの自動実行

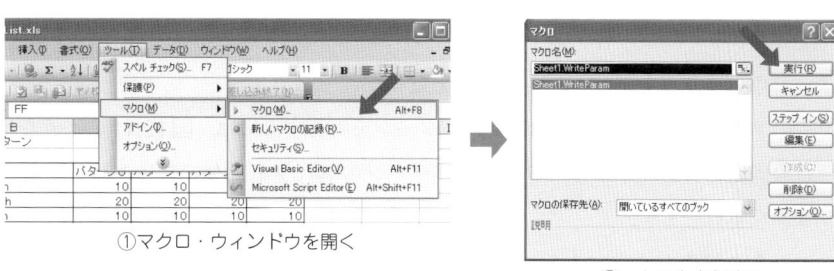

図12.10
マクロの実行
①「ツール」→「マクロ」を選ぶ．②マクロ WriteParam が選択されていることを確認して［実行］ボタンを押す．

①マクロ・ウィンドウを開く

②マクロを実行する

のparam.hにファイル番号を割り当てます．

リスト12.4の③では，**図12.6**のセルC4からF17の領域のデータを配列 ParamValue に読み込んでいます．ただし，変数jが0のときはセルC4～C17を，1のときはD4～D17という具合に，1回の操作では一つのパターンのパラメータのみです．この領域で変数iによって，2通りの読み込み方を記述しています．これは**図12.6**の14行目までが10進数，15行目以降が16進数だからです．

リスト12.4の④では，該当するtbフォルダの下に，パラメータ・ファイルparam.hを出力します．1行目はファイルを開く操作です．2～7行目（空行を除く）は，全パターンで共通のクロック周期などのパラメータの出力です．8～11行目は，領域③で表から取得したデータをパラメータとして出力します．12～14行目は，やはりお決まりの記述とファイルを閉じる操作をしています．

コードの入力が終わったら，保存しておきます．

● マクロの実行

VBAのコードを実行する手順を**図12.10**に示します．パターン表のメニューから「ツール」→「マクロ」を選びます．マクロ・ウィンドウが開いたら，「WriteParam」が選択されていることを確認して，［実行］ボタンを押します．

これで，テスト環境には各テスト・パターンの実行フォルダSim*（* = 0，1，…）が出来上がり，その下のtbにはパラメータ・ファイルparam.hが格納されているはずです．

▶▶ 12.4　テスト・パターンの自動実行

図12.8にはSim*（* = 0，1，…）以外にもいくつかのフォルダが存在します．第8章と重複するところもありますが，残りのフォルダについて解説します．

フォルダlibは，各テスト・パターンで共通するテストベンチの記述が格納されています．

フォルダrtlは，検証対象回路の記述が格納されています．

フォルダscrは，これから解説するバッチ・ファイルが格納されます．

第12章　作業効率の向上

　フォルダlogには，各テスト・パターンの結果ファイルが別名で保存されます．すべてのテストの結果は，このフォルダlogの下のファイルを見るだけで済みます．

　このテスト環境ですべてのテスト・パターンを実行するには，図12.11のような操作が必要になります．検証対象回路をコンパイルし，その後各パターンの実行フォルダでテストベンチをコンパイルし，シミュレーションを実行します．

　これらの操作をすべて人手で行うと，図12.11の右側のようにあらゆる工程でミスの可能性が発生します．ですから，せっかく人手で膨大な時間を掛けて，テストを実行しても残念ながらその信頼性は低いといわざるを得ません．

　それに対し図12.11の左側ではrunallsim.batというただ一つの実行ファイルによって，全テスト・パターンを実行するという操作がまとめられています．この方法であれば，ただ1度の実行ファイルの起動を忘れなければ，作業に誤りは発生しません．

● バッチ・ファイル

　バッチ・ファイルとは，Windowsなどのコマンドをテキスト・ファイルに記述したものです．このファイルを実行（ダブルクリックなど）すると，ファイルに書き込まれたコマンドが順に実行されます．UNIXによる開発環境では，同じことがシェル・スクリプトによって実現されます．

　リスト12.5（a）はMS-DOSコマンドによる全テスト・パターン実行のためのバッチ・ファイルです．MS-DOSコマンドの詳しい文法説明はしませんが，このバッチ・ファイルは図12.11のすべての操作を行っています．

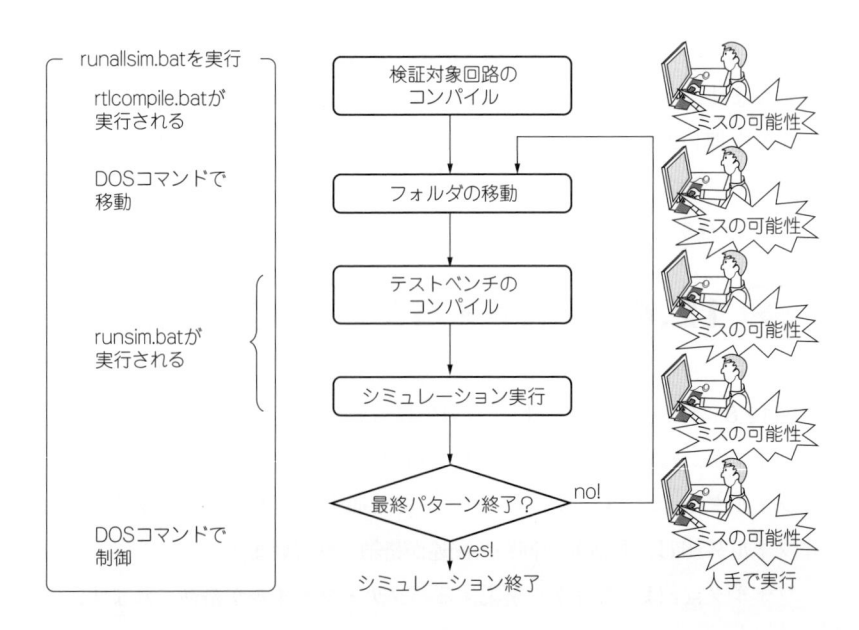

図12.11
シミュレーションの実行
右ルートは人手による場合，左ルートはバッチ・ファイルを使う場合である．

12.4 テスト・パターンの自動実行

検証対象回路のコンパイルに関してはrtlcompile.bat，各パターン実行フォルダでのテストベンチのコンパイルとシミュレーションの実行はrunsim.bat，とそれぞれさらにバッチ・ファイルを呼び出すことで実行しています．この操作の中には，シミュレーションの実行に必要なバッチ・ファイルをscrから各実行フォルダへコピーすること，実行結果をlogの下へのコピーすることも含まれています．

このバッチ・ファイルの中に，if文による分岐があります．これはパターン2までと，パターン3以降でシミュレーションの実行条件を切り替えるために，コピーするファイルを変更しています．

UNIX上で開発している場合は，この操作をC shellやBashを使って行うことになります．

リスト12.5（b）は，rtlcompile.batの中身です．このバッチ・ファイルは，（フォルダrtlの下に）ワーク・

リスト12.5　バッチ・ファイル
vcom, vsimはシミュレータ（ModelSim）のコマンド．

```
(
  del /q ..\log\*
  cd ..\rtl
  echo ..\rtlに移動しました．

  copy /y ..\scr\rtlcompile.bat .
  echo rtlcompile.batをコピーしました．

  rtlcompile.bat
  echo rtlcompile.batを実行しました．

  copy /y rtlcompile.log ..\log\.
  echo rtlcompile.logをlogの下にコピーしました．

  for %%i in (0 1 2 3) do (
    cd ../sim%%i
    echo sim%%iに移動しました．

    copy /y ..\scr\runsim.bat .
    echo runsim.batをコピーしました．

    if /i %%i GEQ 3 (
      copy /y ..\scr\runsim_random.do^
             runsim.do
      echo runsim_random.doをコピーしました．
    ) else (
      copy /y ..\scr\runsim.do .
      echo runsim.doをコピーしました．
    )

    runsim.bat
    echo runsim.batを実行しました．

    move /y ScoreBoard.rpt^
           ..\log\ScoreBoard%%i.rpt
    echo ScoreBoard.rptを移動しました．

    move /y transcript^
           ..\log\runsim%%i.log
    echo transcriptを移動しました．
  )

  cd ..\scr
  echo scrに移動しました．
)
```

（a）runallsim.batの記述

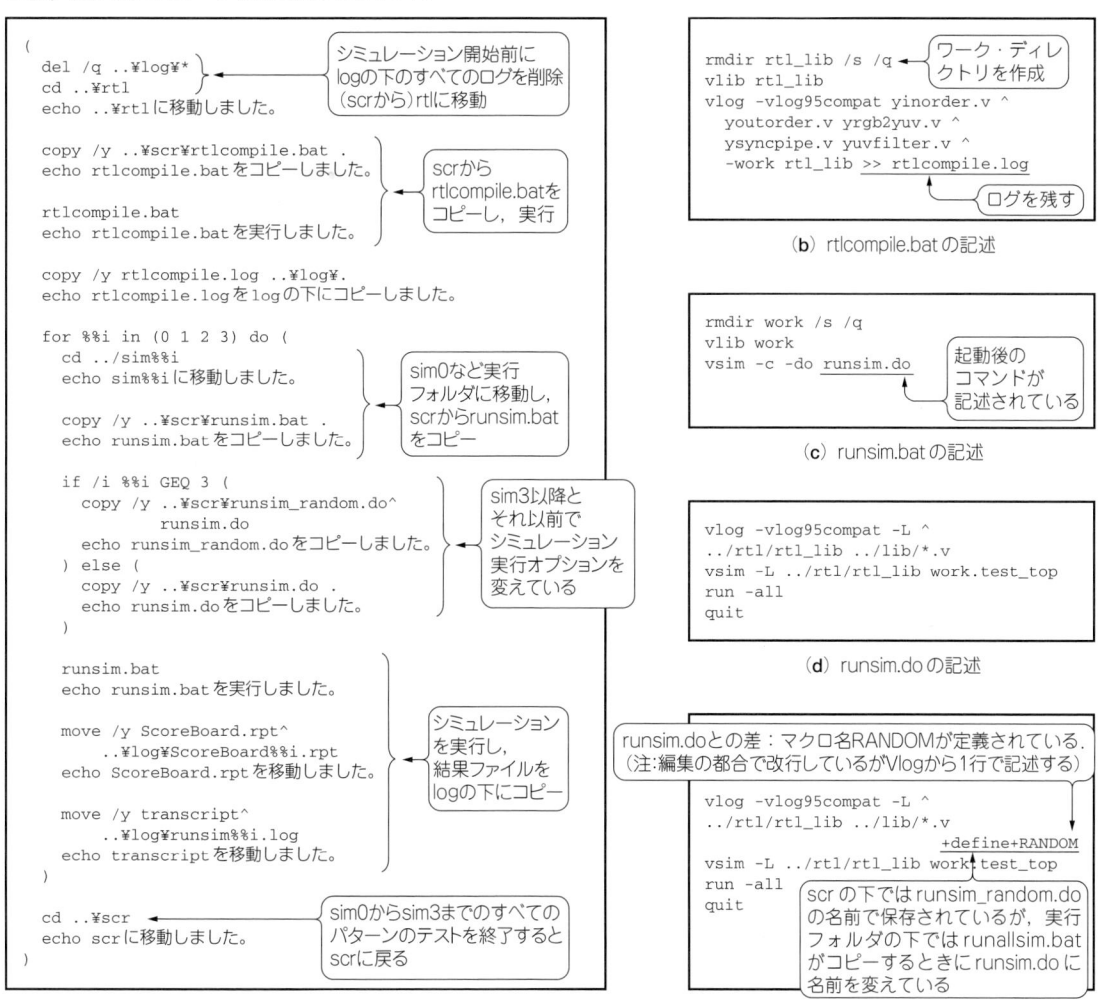

```
rmdir rtl_lib /s /q
vlib rtl_lib
vlog -vlog95compat yinorder.v ^
  youtorder.v yrgb2yuv.v ^
  ysyncpipe.v yuvfilter.v ^
  -work rtl_lib >> rtlcompile.log
```

（b）rtlcompile.batの記述

```
rmdir work /s /q
vlib work
vsim -c -do runsim.do
```

（c）runsim.batの記述

```
vlog -vlog95compat -L ^
../rtl/rtl_lib ../lib/*.v
vsim -L ../rtl/rtl_lib work.test_top
run -all
quit
```

（d）runsim.doの記述

runsim.doとの差：マクロ名RANDOMが定義されている．
（注：編集の都合で改行しているがVlogから1行で記述する）

```
vlog -vlog95compat -L ^
../rtl/rtl_lib ../lib/*.v
                    +define+RANDOM
vsim -L ../rtl/rtl_lib work.test_top
run -all
quit
```

（e）runallsim_random.doの記述

第12章 作業効率の向上

ディレクトリrtl_libを作成し，検証対象回路をコンパイルしています．

　リスト12.5(c)は，runsim.batの中身です．このバッチ・ファイルは，（シミュレーションの実行フォルダの下に）ワーク・ディレクトリworkを作り，シミュレータを起動しています．ここでは，シミュレータの起動の際に，ファイルrunsim.doを読み込んでおり，起動後の実際の操作はそちらのファイルに書かれています．

　リスト12.5(d)は，runsim.doの中身です．ここでは起動されたシミュレータ上で，テストベンチのコンパイルを行い，テスト環境を立ち上げて，シミュレーションを実行し，シミュレータを終了しています．

　リスト12.5(e)は，runsim_random.doの中身です．このファイルは，パターン3以降のフォルダにrunsim.doの名前でコピーして使用されます．

　リスト12.5(d)が固定値のテスト入力を生成する記述，リスト12.5(e)がランダム値のテスト入力を生成する記述をコンパイルしていると考えてください．また，リスト12.5(b)～リスト12.5(e)に記述されているコマンドはModelSimのものなので，違うシミュレータを使う場合には，そのシミュレータのコマンドに置き換える必要があります．

コラム　VHDLにおけるコンパイル記述の切り替え

　リスト12.A(a)とリスト12.A(b)は，本文中のリスト12.5(d)とリスト12.5(e)に相当する操作をVHDLで記述したものです．
　Verilog HDLではマクロの切り替え（マクロの定義）でコンパイルする記述を切り替えていましたが，VHDLではコンフィグレーション名の変更で，コンパイルする記述を切り替えています．

リスト12.A　バッチ・ファイルの例（VHDL）

vcom，vsimはシミュレータ(ModelSim)のコマンド．Verilog HDLと違い，テスト・モデルの差をマクロ名ではなくコンフィグレーション名で切り替えている．

```
vcom -87 tb/param.vhd ../lib/*.vhd
vsim -L ../rtl/rtl_lib cfg_test_top
run -all
quit
```
(a) runsim.doの記述

```
vcom -87 tb/param.vhd ../lib/*.vhd
vsim -L ../rtl/rtl_lib cfg_test_top_random
run -all
quit
```
(b) runsim_random.doの記述

第3部　検証のテクニック

第13章

コード・カバレッジ

▶▶ 13.1　検証漏れのないフロー

検証フローを確認します．

図13.1は，一般的な検証のフローです．第10章では，テスト仕様書というほど堅苦しいものではありませんでしたが，テスト・パターン表を作るという形で，①～②に該当する工程を解説しました．また，第10章の後半から第12章までは，③に相当する工程でした．④ではシミュレーションを実行し，不具合が見つかれば，自分で直す，もしくはRTL設計者に通知して直してもらいます．

しかし，②で予定していたすべてのテストで不具合が見つからなくなれば，それでOKというわけではありません．用意したすべてのテストでの検証が完了した後には必ず，検証が十分であるかを評価する⑤の工程を実施しなければいけません．⑤の工程で検証が十分ではないと分かれば，②の工程に戻ってテストを追加します．

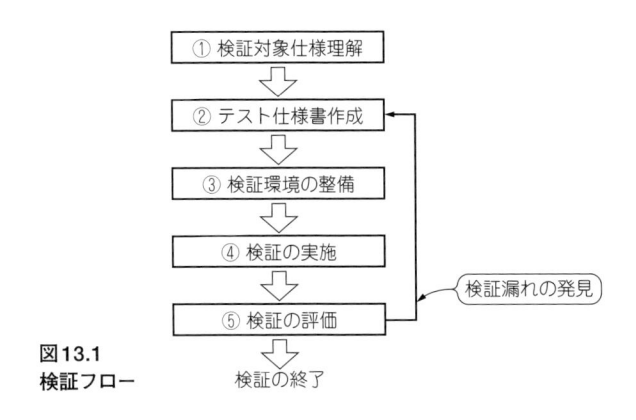

```
① 検証対象仕様理解
    ↓
② テスト仕様書作成 ←──┐
    ↓                    │
③ 検証環境の整備        │
    ↓                    │
④ 検証の実施            │
    ↓                    │
⑤ 検証の評価 ──（検証漏れの発見）
    ↓
  検証の終了
```

図13.1
検証フロー

第13章 コード・カバレッジ

⑤の工程では，最終的には複数の人間が額を集めて，これまで実施した検証とその結果を精査して，判定します．そして，その判定材料の一つとして，コード・カバレッジが必要になります．

▶▶ 13.2 コード・カバレッジの活用

● コード・カバレッジとは

コード・カバレッジの概要を図13.2に示します．

コード・カバレッジは，ほとんどのシミュレータでサポートされている検証指標を出力する機能です．コード・カバレッジとは，シミュレーション中に実行されたHDL記述のコードの網羅率のことです．

コード・カバレッジの中には，記述の中で実施された条件分岐の網羅率を示すブランチ・カバレッジや，信号の変化の網羅率を示すトグル・カバレッジなどツールによってもいろいろな種類があります．

その中で最も基本的で代表的なライン・カバレッジでは，シミュレーション中に実行された行の網羅率をレポートします．ライン・カバレッジは，例えば100行のHDL記述があるとして，そのうちの何行がシミュレーション中に実施されたかをレポートします．

図13.3は，ライン・カバレッジのレポートの例です．どのツールでも実行された行の網羅率と，各行の実行回数が出力されます．ここで実行回数が0の行があれば，それは回路の記述・論理に冗長（無駄）があるか，検証が十分ではないことを意味します．

回路に冗長な部分が見つかった場合，基本的にはその部分は削除されます．なぜなら余分な回路は，回路規模を無駄に大きくし，また不具合の原因になりやすいからです．くれぐれもカバレッジを上げるため

図13.2
コード・カバレッジ

- シミュレータに組み込まれた機能で，シミュレーションと同時に実行（ほとんどのシミュレータでサポート[注]）
- 実行されたコードのカバレッジ（網羅率）をレポートする
- ライン・カバレッジ99.8％は必須条件であって，十分条件ではない

注：ModelSim Altera Web Edition(6.1g)では，この機能は使えない．

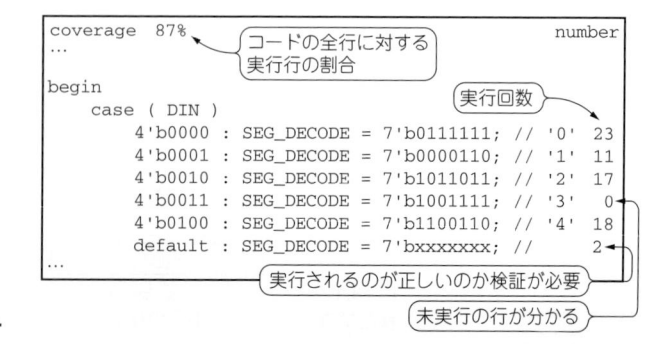

図13.3
コード・カバレッジ・レポートの例
ライン・カバレッジの例を示す．表示は架空のもの．

```
coverage  87%                            number
...
begin
  case ( DIN )
    4'b0000 : SEG_DECODE = 7'b0111111; // '0'   23
    4'b0001 : SEG_DECODE = 7'b0000110; // '1'   11
    4'b0010 : SEG_DECODE = 7'b1011011; // '2'   17
    4'b0011 : SEG_DECODE = 7'b1001111; // '3'    0
    4'b0100 : SEG_DECODE = 7'b1100110; // '4'   18
    default : SEG_DECODE = 7'bxxxxxxx;          2
...
```

- コードの全行に対する実行行の割合
- 実行回数
- 実行されるのが正しいのか検証が必要
- 未実行の行が分かる

に，冗長な回路のためのテストを作るようなまねは止めましょう．

また，冗長ではないのに実施されていない記述がある場合には，その記述が実行されるようなテストを追加しなくてはなりません．なぜなら，テストしていない機能は，不具合を含むかもしれないからです．

● **コード・カバレッジは誰でも使える**

コード・カバレッジは，独自の文法を覚えて的確な場所に設置しなければならないアサーションなどと比べ，非常に手軽に使うことができます．コンパイルやシミュレーション実行時にお決まりのコマンドやオプションを付けるだけで実行できます．これは，RTL設計経験がなくても十分使用できることを意味しています（図13.4）．

コード・カバレッジの実行方法は，ツールによって異なるので，お使いのシミュレータのツール・マニュアルを参照してください．

▶▶ 13.3　コード・カバレッジの注意

● **コード・カバレッジだけではテストは十分でない**

コード・カバレッジは，あくまでも記述に対応するテストがされているかどうかを見るだけなので，実施したテストの結果が仕様と一致しているかどうかや，仕様を網羅するテストがなされているかは確認できません．テストできていない記述をなくすという意味では，検証の必要条件といえますが，テストが十分かどうかの判定はできないので，十分条件とはいえません．検証の終了は，コード・カバレッジを限りなく100％に近づけた上で，最後は人間同士で確認し合って決めなければなりません（図13.5）．

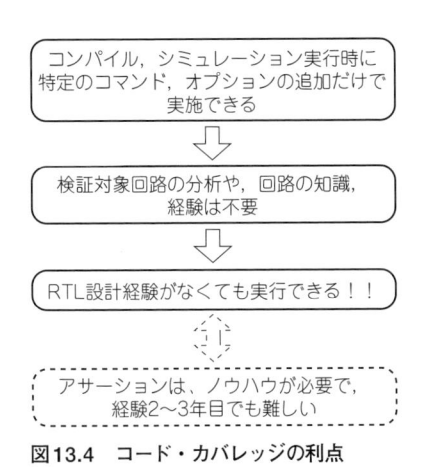

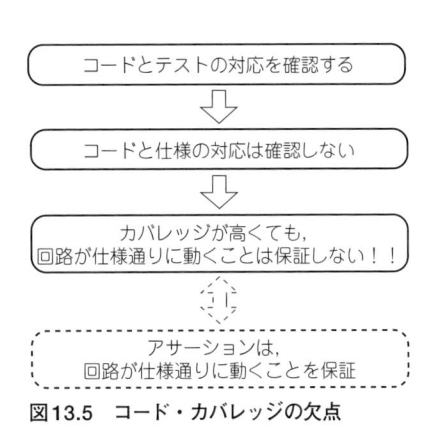

図13.4　コード・カバレッジの利点

図13.5　コード・カバレッジの欠点

第13章 コード・カバレッジ

```
...
always @( A or B ) begin
    case ( {A, B} )
        2'b00:   Q = 1'b0;
        2'b01:   Q = 1'b0;
        2'b10:   Q = 1'b0;
        2'b11:   Q = 1'b1;
        default: Q = 1'bx;
    endcase
end
...
```

仕様上，実行されないコードがある場合，どんなテストをしてもカバレッジ100％にならない

case文のdefault項など

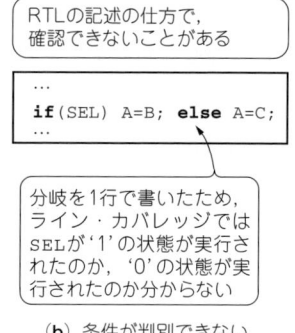

(a) 100％にならない

```
...
if(SEL) A=B; else A=C;
...
```

RTLの記述の仕方で，確認できないことがある

分岐を1行で書いたため，ライン・カバレッジではSELが'1'の状態が実行されたのか，'0'の状態が実行されたのか分からない

(b) 条件が判別できない

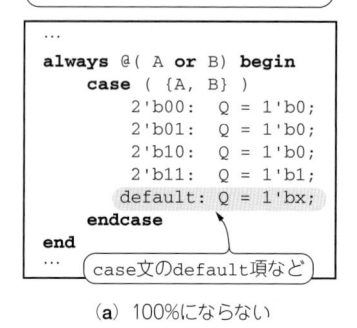

図13.6　コード・カバレッジの注意

● **コード・カバレッジは100％にならない**

　コード・カバレッジはcase文のdefault項など，仕様上絶対に実行されない行があると，どんなテストをしても100％にはなりません．図13.2でライン・カバレッジ99.8％は必須と書きましたが，残り0.2％はこのような絶対実行されない記述になります．カバレッジが100％でない場合には，なぜ100％にならなかったのか，レポートを見て原因を明確にしておく必要があります．この理由は検証結果のドキュメント（文章）に残しておくべきです〔図13.6(a)〕．

　また，RTLの記述の仕方によっても判別できる場合とできない場合があるので，お使いのシミュレータのマニュアルをよく読んで，何が確認できているかをしっかり把握しながら使ってください〔図13.6(b)〕．

第3部　検証のテクニック

第14章

非同期検証

▶▶ 14.1　ゲート・レベルのシミュレーション

　図14.1はHDL設計の作業工程を示しています．

　図14.1の①は，RTL（Register Transter Level）の検証対象回路を検証する工程です．この工程ではテストベンチが作られ，RTLシミュレーションが行われます．RTLシミュレーションではゲート遅延は考慮されません．このため，検証対象の組み合わせ回路は，入力信号が変化すると遅延時間0で出力信号が変化します．このシミュレーションでは各サイクルで行われる処理が，仕様と合っているかどうかを確認します．組み合わせ回路の遅延が指定のクロック周期に収まるかどうかはチェックしません．

　図14.1の②は，論理合成を行う工程です．RTLシミュレーションが完了した後，つまり検証対象のRTL

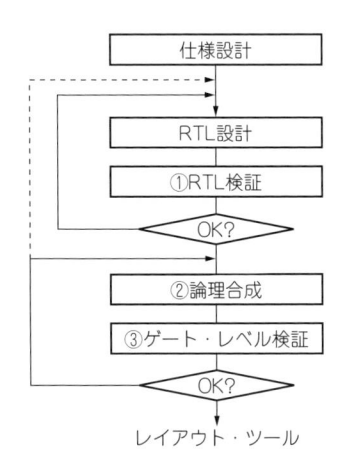

図14.1
HDL設計の作業工程

第14章 非同期検証

コードがゲート遅延を除いて仕様通り動くという確認が取れた後，この工程を実施します．この工程では，RTLコードを論理合成ツールに読み込ませて，ゲート回路の接続図，いわゆるネットリストを出力させます．

図14.1の③は，ネットリストに対してシミュレーションを行う工程です．ネットリストにはRTLの情報に加えて，ゲート遅延の情報が付加されています．RTLのときに一つのバス信号として表現されていた複数ビットの信号が，1本1本別々の遅延情報を持ち，かつRTLのときにはなかったゲート間の中間信号が生成されます．このため，ゲート・レベル・シミュレーションはデータ量が多く，シミュレーションの所要時間は，RTLシミュレーションの数十倍以上になります．

たいていの場合，ゲート・レベル・シミュレーション工程では，RTLシミュレーションで実施したすべてのテストを実施するだけの時間を取ることができません．そこで，できるだけ機能を組み合わせて，最少のパターン数で機能を網羅できるリグレッション・テストと，ゲート・レベル・シミュレーションでしか検証できない非同期部分のテストだけを行います．

▶▶ 14.2 非同期対策

Verilog HDL・VHDL共通

ゲート・レベル・シミュレーションでは，RTLシミュレーションと違い，ゲート遅延が発生します．同期回路，つまり一つのクロックで動いている分には，遅延による問題は論理合成時に調整できます．しかし，非同期回路，つまり図14.2(a)のように二つのクロックの間で，データの載せ替えが発生する回路では，ゲート遅延によってRTLシミュレーションとゲート・レベル・シミュレーションで，載せ替えられるデータが変わることがあります．

図14.2(b)は，図14.2(a)の回路のRTLシミュレーションのタイミング・チャートです．ここで図の中央付近の信号Aの値が，信号Rには載せ替えられず，取りこぼされています．しかし，ゲート・レベル・シミュレーションでは，信号Aに遅延が付くので，信号AとクロックCLK1の位相が変わり，取りこぼされる値の位置が変わってきます．このようなとき，載せ替えるデータが変わっても，回路の動作に問

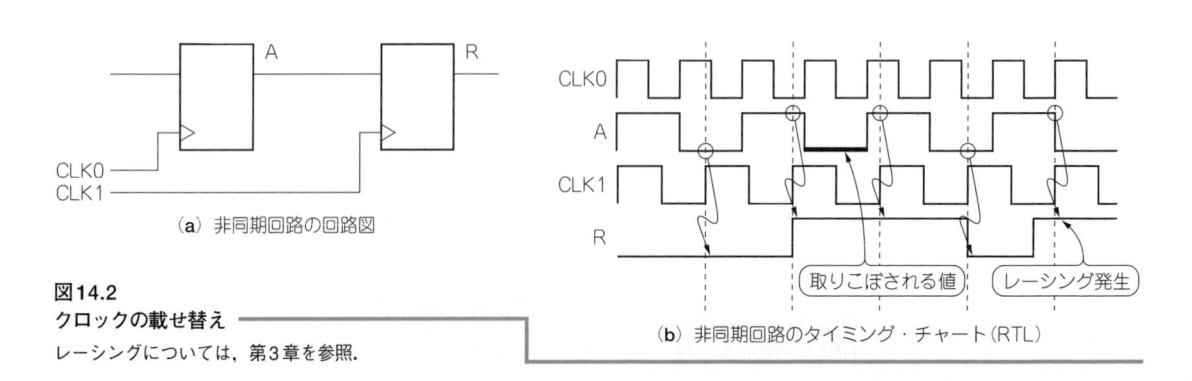

図14.2 クロックの載せ替え
レーシングについては，第3章を参照．

(a) 非同期回路の回路図

(b) 非同期回路のタイミング・チャート(RTL)

題ないことを，何らかの方法で確認しなければいけません．

この方法として，ゲート・レベル・シミュレーションで確認すると，RTLシミュレーションより精度の高いテストができます．しかし，所要時間の長いゲート・レベル・シミュレーションでは，万が一不具合が見つかったときに，やり直しに時間がかかります．そこで，RTLシミュレーション工程で，遅延パラメータを利用した不具合の確認をしておくと，ゲート・レベル・シミュレーションで発見される不具合の数が減り，検証の時間を減らすことができます．

図14.3(a)と図14.3(b)はそれぞれVerilog HDLとVHDLによるフリップフロップの記述です．ここではパラメータDLY0を使って，クロック信号CLK0の立ち上がりから，信号Aへの代入の時間に遅延を付けています．図14.3(c)と図14.3(d)はそれぞれDLY0が1nsと9nsのときのタイミング・チャートです．ここでは，1nsが設計ルール上の最小遅延，9nsが最大遅延という前提でパラメータを操作しています．

このように，最小遅延と最大遅延の両方のシミュレーションをRTLのときにしておけば，非同期の問題もだいたい発見できるので，ゲート・レベル・シミュレーションのやり直しの回数を減らすことができます．ただし，パラメータはモデルとは別ファイルに記述しておく必要があります．なぜなら，パラメータの値を直接モデルと同じファイルに書いた場合，この最小遅延・最大遅延のシミュレーションを切り替える際，RTLのファイル自体を書き直さなければいけないからです．手で修正を行うと，それだけ作業量も増え，同時にミスを持ち込む危険があります．

14.3 ジッタ対策

Verilog HDL・VHDL 共通

図14.4(a)のように複数ビットの載せ替えの場合には，クロック・スキューや配線遅延などによってジッタが発生することがあります．CLK0に同期した4ビットのバス信号{I03, I02, I01, I00}とその信

```
always @(posedge CLK0)
  A <= #DLY0 IN;
```
(a) フリップフロップの記述 (Verilog HDL)

```
process(CLK0)begin
  if(CLK0'event and CLK0='1') then
    A <= IN after DLY0;
  end if;
end process;
```
(b) フリップフロップの記述 (VHDL)

(c) 小さい遅延のシミュレーション (DLY0=1ns)

(d) 大きい遅延のシミュレーション (DLY0=9ns)

図14.3
非同期対策
(c)と(d)の両方で回路の仕様上，動作に問題がなければよい．

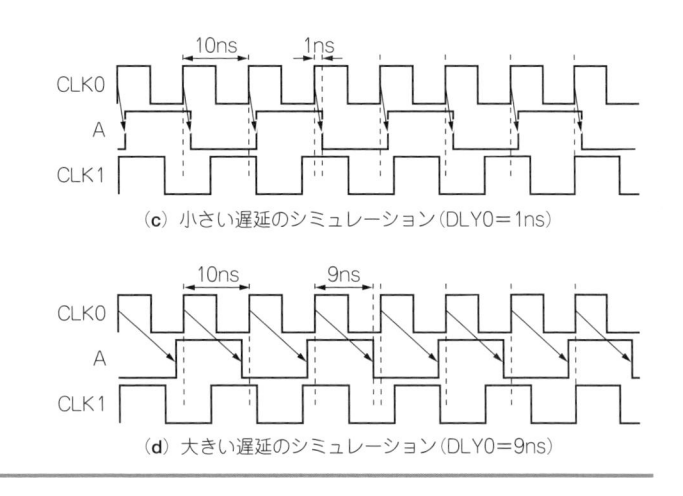

第14章 非同期検証

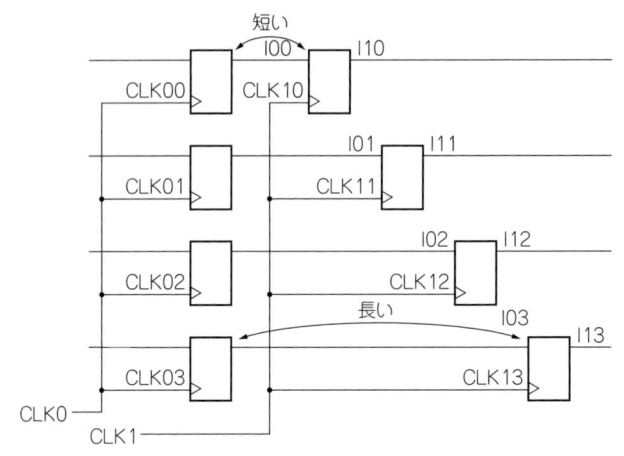

(a) 非同期回路の回路イメージ

(b) RTLシミュレーション結果のタイミング・チャート

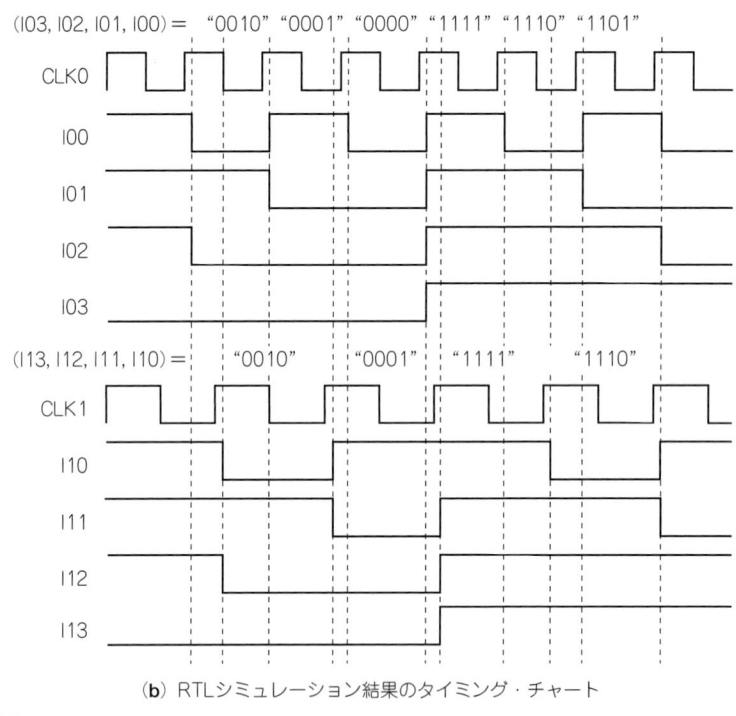

図14.4 ジッタの発生

号をCLK1で載せ替えたバス信号{I13, I12, I11, I10}があります．CLK00, CLK01, CLK02, CLK03はCLK0と，CLK10, CLK11, CLK12, CLK13はCLK1と同じ信号ですが，実際の回路ではその配線長などの差で若干のクロックの位相差が発生します．つまり，わずかながらクロック・エッジがずれます．この差をクロック・スキューと呼びます．

　図14.4(b)は図14.4(a)の回路のRTLシミュレーションのタイミング・チャートです．RTLシミュレー

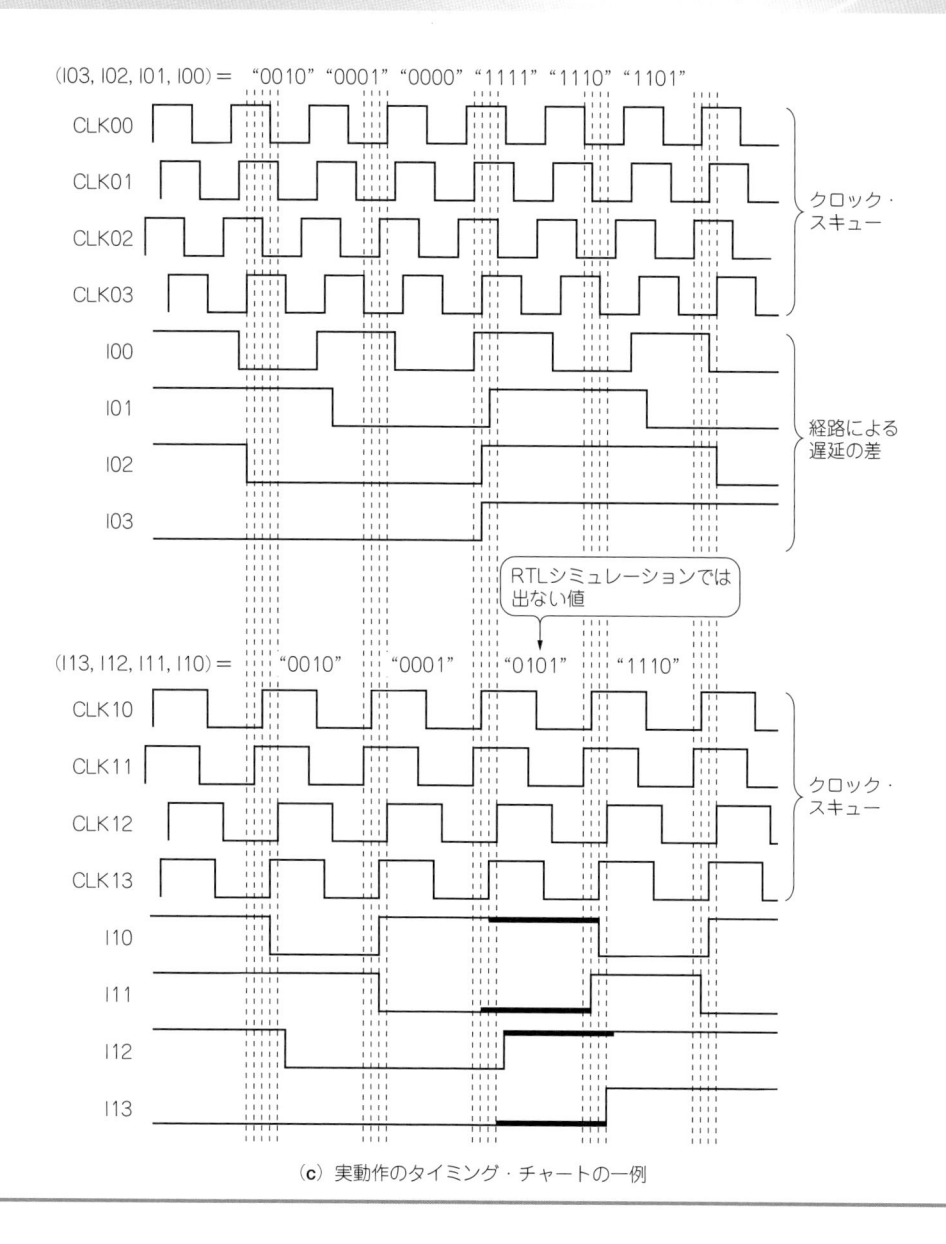

(I03, I02, I01, I00) = "0010" "0001" "0000" "1111" "1110" "1101"

CLK00
CLK01
CLK02
CLK03
} クロック・スキュー

I00
I01
I02
I03
} 経路による遅延の差

RTLシミュレーションでは出ない値

(I13, I12, I11, I10) = "0010" "0001" "0101" "1110"

CLK10
CLK11
CLK12
CLK13
} クロック・スキュー

I10
I11
I12
I13

(c) 実動作のタイミング・チャートの一例

ションではスキューは発生しないので，バス信号｛I03, I02, I01, I00｝の変化点とCLK0の立ち上がりエッジからの遅延は一致します．バス信号｛I13, I12, I11, I10｝にも同様のことがいえます．

　図14.4 (c)はこの回路の実際の動きをタイミング・チャートにしたものです．同じクロックでも，フリップフロップ直前のエッジの位置には若干のずれがあります．またフリップフロップの出力も，その経路による遅延が信号ごとに異なり，次段のフリップフロップに到達する時間が違います．この信号ごとの位相の差をジッタと呼びます．バス信号｛I13, I12, I11, I10｝を見ると，RTLシミュレーションでは現れな

第14章　非同期検証

かった値があることに注意してください．複数ビット信号のクロックの載せ替えでは，載せ替え元のクロックで同じ周期の値でも，載せ替えた後の信号ではジッタによってビットごとに前後する可能性があります．検証においては，ジッタが起こることを前提にして，ジッタが発生しても回路の動作に問題がないことを確認しなければいけません．

ジッタによる問題を見つける方法として，クロックの載せ替え部分にジッタ・モデルを挿入する方法があります．図14.5(a)はジッタ・モデルを挿入した回路図，図14.5(b)と図14.5(c)はそれぞれ，Verilog HDLとVHDLでジッタ・モデルを接続した階層の記述です．図14.5(d)と図14.5(e)はそれぞれのモデルを，Verilog HDLとVHDLで記述したものです．このモデルでは，遅延量はビットごとに固定されますが，ジッタによる問題のほとんどを，RTLシミュレーションのうちに発見できます．さらにこのモデルは内部に遅延の記述しかないので，このモデルを削除しなくても，そのまま論理合成ツールに与えることができます．論理合成ツールでは，遅延の記述は単に無視されます．ただし，そのままではジッタ・モデルの階層が残ってしまうので，論理合成ツールではこの階層を破壊する指示をします．

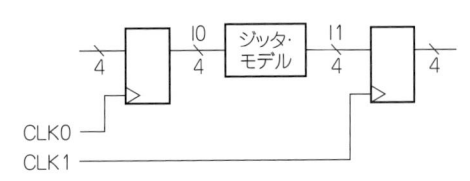

(a) ジッタ・モデルを挿入した回路図

```
jitter4 #(9) jitter4 (.A(I0), .Y(I1) );
```

(b) ジッタ・モデルの接続記述(Verilog HDL)

```
u_jitter4 : jitter4
  port map( A => I0, Y =>I1 );
```

(c) ジッタ・モデルの接続記述(VHDL)

```
module jitter4(A,Y);
parameter DLY = 5;
input  [3:0] A;
output [3:0] Y;
assign  #(DLY)     Y[0] = A[0];
assign  #(0)       Y[1] = A[1];
assign  #(DLY/2)   Y[2] = A[2];
assign  #(DLY*7/8) Y[3] = A[3];
endmodule
```

(d) ジッタ・モデルの記述(Verilog HDL)

```
library IEEE;
use IEEE.std_logic_1164.all;

entity jitter4 is
  port(A : in  std_logic_vector(3 downto 0);
       Y : out std_logic_vector(3 downto 0));
end jitter4;

architecture SIM of jitter4 is

constant DLY : time := 9 ns;

begin
  Y(0) <= A(0) after DLY;
  Y(1) <= A(1);
  Y(2) <= A(2) after (DLY/2);
  Y(3) <= A(3) after (DLY*7/8);
end SIM;
```

genericを使うと，論理合成のとき，time型がエラーを起こすことがある

(e) ジッタ・モデルの記述(VHDL)

図14.5　ジッタ対策
(d)と(e)のジッタ・モデルの記述では，固定的ではあるがビットごとに遅延を変えている．ジッタの問題は，これらのモデルである程度発見できる．

第3部 検証のテクニック

第15章

応用的検証

▶▶ 15.1 タスク/プロシージャの応用

● テスト内容の構造化

　図15.1はあるテストのフローです．テストには，いろいろな手順，タイミング，操作が存在します．それらをすべて一つのフローで書いてしまうと，大変な量となり理解することが難しくなります．そこでテストの要素を，まず大まかなシーケンスに分け，テスト・シナリオを作ります．

　図15.1の左のフローがテスト・シナリオです．まず初期化をして，機能Aを起動して，という具合に大まかなテストの様子が記されています．

　次に各シーケンスの内容を，再度フローにまとめます．これが図15.1の真ん中のフローです．これはテスト・シナリオの初期化のフローです．最初にリセットをかけて，その後順番に検証対象の回路に，必要なレジスタの値を設定しています．ここではシーケンスという言葉を，一連の操作を記したものという意味で

図15.1
タスク/プロシージャの応用

テスト・シナリオでは，テスト・シーケンスの順番だけをタスク/プロシージャを利用して記述する．各シーケンスは，より下位のタイミングを含むタスク/プロシージャを利用して記述する．

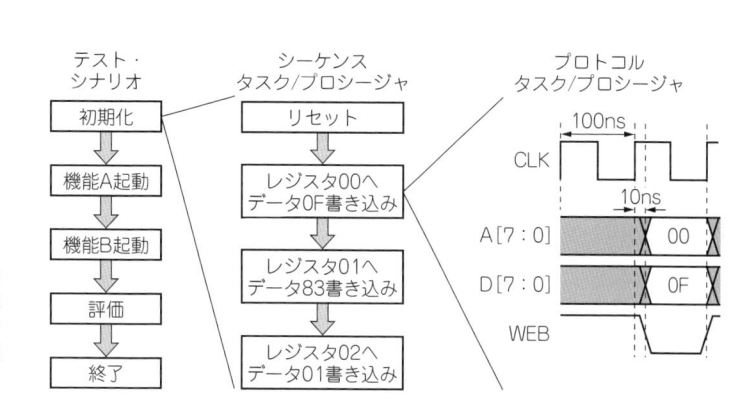

211

第15章 応用的検証

使っています．この段階でもレジスタへの設定がどのようなプロトコルによるものかは書いていません．

最後に各プロトコルの内容をタイミング・チャートでまとめます．ここではプロトコルを，特定の操作に必要な信号と，その変化のタイミングを表すものという意味で使っています．

このように分けるメリットは，
- フローの一つ一つの意味が一目で理解しやすくなる
- 仕様の変更の際に管理しやすく，再利用性が高まる

ということです．

例えば，レジスタへの書き込みのプロトコルが変更された場合，プロトコル部分だけを変更すれば，それで済みます．そして，プロトコルは変わらないけれど，シーケンスが変更された場合，例えば初期化時に設定するレジスタが変更された場合などは，シーケンスだけを変更すればよいことになります．

これらのプロトコルやシーケンスを準備しておけば，複数のテスト・シナリオもこれらの組み合わせで，容易に作れます．

このとき気を付けることは，なるべくタイミングの要素をプロトコルだけに収め，シーケンスやテスト・シナリオの階層に持ち込まないことです．タイミングを上の階層に持ち込んでしまうと，仕様変更の際にプロトコルもシーケンス，テスト・シナリオもすべて修正しなくてはなりません．

リスト15.1〜リスト15.3は，図15.1のフローをVerilog HDLとVHDLで記述したものです．

リスト15.1はレジスタへの書き込みプロトコルをタスク/プロシージャで記述したものです．ここが最下層のタスク/プロシージャになり，タイミングの記述はなるべくこの階層に納めます．

リスト15.2は初期化のシーケンスを，タスク/プロシージャResetDo（詳細は省略）と先のCpuWriteを使って記述したタスク/プロシージャです．タスク/プロシージャは，その中でほかのタスク/プロシー

リスト15.1 プロトコル・タスク/プロシージャの記述例
タイミングなどの記述は，極力最下層レベルのタスク/プロシージャに抑える．そうすればタイミングが変わってもこのタスク/プロシージャの修正だけで済む．

```verilog
...
task CpuWrite;
input [7:0] addr,data;
begin
   A = addr; D = data;
   WEB = 1'b0;
@(posedge CLK) #DELAY;
   A = 8'bz; D = 8'bz;
   WEB = 1'b1;
end
endtask
...
```

```vhdl
...
procedure CpuWrite(
   addr,data  : in std_logic_vector(7 downto 0);
   signal A,D : out std_logic_vector(7 downto 0);
   signal WEB : out std_logic) is
begin
   A <= addr; D <= data;
   WEB <= '0';
   wait until CLK'event and CLK = '1';
   wait for DELAY;
   A <= (others => 'Z');
   D <= (others => 'Z');
   WEB <= '1';
end CpuWrite;
...
```

（a）CPUからレジスタへ書き込むタスク（Verilog HDL）　　　（b）CPUからレジスタへ書き込むプロシージャ（VHDL）

15.1 タスク/プロシージャの応用

ジャを呼び出せます．プロトコルもシーケンスも命名は，その機能を一目で理解・想像しやすいものにします．また，シーケンスの引き数は，なるべくレジスタなどの生の値ではなく，引き数の名前を人が見て分かりやすい名前にします．そして，レジスタの値は，そこから演算して決めるようにします．この方がレジスタの仕様が変わったときに，変更が少なくて済みます．

リスト15.2 シーケンス・タスク/プロシージャ
引き数はレジスタの値そのままではなく，なるべく意味のある単位で分けてタスク/プロシージャ内で演算する．そうすれば制御レジスタが変更されても，このタスク/プロシージャだけの修正ですみやすい．タイミングはなるべく除外し，下位タスク/プロシージャの呼び出し順番だけを記述する．

```
...
task InitialSeq;
input [3:0]
  ClkMode,DataMode,DataLength;
begin
  ResetDo();
  CpuWrite(8'h00,{4'h0,ClkMode});
  CpuWrite(8'h01,{DataLength,DataMode});
  CpuWrite(8'h02,8'h00);
end
endtask
...
```

（a）初期化シーケンスのタスク（Verilog HDL）

```
...
procedure InitialSeq(
 ClkMode,DataMode,DataLength
   : in std_logic_vector(3 downto 0);
 signal A,D
   : out std_logic_vector(7 downto 0);
 signal WEB : out std_logic) is
 variable Reg00,Reg01,Reg02
   : std_logic_vector(7 downto 0);
begin
 Reg00 := "0000" & ClkMode;
 Reg01 := DataLength & DataMode;
 Reg02 := "00000001";
 ResetDo();
 CpuWrite("00000000",Reg00,A,D,WEB);
 CpuWrite("00000001",Reg01,A,D,WEB);
 CpuWrite("00000010",Reg02,A,D,WEB);
end InitialSeq;
...
```

（b）初期化シーケンスのタスク（VHDL）

リスト15.3 テスト・シナリオ
タイミングやDUTの特定バージョンに固有の情報を記述しなければ，仕様が変更されてもこの層は変更ないので同じテストがしやすい．(b)のSystemVerilogや(c)のVHDLでは，タスク/プロシージャの名前による接続が可能．名前による接続を使えば，引き数の入れ違いを防ぎ，内容の理解がしやすい．

```
initial begin
  A = 8'bz;  D = 8'bz;
  WEB = 1'b1;
  #DELAY;
  @(posedge CLK) #DELAY;

  InitialSeq(
    4'hF,4'h3,4'h8);
  Function1start(…);
  Function2start(…);
  Judgment(…);

  @(posedge CLK) #DELAY;
  $finish;
end
```

（a）テスト・シナリオの記述
　　（Verilog HDL）

```
initial begin
  A = 8'bz;  D = 8'bz;
  WEB = 1'b1;
  #DELAY;
  @(posedge CLK) #DELAY;

  InitialSeq(
   .ClkMode(4'hF),
   .DataMode(4'h3),
   .DataLength(4'h8));
  Function1start(…);
  Function2start(…);
  Judgment(…);

  @(posedge CLK) #DELAY;
  $finish;
end
```

（b）テスト・シナリオの記述
　　（SystemVerilog）

```
process begin
wait for DELAY;
wait until CLK'event
            and CLK = '1';

InitialSeq(
  ClkMode => "1111",
  DataMode => "0011",
  DataLength => "1000",
  A => A, D => D,
  WEB => WEB);

Function1start(…);
Function2start(…);
Judgment(…);

wait until CLK'event
            and CLK = '1';
wait for DELAY; assert false;
end process;
```

（c）テスト・シナリオの記述（VHDL）

第15章　応用的検証

リスト15.3はテスト・シナリオをVerilog HDL，SystemVerilog，VHDLでそれぞれ記述したものです．Verilog HDLはタスクを呼び出すときに，引き数名で接続することができません．これに対してSystem VerilogやVHDLは，引き数の値を引き数名で接続できるので，引き数の接続間違いを減らすことができます．

▶▶ 15.2　シミュレーション以外の検証方法

図15.2はRTLの検証を中心とした，検証のフロー図です．図の中心には設計物とその設計工程が示されています．両脇には，それぞれの設計物に対して，どのような検証が存在するかが記されています．ここではシミュレーション以外の検証法について簡単に触れておきます．

● リント・チェック

リント(Lint)ツールを使い，論理合成前にRTLコードをチェックして，問題のある記述を発見します．組み合わせ回路の条件抜けや，間違えやすい分岐条件の書き方などを指摘してくれます〔**表15.1(a)**，**リスト15.4**〕．

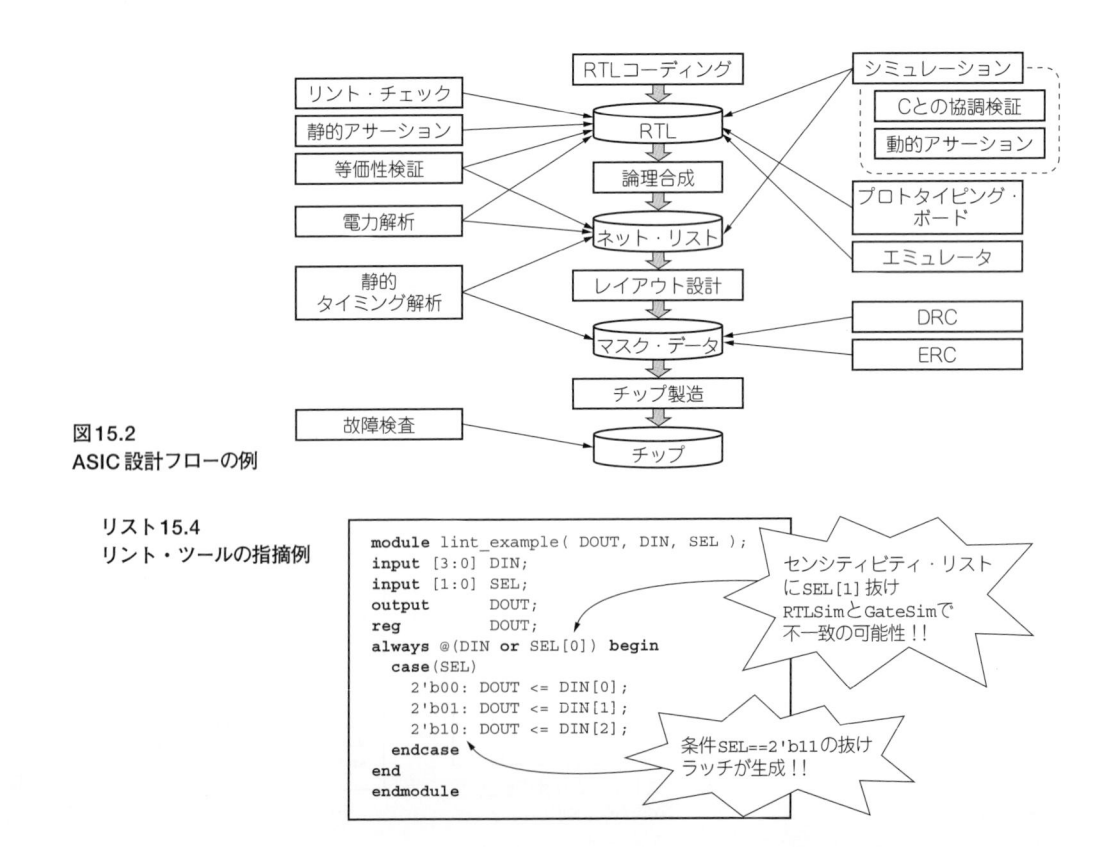

図15.2
ASIC設計フローの例

リスト15.4
リント・ツールの指摘例

```verilog
module lint_example( DOUT, DIN, SEL );
input  [3:0] DIN;
input  [1:0] SEL;
output       DOUT;
reg          DOUT;
always @(DIN or SEL[0]) begin
  case(SEL)
    2'b00: DOUT <= DIN[0];
    2'b01: DOUT <= DIN[1];
    2'b10: DOUT <= DIN[2];
  endcase
end
endmodule
```

センシティビティ・リストにSEL[1]抜け
RTLSimとGateSimで不一致の可能性！！

条件SEL==2'b11の抜け
ラッチが生成！！

15.2 シミュレーション以外の検証方法

表15.1 各検証の特徴

利点	・論理合成前に問題点を発見できる ・実行時間は短い ・実行だけなら経験不要
欠点	・問題点をすべて見つけられるわけではない ・コーディング・ルールを制約しないと疑似エラー大量発生 ・回路知識がないとメッセージの意味が理解できない
例	SpyGlass (Cadence社), LEDA (Synopsys社), Riviera-PRO, ALINT (Aldec社)

(a) リント・チェック

利点	・テストベンチは不要 ・ダイナミック・シミュレーションに比べて高速
欠点	・回路の内容に合わせた制約条件が必要 ・制約の設定は難しい
例	PrimeTime (Synopsys社), Encounter Timing System (Cadence社)

(b) 静的タイミング解析

利点	・テストベンチは不要 ・テスト・パターンの作成が不要
欠点	・静的アサーションは,専用の言語習得とノウハウが必要 ・静的アサーションの実行時間は,意外と長い ・回路規模によっては,検証が終わらなくなる

例	等価性検証:
	  Formality (Synopsys社),
	  Encounter Comformal (Cadence社)
	静的アサーション:
	  0-In Formal Verification (Menter Graphics社),
	  JasperGold (Jasper社)

(c) フォーマル検証

利点	・HDLのみのテストより複雑な検証が可能
欠点	・シミュレータによって固有の命令などがあり,流用は難しい ・SystemVerilog上の検証アーキテクチャは,現在スタンダードが決めきれていない
例	Verilog PLI, DPI, OVM (Mentor Graphics社, Cadence社), VMM (Synopsys社)

(d) C, C++などとの協調検証

利点	・出力ポートに現れない,回路内部の仕様違反を発見できる ・アサーションを書くことで,逆に回路仕様を明確に表現できる ・毎回シミュレーション時に,通信プロトコルなどをチェックできる
欠点	・テストベンチに加えて,アサーション記述の工数が確実に増える ・管理を誤ると仕様と異なるアサーションになる危険 ・ノウハウがないと,作業量が爆発する上に,バグを発見できない
例	QuestaSim (Mentor Graphics社), VCS (Synopsys社), NC-Verilog (Cadence社)

(e) 動的アサーション検証

利点	・配線が電源,グラウンドにつながるなどの故障を発見できる ・パターンを自動生成できる ・テスト回路を自動挿入できる
欠点	・配線の断絶や配線同士の接触などの故障を発見できない ・人手でテスト回路を挿入しなくてはならないこともある ・人手でパターンを作成しなくてはならないこともある

例	スキャン挿入
	  DFT Compiler (Synopsys社),
	  Encounter Test Architecture (Cadence社)
	自動パターン生成
	  TetraMax ATPG (Synopsys社)

(f) 故障検出

利点	・CPU付きならチップの製造前にソフトウェア開発が行える ・実機に近い高速動作が可能.シミュレータの数百倍から数十万倍以上 ・画像が映らない,通信が出来ないなど,大きなバグを見つけやすい
欠点	・クロック,リセット生成ブロック,テスト回路などは置き換えが必要 ・RAMのインターフェース,クロック系統の数など差が出ることがある ・内部信号1本1本の観測が難しく,シミュレータより細かいバグが見つけにくい
例	HAPS (Synopsys社), Accverinos (アキュベリノス)

(g) プロトタイピング用ボード検証

利点	・プロトタイピング用ボードと同じ利点 ・プロトタイピング用ボードより,回路の内部信号の観測などが容易 ・プロトタイピング用ボードより,大規模回路に対応
欠点	・高価.数百万円から1億円以上まで ・クロック,リセット生成ブロック,テスト回路などは置き換えが必要 ・RAMのインターフェース,クロック系統の数など差が出ることがある
例	Palladium (Cadence社), Veloce (Mentor Graphics社)

(h) エミュレータ,アクセラレータによる検証

利点	・RTL,ネットリストの時点で低消費電力対策ができる ・ツールによってはSystemCなどの高位言語に対応可能
欠点	・見積もり精度の過信は禁物
例	PrimePower (Synopsys社), PowerTheater (Sequence Design社)

(i) 電力解析

第15章　応用的検証

図15.3
静的タイミング解析の概念
クロック周期10ns，セットアップ時間2ns，ホールド時間0nsなら，ゲート遅延は8nsに収まらなくてはいけない．パスAが7ns，パスBが9nsならパスBは条件に違反していると警告される．

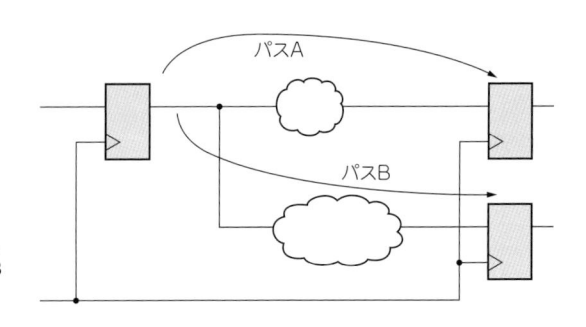

● 静的タイミング解析

ネットリスト上のレジスタ間などのゲート遅延，配線遅延を解析します．ネットリストに加え，合成用ライブラリなどが必要です．論理合成ツールもこれを実施しますが，最終チェックには精度が高く，実行時間の短い専用ツールが必須です〔表15.1(b)，図15.3〕．

● フォーマル検証

テストベンチを使わずに論理を検証します．RTL v.s. ネットリストなどの論理の差を見つけるものや，入力に制約を与えて仕様に違反する出力があり得るかを計算するもの（静的アサーション）があります〔表15.1(c)〕．

● C，C++などとの協調検証

PLI（Programming Language Interface），またはVPI（Verilog Procedual Interface）を使い，C言語などをテストベンチから呼び出します〔表15.1(d)〕．

● 動的アサーション検証

シミュレーションをしながら，仕様の違反をチェック（アサーション）します．専用の言語で，HDLとともに記述します．多くの場合，RTLとは別ファイルに記述し，バインド（接続）します〔表15.1(e)〕．

● 故障検出

RTL，ネットリストのための検証ではなく，製造されたチップの論理に故障がないかを見つけるための検証です．論理合成時にテスト機能を持つフリップフロップ（スキャンFF）に置き換えるのが一般的です〔表15.1(f)，図15.4，図15.5〕．

● プロトタイピング用ボード検証

RTLコードをFPGA（Field Programmable Gate Array）を含むプロトタイピング用ボードに実装し，検証を行います．既製品を使うか，専用ボードを作るかでコストや工数，システム構成の自由度に差が出ま

15.2 シミュレーション以外の検証方法

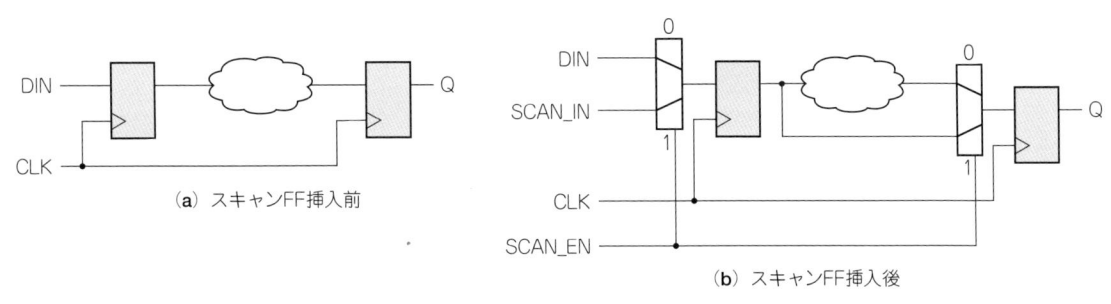

図15.4 スキャンFF挿入
SCAN_ENが'1'のとき，すべてのFFが直列になる．回路規模によっては，直列のグループが10個くらいになる．

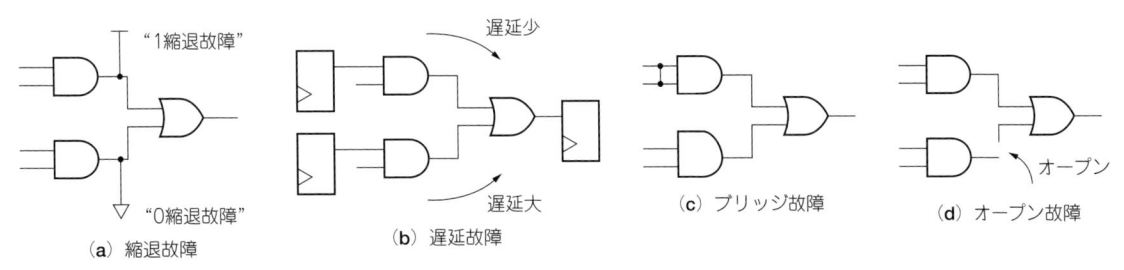

図15.5 製造されたチップの故障の種類

す〔**表15.1(g)**〕．

● エミュレータ，アクセラレータによる検証

多数のFPGAを含む筐体で，RTLコードの動作を検証します．プロトタイピング用ボードより検証機能が充実しています〔**表15.1(h)**〕．

● 電力解析

RTLやネットリストの段階で消費電力を見積もることができます．全回路一律のスイッチング情報を使い，シミュレーションをしない方法と，シミュレーション結果から求めた回路ごとのスイッチング情報を使う方法があります〔**表15.1(i)**〕．

Appendix A

テストベンチ記述のための Verilog HDL 文法リファレンス

▶▶ A.1 テストベンチの基本文法

● モジュール ☞ 図2.3

```
module モジュール名(ポート名1,ポート名2,…);
    各種宣言と機能の記述
endmodule
```

● インスタンス宣言 ☞ 図2.5

```
モジュール名　インスタンス名(.ポート名1(信号名1),
                          .ポート名2(信号名2),
                          …);
```

● 信号宣言 ☞ 図2.9, リスト3.A

```
データ型　信号名1, 信号名2
```

記述例

```
reg      SA, SB;
wire     SY;
integer  I;
```

※integer型変数は31ビット＋符号ビット1ビットのレジスタ型変数。
　レジスタ型変数は，reg型と同様に値を保持できる．

```
データ型　[最上位ビット:最下位ビット]　信号名;
```

記述例

```
reg   [3:0] CNT4;
wire  [1:0] LS, HS;
```

Appendix A　テストベンチ記述のための Verilog HDL 文法リファレンス

● initial 文　☞　図2.10

```
initial ステートメント；
```

```
initial begin
  ステートメント1；
  ステートメント2；
end
```

● シミュレーションの終了と一時停止　☞　図2.10

```
$finish;
$stop;
```

記述例

```
initial begin
  #5000 $stop;
  #5000 $finish;
end
```

※ $finish はシミュレーションを終了させるシステム・タスク．$stop はシミュレーションを一時停止させるシステム・タスク．$finish が実行されるとシミュレーションが終了する，$stop の場合はシミュレーション停止後，再開できる．

● コメント文

```
//コメント文
```

```
/*コメント文
コメント文
コメント文
*/
```

※「//」は行末まで，「/*」の後は「*/」までコンパイルされない．コメント文は，文法チェック，シミュレーション，合成に影響しない．

記述例

```
// ONCE upon a time,

/* there was
   a little girl
   called Alice: */
```

A.2　遅延/タイミング制御にかかわる文法

● **相対遅延**　☞　図4.4

```
initial begin
        式1
    #(遅延値) 式2
    #(遅延値) 式3
end
```

● **絶対遅延**　☞　図4.5

```
initial fork
        式1
    #(遅延値) 式2
    #(遅延値) 式3
join
```

● **イベントによるタイミング制御**　☞　図7.5

@(イベント式)ステートメント

記述例

```
@(posedge CLK)#STB RST_X = 1'b0;
```

● **'timescale**　☞　図5.A

`timescale　<1ユニットの実時間> / <丸め精度>

記述例

```
`timescale 1 ns / 100 ps
```

A.3　条件制御にかかわる文法

● **for文**　☞　図4.10

```
for ( <代入文1>; <条件式>; <代入文2> )
    <ステートメント>
```

Appendix A　テストベンチ記述のためのVerilog HDL文法リファレンス

● while文　☞　図9.5

> **while**（条件式）＜ステートメント＞

記述例

> **while**(CC_EN != 1)@(**posedge** CLK);

● 等号演算子と不等号演算子　☞　図9.A

==	一致．不定値を含む場合は成立しない．
===	一致．不定値を含んでいても成立する．
!=	不一致．不定値を含む場合は成立しない．
!==	不一致．不定値を含んでいても成立する．

記述例

> **if**(A !== B) $display("bad !");

● repeat文　☞　図7.5

> **repeat**(回数)ステートメント

● disable文　☞　図7.8

```
task タスク名;
…
begin
  …
  disable タスク名;
…
end
endtask
begin : for_loop1
  for(i=0;i<10;i=i+1)begin
    …
    if(条件式) disable for_loop1;
    …
  end
end
ステートメント1
```

※disable文は，for文などを強制終了することもできる．条件式が成立すると，for文の外のブロック(begin:for_loop1〜end)が終了し，ステートメント1から実行される．

```
for(i=0;i<10;i=i+1)begin:for_loop2
  ステートメント2
  …
  if(条件式) disable for_loop2;
  …
end
```

※条件式が成立すると，for文の中のブロック(begin:for_loop2～end)が終了．例えばi=1のときにdisable文が実行されると，i=1の以降の文が実行されず，i=2のステートメント2から再開される．

A.4 標準出力にかかわる文法

● システム・タスク $display　☞　図5.2

```
$display(信号名);
$display(信号名,信号名,…);
$display("文字列",信号名);
$display("文字列",信号名,"文字列",信号名,信号名,…);
```

表示フォーマット

%d	10進数
%b	2進数
%h	16進数
%o	8進数
%c	文字
%s	文字列

特殊文字

\n	改行
\t	タブ
\\	バック・スラッシュ
\"	ダブルクォート

※ただし，半角文字の'\'は日本語環境では¥になる．

記述例

```
$display("E=%b %d %h",E,E,E);
$display("\"Here!\"cried Alice");
```

表示例

```
E=01011 11 0B
"Here!"cried Alica
```

● システム・タスク $write, $strobe, $monitor

```
$write( … );
$strobe( … );
$monitor( … );
```

※()内の書式は，$displayと同じ．
　$writeは行末に改行なし
　$strobeは同シミュレーション時刻の最後に実行
　$monitorは1度呼び出されると()内の信号の変化のたびに実行

Appendix A　テストベンチ記述のためのVerilog HDL文法リファレンス

● **システム・タスク $stime, $time, $realtime**　☞　リスト11.5(c)

```
$stime
$time
$realtime
```

※単位は`timescaleに依存．
$stimeはシミュレーション時間を32ビット整数で返す．
$timeはシミュレーション時間を64ビット整数で返す．
$realtimeはシミュレーション時間を実数で返す．

記述例

```
$display ($stime, "ns missmatch");
```

表示例

```
4242ns missmatch
```

▶▶▶ A.5　ファイル操作にかかわる文法

● **ファイル変数宣言**　☞　図6.4

```
integer ファイル変数名

reg [31:0] ファイル変数名
```

● **システム・タスク $fopen**　☞　図6.4

```
ファイル変数=$fopen( ファイル名 );
```

● **システム・タスク $fdisplay**　☞　図6.4

```
$fdisplay( ファイル変数, "任意の文字列と表示フォーマット", 信号名, 信号名,…);
```

● **システム・タスク $fclose**　☞　図6.4

```
$fclose( ファイル変数 );
```

● **システム・タスク $fwrite**　☞　図6.A

```
$fwrite( ファイル変数, … );
```

● **システム・タスク $fmonitor**　☞　図6.A

```
$fmonitor( ファイル変数, … );
```

● **システム・タスク $fstrobe**　☞　図6.A

```
$fstrobe( ファイル変数, … );
```

A.5 ファイル操作にかかわる文法

● **システム・タスク $readmemh** ☞ 図6.11

$readmemh(ファイル名，レジスタ配列名)

$readmemh(ファイル名，レジスタ配列名，開始番地，終了番地)

● **システム・タスク $readmemb** ☞ 図6.11

$readmemb(ファイル名，レジスタ配列名)

$readmemb(ファイル名，レジスタ配列名，開始番地，終了番地)

● **システム・タスク $dumpfile，$dumpvars，$dumpoff，$dumpon**

$dumpfile("ファイル名");

$dumpvars;

$dumpvars(フラグ,指定階層1,指定階層2,…);

$dumpoff;

$dumpon;

※標準的な波形フォーマットであるvcd形式で波形ファイルを出力するための文法．
　　$dumpfileはvcdファイルのファイル名を指定する．
　　$dumpvarsは波形を取る階層を指定する．引き数がなければ，シミュレーションされるすべての階層のすべての信号を保存する．
　引き数がある場合，フラグが0なら指定階層以下の全信号，1なら指定階層のみの全信号を保存する．
　　$dumpvarsは呼び出されると同時に信号の保存を開始する．
　　$dumpoffは呼び出されると，信号の保存を一時中断する．
　　$dumponは呼び出されると，信号の保存を再開する．
　　vcdファイルは，ほぼすべての波形表示ツールで表示できるが，一般的にツール独自のファイル形式よりもデータ量が大きくなる．
　よって，通常はツール独自のファイル形式で波形を保存する．

記述例

$dumpvars(1, test_top);

※モジュール test_top の階層の信号のみを保存する．

$dumpvars(0, test_top.block1, test_top.block2.A);

※block1，block2 が test_top の下のインスタンスで，A が block2 の信号のとき，block1 の階層のすべての信号と block2 の信号 A を保存する．

```
initial begin
        $dumpfile("test_top.dump") ;
  #10   $dumpvars( … );
  #200  $dumpoff;
  #800  $dumpon;
  #900  $dumpoff;
end
```

※波形ファイルの名前を test_top.dump に指定する．シミュレーション開始10ns後に波形の保存を開始する．210nsでいったん波形の保存を中止し，1010nsで保存を再開．1910nsで波形の保存を中止する．

Appendix A　テストベンチ記述のための Verilog HDL 文法リファレンス

▶▶ A.6　設計資産の再利用にかかわる文法

● パラメータ宣言　☞　図3.8

> **parameter** パラメータ名＝数値；

記述例

```
parameter STEP     = 100;
parameter HWIDTH   = 40;
parameter VWIDTH   = 40;
parameter SIMCYCLE = HWIDTH* (VWIDTH + 2) + 20;
parameter RValue   = 8'hFF;
```

※パラメータの値は式でもよい．基数は10進数でなくてもよい．

● パラメータ引き渡し　☞　図8.9

> モジュール名　#(パラメータ値1，パラメータ値2，…)　インスタンス名(…)；

> モジュール名
> 　#(.パラメータ1(パラメータ値1)，　.パラメータ2(パラメータ値2)，…)
> インスタンス名(…)；

● function 文　☞　図9.6

> **function** ビット幅　ファンクション名；
> 　入力パラメータ名宣言
> 　変数宣言
> **begin**
> 　処理の記述
> 　ファンクション名　＝　式；
> **end**
> **endfunction**

A.6　設計資産の再利用にかかわる文法

記述例

```
function [3:0] sum_clip;
  input [3:0] A;
  input [2:0] B;
  reg [4:0] TEMP;
begin
  TEMP = A + B;
  if(TEMP>15) TEMP=15;
  sum_clip = TEMP;
end
endfunction
```

● タスク定義　☞　図7.2

```
task タスク名;
    引き数宣言
    内部信号宣言
begin
    処理の記述
end
endtask
```

● タスク呼び出し　☞　図7.2

```
initial begin
    ⋮
    タスク名(引き数, 引き数, …);
    ⋮
end
```

● コンパイラ・ディレクティブ `include　☞　図8.5

```
`include "ファイル名"
```

● コンパイラ・ディレクティブ `ifdef　☞　図11.3

```
`ifdef マクロ名
 …
`endif
```

Appendix A　テストベンチ記述のためのVerilog HDL文法リファレンス

```
`ifdef マクロ名
  ...
`else
  ...
`endif
```

● コンパイラ・ディレクティブ `define

```
`define 定義名 定義文
```

※定義文が数値だけのときは parameter とほぼ同じ機能だが，parameter は階層アクセスなどの文字列としては使えない．

記述例

```
`define PATH B1.C1.D
```

A.7　そのほかの文法

● 階層アクセス　☞　図11.A

```
インスタンス名.インスタンス名.　….信号名
```

記述例

```
assign E = B1.C1.D;
```

● force文とrelease文　☞　図9.D

```
force   <信号名>  =  <値/信号名>
release <信号名>
```

● generate文　☞　図9.E

```
genvar 変数名1;
generate
  for(変数1…)
    assin文 または always文
endgenerate
```

● +:/-:文　☞　図9.F

```
変数1[LSB基準式+:ビット幅]
変数1[LSB基準式-:ビット幅]
```

Appendix B

テストベンチ記述のための VHDL文法リファレンス

▶▶ B.1 テストベンチの基本文法

● エンティティ宣言　☞　図2.4

```
entity エンティティ名 is
   ポート等の記述
end エンティティ名;
```

● アーキテクチャ宣言　☞　図2.4

```
architecture アーキテクチャ名 of エンティティ名 is
   各種宣言の記述
begin
   機能の記述
end アーキテクチャ名;
```

● コンフィグレーション宣言　☞　図2.4

```
configuration コンフィグレーション名 of エンティティ名 is
   for アーキテクチャ名
   end for;
end コンフィグレーション名;
```

● ライブラリ宣言とパッケージ呼び出し　☞　図2.7

```
library ライブラリ名;
use ライブラリ名.パッケージ名.all;
```

Appendix B　テストベンチ記述のためのVHDL文法リファレンス

● **コンポーネント宣言**　☞　図2.6

```
component コンポーネント名
  port (ポート名1,ポート名2:ポートの向き　データ型;
        ポート名3                        :ポートの向き　データ型);
end component;
```

● **子回路の接続**　☞　図2.8

```
インスタンス名 ： コンポーネント名
 port map (ポート名1　=>　信号名1,
           ポート名2　=>　信号名2,
           ポート名3　=>　信号名3);
```

● **信号宣言**　☞　図2.12，リスト3.B，リスト8.4

```
signal 信号名1,信号名2 ： データ型;
```

記述例

```
signal SA, SB, SY      : std_logic;
signal CNT4            : std_logic_vector(3 downto 0);
signal AIN             : integer range 0 to 255;
```

※代入には <= を用いる

● **定数宣言**　☞　図3.9

```
constant 定数名:データ型:= 値;
```

※値は式でもよい．

記述例

```
constant CYCLE         : Time := 10 ns;
constant HWIDTH        : integer := 40;
constant VWIDTH        : integer := 40;
constant SIMCYCLE      : integer := HWIDTH * (VWIDTH + 2) + 20;
```

● **std_logicの2重配列宣言**　☞　リスト8.4

```
subtype サブタイプ名
  is std_logic_vector(ビット範囲指定);
type タイプ名
  is array (番地範囲指定) of サブタイプ名;
signal 信号名 ： タイプ名;
```

記述例

```
subtype RAMWORD is std_logic_vector(7 downto 0);
type RAMARRAY is array (0 to 255) of RAMWORD;
signal RAMDAT : RAMARRAY;
```

●変数宣言　☞　図5.6，図6.16，リスト9.7

```
variable 変数名 : データ型;
```

記述例

```
variable V4 : std_logic_vector(3 downto 0);
variable S2 : string(1 to 2);
variable I  : integer;
```

※代入には:=を用いる

● process文　☞　図2.13

```
process (センシティビティ・リスト) begin
              式1;
wait for 遅延時間;式2;
end process;
```

● コメント文

```
--コメント文
```

※「--」の後は行末までコンパイルされない．コメント文は，文法チェック，シミュレーション，合成に影響しない．

記述例

```
--and she had a very curious dream.
```

B.2　遅延/タイミング制御にかかわる文法

● 相対遅延　☞　図4.6

```
process begin
   式1
wait for 遅延値 ;
   式2
wait for 遅延値 ;
   式3
end process;
```

Appendix B　テストベンチ記述のためのVHDL文法リファレンス

● 絶対遅延　☞　図4.7

```
process begin
信号1 <= 値0,
        値1 after 遅延値1,
        値2 after 遅延値2;
信号2 <= 値3,
        値4 after 遅延値3;
end process;
```

● wait until，wait on　☞　図7.6

```
wait until 条件
wait on 信号名，信号名，…
```

▶▶ B.3　条件制御にかかわる文法

● for文　☞　図4.12

```
for <変数名> in <開始値> to <終了値> loop
   <処理文>
end loop;
```

● while文　☞　図9.5

```
while 条件式 loop
    処理文
end loop;
```

記述例

```
while CC_EN /= '1' loop
  wait until CLK'event and CLK= '1'
end loop;
```

▶▶ B.4　標準出力/ファイル制御にかかわる文法

● line 変数　☞　図 5.3

```
variable 変数名 : line;
```

※ line 変数の使用には TEXTIO パッケージの呼び出しが必要.

● プロシージャ write　☞　図 5.4

```
write( ライン変数, 変数名 );
write( ライン変数, 変数名 , 桁揃え , 文字数 );
```

※ プロシージャ write で std_logic 型などを扱う場合には, std_logic_textio パッケージの呼び出しが必要.

● プロシージャ hwrite, owrite

```
hwrite( … );
owrite( … );
```

※ () 内のフォーマットは write と同じ. ただし信号のビット幅は, hwrite は 4 の倍数, owrite は 3 の倍数にする必要がある. それ以外の機能は write と同じ.

● プロシージャ writeline　☞　図 6.6

```
writeline( ファイル変数 , ライン変数 );
```

● ファイル変数宣言（出力ファイル宣言）　☞　図 6.6

```
file ファイル変数名 : text is out ファイル名;
```

※ VHDL-87 の書式

```
file ファイル変数名 : open write_mode is ファイル名;
```

※ VHDL-93, VHDL-2002 の書式

● ファイル変数宣言（入力ファイル宣言）　☞　図 6.13

```
file ファイル変数名 : text is in ファイル名;
```

※ VHDL-87 の書式

```
file ファイル変数名 : text open read_mode is ファイル名;
```

※ VHDL-93, VHDL-2002 の書式

● プロシージャ readline　☞　図 6.14

```
readline( ファイル変数名 , ライン変数 );
```

Appendix B　テストベンチ記述のためのVHDL文法リファレンス

● プロシージャ read　☞　図6.15

```
read( ライン変数, 変数名1);
read( ライン変数, 変数名1, 変数名2);
```

● プロシージャ oread, hread　☞　図6.16

```
oread( ライン変数, 変数名);
hread( ライン変数, 変数名);
```

※信号のビット幅は，hwriteは4の倍数，owriteは3の倍数にする必要がある．それ以外の機能はreadと同じ．

● プロシージャ NOW　☞　リスト11.6

記述例

```
process
  variable LO : line;
  variable S10 : string(1 to 10) := " missmatch";
begin
  …
  write(LO,NOW);
  write(LO,S10);
  writeline(OUTPUT,LO);
  …
end process;
```

表示例

```
12262ns missmatch
```

● assert文　☞　図9.C

```
assert 条件式
  [report 文字列]
  [severity レベル];
```

▶▶ B.5　設計資産の再利用にかかわる文法

● function文　☞　図9.6

```
function ファンクション名(
  入力パラメータ名 : データ型;
    ⋮
) return 戻り値データ型 is
  変数宣言など
begin
  処理の記述
  return 戻り値;
end;
```

234

B.5　設計資産の再利用にかかわる文法

記述例

```
function sum_clip(
  A : std_logic_vector(3 downto 0);
  B : std_logic_vector(2 downto 0))
return std_logic_vector is
  vaiable TEMP : integer;
begin
  TEMP := CONV_INTEGER(A) + CONV_INTEGER(B);
  if(TEMP > 15)then
    TEMP := 15;
  end if;
  return
    CONV_STD_LOGIC_VECTOR(TEMP,4);
end
```

● プロシージャ定義　☞　図7.3

```
procedure プロシージャ名 [(
[クラス] 引き数名, 引き数名, … :
    [方向] データタイプ [:= 式]; … )]is
    [各種宣言]
begin
    順次処理文
end[プロシージャ名];
```

クラス

constant	定数
variable	変数
signal	信号

方向

in	入力	constant
out	出力	variable
inout	入出力	variable

● プロシージャ呼び出し

```
process begin
  …
  プロシージャ名（引き数, … ）;
  …
end process
```

記述例

```
process begin
  …
  UPDOWN_CNT('1');
  …
end process
```

Appendix B　テストベンチ記述のためのVHDL文法リファレンス

● **package宣言**　☞　図8.6

```
package パッケージ名 is
   宣言文
end パッケージ名;
```

● **package body宣言**　☞　図8.7

```
package パッケージ名 is
   プロシージャ宣言
end パッケージ名;
```
```
package body パッケージ名 is
   プロシージャ定義
end パッケージ名;
```

● **generic文**　☞　図8.10

```
entity エンティティ名 is
   generic ( 定数名 : データ型 := 初期値;
                 …
             定数名 : データ型 := 初期値);
   port(…);
end エンティティ名;
```

```
インスタンス名 : エンティティ名
   generic map( 定数名 => 定数値,
                   …
                定数名 => 定数値);
   port(…);
```

B.6　そのほかの文法

● 整数型からstd_logic_vector型への変更　☞　図4.17

```
<信号名> <= conv_std_logic_vector( <変数名> , <ビット幅> )
```

記述例

```
signal IN1T  : std_logic_vector(3 downto 0);
variable I   : integer;
...
IN1T <= conv_std_logic_vector(I, 4);
```

● std_logic_vector型から整数型への変更

```
conv_integer（引き数）
```

※引き数は，std_logic_arithパッケージではsigned, unsigned std_logic_unsignedパッケージではstd_logic_vector．

記述例

```
signal IN1T  : std_logic_vector(3 downto 0);
variable I   : integer;
...
I :=conv_integer(IN1T);
```

● 階層アクセスの書式　☞　図11.B

```
init_signal_spy("参照信号とそのパス", "代入信号とそのパス")
```

※階層アクセスは標準で実装されていないので，シミュレータに依存する．init_signal_spyはMentor Graphics社のシミュレータModelSimの専用のプロシージャである．

INDEX

➡記号

!=	125, 222
!==	125, 222
#	20, 40, 221
$display	55, 223
$dumpfile	225
$dumpoff	225
$dumpon	225
$dumpvars	225
$fclose	72, 224
$fdisplay	72, 224
$finish	20, 220
$fmonitor	72, 224
$fopen	71, 72, 224
$fstrobe	72, 224
$fwrite	72, 224
$monitor	64, 223
$random	166
$readmemb	79, 225
$readmemh	79, 225
$realtime	224
$stime	172, 224
$strobe	64, 223
$time	224
$write	63, 223
%	57, 223
-:文	140, 228
\`define	228
\`ifdef	166, 227
\`include	227
\`timescale	61, 221
+:文	140, 228

➡数字

10進数	28
16進数	28, 66, 82
2重配列宣言	230
2進数	28
8進数	66, 82

➡A〜Z

after	41, 232
all	18, 229
assert false	22
assert文	129, 234
conv_integer	237
conv_std_logic_vector	51, 237
diffコマンド	69
disable文	98, 222
Excel	192
FIFO	165
force文	139, 228
forever文	172
fork	40, 221
for文	44, 45, 221, 232
function文	134, 226, 234
generate文	140, 228
generic文	236
hread	82, 128, 234
hwrite	66, 233
include文	110
init_signal_spy	178
initial文	19, 51, 220
integer宣言	45, 219, 224
join	40, 221
line変数	57, 75, 233
ModelSim	116, 178, 185
NOW	179, 234
oread	82, 234
owrite	66, 233
package body宣言	112, 236
package宣言	112, 236
PLI	216
port	17, 230
port map	18, 230
process文	231
read	81, 128, 234
readline	80, 233
reg	19, 22, 219
release文	139, 228
repeat文	93, 222
RTLシミュレーション	60, 205
string	59
task	86, 227
Testbench	9
variable	231
VBA	192
Verification	9
VPI	216
wait for	22, 231
wait on	95, 232
wait until	93, 232
wait文	41
while文	131, 222, 232
wire	19, 22, 219
write	57, 233
writeline	58, 74, 233

➡あ行

アーキテクチャ宣言	14, 229
アクセラレータ	217
アサーション	138, 203, 216
一時停止	220
イベント	93, 221
インスタンス宣言	16, 219
エミュレータ	217
エンティティ宣言	14, 229

238

➡ か行

階層アクセス	178, 228, 237
ガント・チャート	186
期待値ファイル	69
組み合わせ回路	11, 13
クロック	25
クロック・エッジ	93
クロック・スキュー	207
ゲート遅延	206
ゲート・レベル・シミュレーション	60, 206
検証	9
検証仕様	11
検証プラン	12
構造化	85
コード・カバレッジ	202
コーナ・ケース	163
子回路の接続	18, 230
故障検出	216
コメント文	220, 231
コンフィグレーション宣言	14, 229
コンポーネント宣言	17, 230

➡ さ行

ジェネリック定数	173
システム・タスク	21, 55, 223
ジッタ	207, 209
ジッタ・モデル	210
シミュレーション	9
シミュレーションの終了	220
シミュレーション・モデル	105, 110
順序回路	25
信号宣言	19, 21, 219, 230
真理値表	11
スクリプト	185
スコアボード	164
ステートメント	20
静的アサーション	216
静的タイミング解析	216
絶対遅延	39, 221, 232
センシティビティ・リスト	21
相対遅延	39, 221, 231

➡ た行

代入	21
タイミング検証	60
タイミング制御	93, 221
タスク	85, 212
タスク定義	86, 227
タスク呼び出し	227
ダミー回路	158
単体機能検証パターン	147
定数宣言	35, 230
テキスト・ファイル	55
テスト・シナリオ	211
テスト入力	12
テスト・パターン表	146
テストベンチ	9
デフォルト・テスト・パターン	146
電力解析	217
等号演算子	126, 222
動的アサーション検証	216
トグル・カバレッジ	202

➡ な行

| 内部信号宣言 | 86 |

➡ は行

バージョン管理	185
配線遅延	207
バス動作	99
パターン・ファイル	78
パッケージ呼び出し	18, 229
バッチ・ファイル	198
幅のある信号	28
パラメータ宣言	34, 226
パラメータ引き渡し	226
パラメータ・ファイル	192
非同期リセット	149
標準出力	55
ファイル出力	71
ファイル変数	71, 74, 80
ファイル変数宣言	224, 233
ファンクション	103
フォーマル検証	216
複合機能検証パターン	148
不等号演算子	126, 222
ブランチ・カバレッジ	202
プログラミング言語	192
プロシージャ	85, 212
プロシージャ定義	87, 235
プロシージャ呼び出し	235
プロトタイピング用ボード検証	216
ベクタ・ファイル	78
ヘッダ情報	185
変数宣言	231

➡ ま行

丸め精度	38
モジュール	14, 219
戻り値	134

➡ ら行

ライブラリ宣言	18, 229
ライン・カバレッジ	202
ランダム検証	163
リグレッション・テスト	158, 206
リファレンス・モデル	138, 164
リント・チェック	214
レーシング	27

■ 著者略歴

安岡貴志(やすおか・たかし)
東京理科大学理工学部数学科卒業.
1998年,カネボウに入社.IC事業部に配属.HDLによる開発に3年間携わる.
2002年,HDL設計コンサルティング会社,エッチ・ディー・ラボに入社.Verilog HDL,VHDL,SystemCなどによる開発に従事するほか,同社トレーニング事業の講師を務める.
2008年,同社を退社.現在はHDL設計の経験を活かし,アルゴリズム・レベルからのASIC開発を行っている.

- **本書記載の社名,製品名について** ── 本書に記載されている社名および製品名は,一般に開発メーカの登録商標,または商標です.なお,本文中では ™,®,© の各表示を明記していません.
- **本書掲載記事の利用についてのご注意** ── 本書掲載記事は著作権法により保護され,また産業財産権が確立されている場合があります.したがって,記事として掲載された技術情報をもとに製品化をするには,著作権者および産業財産権者の許可が必要です.また,掲載された技術情報を利用することにより発生した損害などに関して,CQ出版社および著作権者ならびに産業財産権者は責任を負いかねますのでご了承ください.
- **本書に関するご質問について** ── 文章,数式などの記述上の不明点についてのご質問は,必ず往復はがきか返信用封筒を同封した封書でお願いいたします.ご質問は著者に回送し直接回答していただきますので,多少時間がかかります.また,本書の記載範囲を越えるご質問には応じられませんので,ご了承ください.
- **本書の複製等について** ── 本書のコピー,スキャン,デジタル化等の無断複製は著作権法上での例外を除き禁じられています.本書を代行業者等の第三者に依頼してスキャンやデジタル化することは,たとえ個人や家庭内の利用でも認められておりません.

[JCOPY]〈出版者著作権管理機構委託出版物〉
本書の全部または一部を無断で複写複製(コピー)することは,著作権法上での例外を除き,禁じられています.本書からの複製を希望される場合は,出版者著作権管理機構(TEL:03-5244-5088)にご連絡ください.

Verilog HDL & VHDL テストベンチ記述の初歩

2010年10月1日 初版発行
2021年7月1日 第5版発行
(本体価格はカバーに表示してあります)

© 安岡貴志 2010
(無断転載を禁じます)

著者	安岡貴志
発行人	小澤拓治
発行所	CQ出版株式会社

〒112-8619 東京都文京区千石4-29-14
電話 編集 (03) 5395-2126
　　 販売 (03) 5395-2141

編集担当　西野直樹
DTP　　　クニメディア(株)
印刷・製本　大日本印刷(株)

ISBN978-4-7898-3108-6

Printed in Japan　　　　　　　　　　乱丁,落丁本はお取りかえいたします.